高等职业教育系列教材

传感器与检测技术
第 2 版

牛百齐　董　铭　主　编
周宗斌　梁海霞　副主编

机械工业出版社

为了适应培养技能型人才的需要，本书依据高等职业教育人才培养目标的要求，遵循简明、实用、新颖的编写原则，力求理论联系实际，突出应用及技能训练，着重介绍了常用传感器的结构、原理、测量转换电路及传感器检测技术应用。

全书共分 11 章，第 1 章介绍了传感器与检测技术基础，第 2~10 章分别介绍了电阻式传感器、电感式传感器、电容式传感器、压电式传感器、热电式传感器、磁电式传感器、光电式传感器、波式和辐射式传感器、半导体式化学传感器和生物传感器，第 11 章介绍了智能传感器和无线传感器网络。

本书可作为高职高专院校机电、自动化、电子、数控技术和仪器仪表等专业的教材，也可供从事传感器应用及相关工程的技术人员参考。

本书配有微课视频，扫描二维码即可观看。另外，本书配有电子课件，需要的教师可登录机械工业出版社教育服务网（www.cmpedu.com）免费注册，审核通过后下载，或联系编辑索取（微信：15910938545，电话：010-88379739）。

图书在版编目（CIP）数据

传感器与检测技术/牛百齐，董铭主编. —2 版. —北京：机械工业出版社，2020.9（2023.7 重印）
高等职业教育系列教材
ISBN 978-7-111-66325-6

Ⅰ.①传⋯ Ⅱ.①牛⋯ ②董⋯ Ⅲ.①传感器-检测-高等职业教育-教材 Ⅳ.①TP212

中国版本图书馆 CIP 数据核字（2020）第 148014 号

机械工业出版社（北京市百万庄大街 22 号　邮政编码 100037）
策划编辑：和庆娣　责任编辑：和庆娣　陈崇昱
责任校对：樊钟英　责任印制：任维东
北京圣夫亚美印刷有限公司印刷
2023 年 7 月第 2 版第 9 次印刷
184mm×260mm・14.25 印张・353 千字
标准书号：ISBN 978-7-111-66325-6
定价：55.00 元

电话服务　　　　　　　　　　网络服务
客服电话：010-88361066　　　机　工　官　网：www.cmpbook.com
　　　　　010-88379833　　　机　工　官　博：weibo.com/cmp1952
　　　　　010-68326294　　　金　书　网：www.golden-book.com
封底无防伪标均为盗版　　　　机工教育服务网：www.cmpedu.com

出版说明

党的二十大报告首次提出"加强教材建设和管理",表明了教材建设国家事权的重要属性,凸显了教材工作在党和国家事业发展全局中的重要地位,体现了以习近平同志为核心的党中央对教材工作的高度重视和对"尺寸课本、国之大者"的殷切期望。教材作为教育目标、理念、内容、方法、规律的集中体现,是教育教学的基本载体和关键支撑,是教育核心竞争力的重要体现。建设高质量教材体系,对于建设高质量教育体系而言,既是应有之义,也是重要基础和保障。为落实立德树人根本任务,发挥铸魂育人实效,机械工业出版社组织国内多所职业院校(其中大部分院校入选"双高"计划)的院校领导和骨干教师展开专业和课程建设研讨,以适应新时代职业教育发展要求和教学需求为目标,规划并出版了"高等职业教育系列教材"丛书。

该系列教材以岗位需求为导向,涵盖计算机、电子信息、自动化和机电类等专业,由院校和企业合作开发,由具有丰富教学经验和实践经验的"双师型"教师编写,并邀请专家审定大纲和审读书稿,致力于打造充分适应新时代职业教育教学模式、满足职业院校教学改革和专业建设需求、体现工学结合特点的精品化教材。

归纳起来,本系列教材具有以下特点:

1) 充分体现规划性和系统性。系列教材由机械工业出版社发起,定期组织相关领域专家、院校领导、骨干教师和企业代表开展编委会年会和专业研讨会,在研究专业和课程建设的基础上,规划教材选题,审定教材大纲,组织人员编写,并经专家审核后出版。整个教材开发过程以质量为先,严谨高效,为建立高质量、高水平的专业教材体系奠定了基础。

2) 工学结合,围绕学生职业技能设计教材内容和编写形式。基础课程教材在保持扎实理论基础的同时,增加实训、习题、知识拓展以及立体化配套资源;专业课程教材突出理论和实践相统一,注重以企业真实生产项目、典型工作任务、案例等为载体组织教学单元,采用项目导向、任务驱动等编写模式,强调实践性。

3) 教材内容科学先进,教材编排展现力强。系列教材紧随技术和经济的发展而更新,及时将新知识、新技术、新工艺和新案例等引入教材;同时注重吸收最新的教学理念,并积极支持新专业的教材建设。教材编排注重图、文、表并茂,生动活泼,形式新颖;名称、名词、术语等均符合国家有关技术质量标准和规范。

4) 注重立体化资源建设。系列教材针对部分课程特点,力求通过随书二维码等形式,将教学视频、仿真动画、案例拓展、习题试卷及解答等教学资源融入到教材中,使学生学习课上课下相结合,为高素质技能型人才的培养提供更多的教学手段。

由于我国高等职业教育改革和发展的速度很快,加之我们的水平和经验有限,因此在教材的编写和出版过程中难免出现疏漏。恳请使用本系列教材的师生及时向我们反馈相关信息,以利于我们今后不断提高教材的出版质量,为广大师生提供更多、更适用的教材。

机械工业出版社

二维码资源清单

序号	名　　　　称	页码
1	1.1.1　传感器的地位和作用	1
2	1.1.2　传感器的概念	2
3	1.1.3　传感器的分类	3
4	2.1　电阻应变式传感器	24
5	2.2　压阻式传感器	36
6	第3章　电感式传感器	47
7	3.3　电涡流式传感器	60
8	4.1　电容式传感器的工作原理和类型	70
9	变极距型电容传感器	70
10	第5章　压电式传感器	88
11	6.1.1　温度与温标	98
12	6.2　热电偶传感器	100
13	6.3　热电阻传感器	110
14	7.1　磁电感应式传感器	122
15	7.2　霍尔传感器	126
16	光电式传感器	140
17	8.1　光电效应	140
18	8.2　光电器件	142
19	8.5　光栅传感器	159
20	9.1.2　超声波的发生与接收	168
21	9.2　微波传感器	174
22	10.1.1　半导体气敏传感器	186
23	电阻型半导体气敏传感器	187
24	10.2　生物传感器	198
25	11.1　智能传感器	207
26	11.1.2　智能传感器的实现途径	209
27	11.2　无线传感器网络	212

前 言

党的二十大报告指出:"培养造就大批德才兼备的高素质人才,是国家和民族长远发展大计。"为了更好地满足社会及教学的需要,依据高等职业教育人才培养目标的要求,本书在第1版基础上,总结了近年来传感器与检测技术的教学经验,结合办学定位、岗位需求情况,以培养学生的应用能力为出发点,突出实践性和操作性,实现高技能人才的培养目标。

本书基本保持了第1版的风格、特色,对第1版中的部分内容进行结构调整、修改与完善。为适应传感器技术的发展,突出了新型传感器的介绍,增加了核辐射传感器、无线传感器网络等知识内容。

本书遵循简明、实用、新颖的编写原则,力求理论联系实际,突出应用及技能训练,着重介绍了常用传感器的结构、原理、测量转换电路及传感器检测技术应用。具体特色如下。

1)符合认知规律,编写中压缩了烦琐的公式推导和计算,力图做到基本概念清楚,重点突出,方便课堂教学。

2)注重能力培养。除安排了传感器基础实训外,还编选了几种典型传感器的应用制作,有利于培养学生的动手能力和职业素养。

3)编写中融入新知识、新技术、新工艺和新方法。

4)结构完整,选择性强。可供不同学时、不同专业选用。

全书共分11章,第1章介绍了传感器与检测技术基础,第2~10章分别介绍了电阻式传感器、电感式传感器、电容式传感器、压电式传感器、热电式传感器、磁电式传感器、光电式传感器、波式和辐射式传感器、半导体式化学传感器和生物传感器,第11章介绍了智能传感器和无线传感器网络。

本书参考学时为60~90学时,教学时可结合专业实际情况,对教学内容和学时数进行适当调整。

本次修订由牛百齐、董铭任主编,周宗斌、梁海霞任副主编,曹秀海、李汉挺、孙萌、梁奂晖参编。

本书在编写过程中,参考了许多专家同行的文献和资料,在此谨致诚挚的谢意。

由于涉及多学科知识,加之编者水平有限,书中不妥、疏漏或错误之处在所难免,恳请专家、同行批评指正,也希望得到读者的意见和建议。

编 者

目 录

出版说明
前言
第1章 传感器与检测技术基础 ⋯⋯ 1
1.1 传感器的基础知识 ⋯⋯⋯⋯⋯⋯⋯ 1
1.1.1 传感器的地位和作用 ⋯⋯⋯⋯ 1
1.1.2 传感器的概念 ⋯⋯⋯⋯⋯⋯⋯ 2
1.1.3 传感器的分类 ⋯⋯⋯⋯⋯⋯⋯ 3
1.1.4 传感器的命名及图形符号 ⋯⋯ 4
1.1.5 传感器的基本特性 ⋯⋯⋯⋯⋯ 5
1.1.6 传感器的标定 ⋯⋯⋯⋯⋯⋯⋯ 8
1.2 检测技术基础知识 ⋯⋯⋯⋯⋯⋯⋯ 10
1.2.1 检测系统的组成 ⋯⋯⋯⋯⋯⋯ 10
1.2.2 测量方法 ⋯⋯⋯⋯⋯⋯⋯⋯⋯ 11
1.2.3 测量误差及分类 ⋯⋯⋯⋯⋯⋯ 12
1.2.4 测量数据的处理 ⋯⋯⋯⋯⋯⋯ 16
1.3 传感器与检测技术的发展趋势 ⋯⋯ 20
1.4 习题 ⋯⋯⋯⋯⋯⋯⋯⋯⋯⋯⋯⋯⋯ 22
第2章 电阻式传感器 ⋯⋯⋯⋯⋯⋯⋯ 24
2.1 电阻应变式传感器 ⋯⋯⋯⋯⋯⋯⋯ 24
2.1.1 电阻应变效应 ⋯⋯⋯⋯⋯⋯⋯ 24
2.1.2 电阻应变片的结构和种类 ⋯⋯ 25
2.1.3 测量转换电路 ⋯⋯⋯⋯⋯⋯⋯ 28
2.1.4 应变式传感器的应用 ⋯⋯⋯⋯ 32
2.2 压阻式传感器 ⋯⋯⋯⋯⋯⋯⋯⋯⋯ 36
2.2.1 半导体压阻效应 ⋯⋯⋯⋯⋯⋯ 37
2.2.2 测量桥路及温度补偿 ⋯⋯⋯⋯ 38
2.2.3 压阻式传感器的应用 ⋯⋯⋯⋯ 40
2.3 电位器式传感器 ⋯⋯⋯⋯⋯⋯⋯⋯ 40
2.3.1 电位器式传感器的工作原理 ⋯⋯ 41
2.3.2 电位器式传感器的应用 ⋯⋯⋯⋯ 41
2.4 实训 ⋯⋯⋯⋯⋯⋯⋯⋯⋯⋯⋯⋯⋯ 43
2.4.1 实训1 应变片性能测试 ⋯⋯⋯ 43
2.4.2 实训2 自制简易电子秤 ⋯⋯⋯ 43

2.5 习题 ⋯⋯⋯⋯⋯⋯⋯⋯⋯⋯⋯⋯⋯ 45
第3章 电感式传感器 ⋯⋯⋯⋯⋯⋯⋯ 47
3.1 自感式传感器概述 ⋯⋯⋯⋯⋯⋯⋯ 47
3.1.1 自感式传感器的结构与工作
原理 ⋯⋯⋯⋯⋯⋯⋯⋯⋯⋯⋯ 47
3.1.2 自感式传感器的测量电路 ⋯⋯ 49
3.1.3 自感式传感器应用实例 ⋯⋯⋯ 52
3.2 互感式传感器 ⋯⋯⋯⋯⋯⋯⋯⋯⋯ 54
3.2.1 差动变压器式传感器的结构与
工作原理 ⋯⋯⋯⋯⋯⋯⋯⋯⋯ 54
3.2.2 测量电路 ⋯⋯⋯⋯⋯⋯⋯⋯⋯ 56
3.2.3 互感式传感器的应用 ⋯⋯⋯⋯ 58
3.3 电涡流式传感器 ⋯⋯⋯⋯⋯⋯⋯⋯ 60
3.3.1 涡流传感器的结构与工作原理 ⋯⋯ 60
3.3.2 测量电路 ⋯⋯⋯⋯⋯⋯⋯⋯⋯ 62
3.3.3 电涡流式传感器的应用 ⋯⋯⋯ 64
3.4 实训 ⋯⋯⋯⋯⋯⋯⋯⋯⋯⋯⋯⋯⋯ 66
3.4.1 实训1 差动变压器式电感传感器
性能测试与标定 ⋯⋯⋯⋯⋯⋯ 66
3.4.2 实训2 电涡流式接近开关
制作 ⋯⋯⋯⋯⋯⋯⋯⋯⋯⋯⋯ 67
3.5 习题 ⋯⋯⋯⋯⋯⋯⋯⋯⋯⋯⋯⋯⋯ 68
第4章 电容式传感器 ⋯⋯⋯⋯⋯⋯⋯ 70
4.1 电容式传感器的工作原理和类型 ⋯⋯ 70
4.2 电容式传感器的测量转换电路 ⋯⋯ 73
4.2.1 电容式传感器的等效电路 ⋯⋯ 73
4.2.2 转换电路 ⋯⋯⋯⋯⋯⋯⋯⋯⋯ 74
4.3 电容式传感器的应用 ⋯⋯⋯⋯⋯⋯ 78
4.4 电容式集成传感器 ⋯⋯⋯⋯⋯⋯⋯ 81
4.4.1 硅电容式集成传感器 ⋯⋯⋯⋯ 81
4.4.2 电容式指纹传感器 ⋯⋯⋯⋯⋯ 83
4.5 实训 ⋯⋯⋯⋯⋯⋯⋯⋯⋯⋯⋯⋯⋯ 85
4.5.1 实训1 电容式传感器特性

　　　　测试 …………………………………… 85
　　4.5.2 实训2 电容感应式控制电路的
　　　　制作 ………………………………… 86
　4.6 习题 …………………………………… 87

第5章 压电式传感器 …………………… 88
　5.1 压电效应与压电材料 ………………… 88
　　5.1.1 压电效应 ……………………………… 88
　　5.1.2 压电材料 ……………………………… 89
　5.2 压电式传感器概述 …………………… 91
　　5.2.1 压电式传感器的连接 ………………… 91
　　5.2.2 压电式传感器的等效电路 …………… 92
　　5.2.3 压电式传感器的测量电路 …………… 93
　5.3 压电式传感器的应用 ………………… 94
　5.4 实训 压电式传感器引线电容的
　　　影响 …………………………………… 96
　5.5 习题 …………………………………… 97

第6章 热电式传感器 …………………… 98
　6.1 温度传感器的分类及温标 …………… 98
　　6.1.1 温度与温标 …………………………… 98
　　6.1.2 分类方法 ……………………………… 99
　6.2 热电偶传感器 ………………………… 100
　　6.2.1 热电偶的工作原理 …………………… 100
　　6.2.2 热电偶的材料及结构类型 …………… 103
　　6.2.3 热电偶测温线路与温度补偿 ………… 106
　　6.2.4 热电偶的应用 ………………………… 108
　6.3 热电阻传感器 ………………………… 110
　　6.3.1 金属热电阻传感器 …………………… 110
　　6.3.2 热电阻的测量电路 …………………… 112
　　6.3.3 金属热电阻的应用 …………………… 113
　6.4 热敏电阻和集成温度传感器 ………… 114
　　6.4.1 热敏电阻传感器 ……………………… 114
　　6.4.2 集成温度传感器 ……………………… 115
　6.5 实训 …………………………………… 119
　　6.5.1 实训1 热电偶传感器测温度 ……… 119
　　6.5.2 实训2 电冰箱温度超标
　　　　　指示器 ……………………………… 119
　6.6 习题 …………………………………… 120

第7章 磁电式传感器 …………………… 122
　7.1 磁电感应式传感器 …………………… 122
　　7.1.1 工作原理和结构形式 ………………… 122
　　7.1.2 磁电感应式传感器的测量电路 ……… 123
　　7.1.3 磁电感应式传感器的应用 …………… 124

　7.2 霍尔传感器 …………………………… 126
　　7.2.1 霍尔传感器的工作原理 ……………… 126
　　7.2.2 霍尔元件的结构及技术参数 ………… 127
　　7.2.3 霍尔传感器测量电路 ………………… 128
　　7.2.4 集成霍尔元件 ………………………… 129
　　7.2.5 霍尔传感器的应用 …………………… 130
　7.3 磁敏元件 ……………………………… 132
　　7.3.1 磁敏电阻器 …………………………… 132
　　7.3.2 磁敏二极管与磁敏晶体管 …………… 135
　7.4 实训 霍尔传感器实验 ……………… 138
　7.5 习题 …………………………………… 138

第8章 光电式传感器 …………………… 140
　8.1 光电效应 ……………………………… 140
　　8.1.1 外光电效应 …………………………… 140
　　8.1.2 内光电效应 …………………………… 141
　8.2 光电器件 ……………………………… 142
　　8.2.1 光电管 ………………………………… 142
　　8.2.2 光电倍增管及基本测量电路 ………… 143
　　8.2.3 光敏电阻 ……………………………… 145
　　8.2.4 光电池 ………………………………… 147
　　8.2.5 光电二极管和光电晶体管 …………… 149
　　8.2.6 光电器件的应用 ……………………… 151
　8.3 图像传感器 …………………………… 152
　　8.3.1 CCD图像传感器 ……………………… 153
　　8.3.2 图像传感器的应用 …………………… 154
　8.4 光纤传感器 …………………………… 156
　　8.4.1 光纤的结构和传输原理 ……………… 156
　　8.4.2 光纤的应用 …………………………… 157
　8.5 光栅传感器 …………………………… 159
　　8.5.1 光栅的类型 …………………………… 159
　　8.5.2 莫尔条纹 ……………………………… 160
　　8.5.3 光栅式传感器的测量装置 …………… 160
　　8.5.4 光栅传感器的应用 …………………… 162
　8.6 实训 …………………………………… 163
　　8.6.1 实训1 光纤位移传感器实验 ……… 163
　　8.6.2 实训2 光电开关电路制作 ………… 163
　8.7 习题 …………………………………… 164

第9章 波式和辐射式传感器 …………… 166
　9.1 超声波传感器 ………………………… 166
　　9.1.1 超声波的物理基础 …………………… 166
　　9.1.2 超声波的发生与接收 ………………… 168
　　9.1.3 超声波探头 …………………………… 169
　　9.1.4 超声波传感器的应用 ………………… 171

9.2 微波传感器 …………………………… 174
  9.2.1 微波传感器的原理和组成 …… 174
  9.2.2 微波传感器的应用 …………… 175
9.3 红外传感器 …………………………… 176
  9.3.1 红外辐射 ……………………… 176
  9.3.2 红外探测器 …………………… 176
  9.3.3 红外传感器的应用 …………… 177
9.4 核辐射传感器 ………………………… 179
  9.4.1 核辐射基础知识 ……………… 179
  9.4.2 核辐射探测器 ………………… 179
  9.4.3 核辐射传感器的应用 ………… 182
9.5 实训 超声波遥控开关制作 ………… 184
9.6 习题 …………………………………… 185

第 10 章 半导体式化学传感器和生物传感器 …………………………………… 186
10.1 半导体式化学传感器 ……………… 186
  10.1.1 半导体气敏传感器 ………… 186
  10.1.2 半导体湿敏传感器 ………… 191
  10.1.3 离子敏传感器 ……………… 196
10.2 生物传感器 ………………………… 198

  10.2.1 生物传感器概述 …………… 198
  10.2.2 生物传感器的工作原理及结构 ………………………… 199
  10.2.3 生物传感器的应用 ………… 202
10.3 实训 酒精探测仪的制作 ………… 203
10.4 习题 ………………………………… 205

第 11 章 智能传感器和无线传感器网络 …………………………………… 207
11.1 智能传感器 ………………………… 207
  11.1.1 智能传感器的功能与特点 … 207
  11.1.2 智能传感器的实现途径 …… 209
  11.1.3 智能传感器的发展方向 …… 211
11.2 无线传感器网络 …………………… 212
  11.2.1 无线传感器网络的概念 …… 212
  11.2.2 无线传感器网络的特点 …… 214
  11.2.3 无线传感器网络的关键技术 … 215
  11.2.4 无线传感器网络的应用领域 … 217
11.3 习题 ………………………………… 219

参考文献 …………………………………… 220

第1章 传感器与检测技术基础

当今世界已经进入信息时代,传感器技术、通信技术、计算机技术被称为现代信息技术的三大支柱,它们在信息系统中分别起到"感官""神经"和"大脑"的作用。我们在利用信息的过程中首先要获取信息,传感器是获取信息的主要途径和手段。以传感器为核心的检测技术就像神经和感官一样,源源不断地向人类提供宏观与微观世界的种种信息,成为人们认识和改造自然的有力工具。

1.1 传感器的基础知识

1.1.1 传感器的地位和作用

1.1.1 传感器的地位和作用

在人类文明的发展历史中,感受、处理外部信息的传感技术一直扮演着重要的角色。人们借助视觉、听觉、嗅觉、味觉和触觉这五种感觉器官从外界直接获取信息,再通过大脑分析和判断后做出相应反应。随着科学技术的发展,人类在认识和改造自然的活动中,单靠自身的感觉器官已远不能满足要求。因此,一系列代替、加强和补充人类感觉器官功能的方法和手段应运而生,出现了各种用途的传感器,也称为"电五官"。

现代科学技术使人类社会进入了信息时代,来自自然界的物质信息都需要通过传感器进行采集才能获取。如果用计算机控制的自动化装置来代替人的劳动,则可以说电子计算机相当于人的大脑(俗称电脑),而传感器则相当于人的五官("电五官")。传感器是获取自然领域中信息的主要途径与手段。在计算机的控制作用下通过执行器完成相应的动作。

由图1-1所示的人与机器的功能对应关系可见,作为模拟人体感官的"电五官"(传感器),它是系统对外界获取信息的窗口。如果对象亦视为系统,从广义上讲传感器是系统之

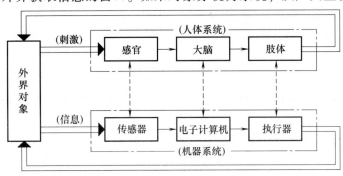

图1-1 自动化装置与人对比

间实现信息交流的"接口",它为系统提供着赖以进行处理和决策所必需的对象信息,它是高度自动化系统乃至现代尖端技术必不可少的关键组成部分。

在工业和国防领域,高度自动化的装置、系统、工厂和设备是传感器的集合地。从工业自动化中的柔性制造系统、计算机集成制造系统、大型发电机组、无人驾驶汽车、多功能武器指挥系统,直至宇宙飞船或星际、海洋探测器等,无不装置数以千计的传感器,昼夜发送各种各样的工况参数,以达到监控运行的目的,成为运行精度、生产速度、产品质量和设备安全的重要保障。

在基础学科研究中,传感器更具有突出的地位。现代科学技术的发展进入了许多新领域。例如:在宏观上要观察上万光年外的茫茫宇宙,微观上要观察小到无限渺小的粒子世界,纵向上要观察长达数十万年的天体演化、短到秒级的瞬间反应。此外,还出现了对深化物质认识、开拓新能源、新材料等具有重要作用的各种极端技术研究,如超高温、超低温、超高压、超高真空、超强磁场等。显然,要获取大量人类感官无法直接获取的信息,没有相应的传感器是不可能的。许多基础科学研究的障碍,首先就在于对象信息的获取存在困难,而一些新机理和高灵敏度的检测传感器的出现,往往会导致该领域内的突破。

传感器早已渗透到诸如工业生产、宇宙开发、海洋探测、环境保护、资源调查、医学诊断、生物工程、文物保护等极其广泛的领域。可以毫不夸张地说,从茫茫的太空到浩瀚的海洋,以及各种复杂的工程系统,几乎每一个现代化项目,都离不开各种各样的传感器。

1.1.2 传感器的概念

1. 传感器的定义

顾名思义,传感器是一种传递感觉的器件或装置,它的功能是"一感二传",即感受被测信息,并传送出去。通常将传感器定义为:能感受规定的被测量并按照一定的规律将其转换成可用输出信号的器件或装置,通常由敏感元件和转换元件组成。

1.1.2 传感器的概念

此处的可用输出信号是指便于加工处理、便于传输利用的信号。当今电信号是最容易处理和传输的信号,因此,可以把传感器狭义地定义为:将非电信号转换为电信号的器件。

传感器的定义包括以下四个方面的内容:

① 传感器是测量装置,能完成某种检测任务。
② 它的输入量是某一被测量,可能是物理量,也可能是化学量、生物量等。
③ 它的输出是某种物理量,这种量要便于传输、转换、处理、显示等,可以是气量、光量、电量,目前主要是电量。
④ 输出和输入有对应关系,且具有一定的精确度。

2. 传感器的组成

传感器的种类繁多,其工作原理、性能特点和应用领域各不相同,所以结构、组成差异很大。但总的来说,传感器通常由敏感元件、转换元件及信号调理电路组成,有时还加上辅助电源,如图1-2所示。

敏感元件是指传感器中能直接感受(或响应)被测量的部分。如由不同热膨胀系数制成的双金属片就是温度敏感元件。敏感元件是传感器的核心,也是研究、设计和制作传感器的关键。例如,图1-3所示的一种气体压力传感器,图中膜盒2的下半部与壳体1固接,上

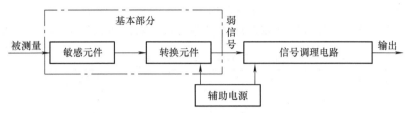

图 1-2　传感器组成框图

半部通过连杆与磁心 4 相连，磁心 4 置于两个电感线圈 3 中，后者信号调理电路 5。这里的膜盒就是敏感元件，其外部与大气压力 p_a 相通，内部与被测量压力 p 相通。当 p 变化时，引起膜盒上半部移动，即输出相应的位移量。

转换元件是指传感器中能将敏感元件感受（或响应）的被测量转换成适于传输或测量的电信号部分。如将触点的闭合与断开转换成电路电流的通和断。在图 1-3 中，转换元件是可变电感线圈 3，它把输入的位移量转换成电感的变化。

信号调理电路又称转换电路或测量电路，它的作用是将转换元件输出的电信号进行进一步的转换和处理，如放大、滤波、线性化、补偿等，以获得更好的品质特性，便于后续电路实现显示、记录、处理及控制等功能。信号调理电路的类型视传感器的工作原理和转换元件的类型而定，一般有电桥电路、阻抗变换电路、振荡电路等。

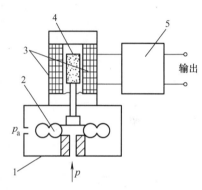

图 1-3　气体压力传感器
1—壳体　2—膜盒　3—电感线圈
4—磁心　5—信号调理电路

需要指出的是，并不是所有的传感器都能明显地区分其组成的各个部分，最简单的传感器由一个敏感元件（兼转换元件）组成，它在感受被测量时直接输出电量，如热电偶。有些传感器由敏感元件组成，没有转换电路，如压电式加速度传感器，其中的质量块是敏感元件，压电片（块）是转换元件。有的传感器转换元件不止一个，需要经过若干次的转换。

1.1.3　传感器的分类

通常，一种传感器可以检测多种参数，一种参数又可以用多种传感器测量，所以传感器的分类方法也很多，目前对传感器尚无一个统一的分类方法，比较常用的有以下几种。

1.1.3　传感器的分类

1）按照传感器感知外界信息所依据的基本效应分类。可以将传感器分成三大类：基于物理效应的物理传感器；基于化学反应的化学传感器；基于酶、抗体、激素等分子识别功能的生物传感器。

2）按照物理原理分类。可分电阻式、电感式、电容式、压电式、光电式、热电式、波式和辐射式等传感器。这种分类方法有利于对传感器工作原理的阐述和对传感器的深入研究与分析。

3）按被测物理量的不同分类。可分为位移、力、力矩、转速、振动、加速度、温度、压力、流量、流速等传感器。这种分类方法有利于准确表达传感器的用途，方便使用者选用。

为更加直观、清晰地表述各类传感器的用途，将种类繁多的被测量分为基本被测量和派生被测量（见表1-1）。对各派生被测量的测量亦可通过对基本被测量的测量来实现。

表 1-1 基本被测量和派生被测量

基本被测量		派生被测量
位移	线位移	长度、厚度、应变、振幅等
	角位移	旋转角、偏转角、角振幅等
速度	线速度	速度、流量、动量等
	角速度	转速、角振动等
加速度	线加速度	振动、冲击、质量等
	角加速度	角振动、转矩、转动惯量等
力	压力	重量、应力、力矩等
时间	频率	周期、计数
光		光通量与密度、光谱分布
温度		热容
湿度		水汽、含水量、露点
浓度		汽(液)体成分、黏度

1.1.4 传感器的命名及图形符号

1. 传感器的命名

根据国家标准 GB/T 7666—2005《传感器命名法及代码》规定，一种传感器产品的全称由"主题词+四级修饰语"构成。

主题词——传感器；

一级修饰语——被测量，包括修饰被测量的定语；

二级修饰语——转换原理，一般可后缀以"式"字；

三级修饰语——特征描述，指必须强调的传感器结构、性能、材料特征、敏感元件及其他必要的性能特征，一般可后缀以"型"字；

四级修饰语——主要技术指标（如量程、精度、灵敏度等）。

在有关传感器的统计表格、检索以及计算机汉字处理等场合可以采用上述顺序。例如：传感器，位移，应变（计）式，100mm。而在技术文件、产品样本、学术论文等的陈述句中，作为产品名称一般采用与上述相反的顺序。例如：100mm应变式位移传感器。

2. 传感器的代号

国家标准 GB/T 7666—2005《传感器命名法及代码》规定，一种传感器的代号应包括以下四部分：

主称——传感器（代号C）；

被测量——用一个或两个汉语拼音的第一个大写字母标记；

转换原理——用一个或两个汉语拼音的第一个大写字母标记；

序号——用一个阿拉伯数字标记，厂家自定，用来表征产品设计特性、性能参数、产品系列等。

传感器的代号依次为"主称（传感器）被测量-转换原理-序号"，在被测量、转换原理、序号这三部分代号之间需用连字符"-"连接。传感器代号表述格式如图1-4所示。

例如，CWY-YB-10传感器，其中，C：传感器主称，WY：被测量是位移；YB：转换原理是应变式，10：传感器序号。

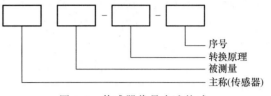

图1-4 传感器代号表述格式

3. 传感器的图形符号

传感器的图形符号由正方形和等边三角形组成，正方形表示转换元件，三角形表示敏感元件，"x"表示被测量，"*"表示转换原理。传感器的图形符号与几个常用传感器的图形符号如图1-5所示。

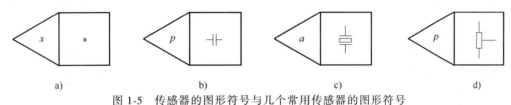

图1-5 传感器的图形符号与几个常用传感器的图形符号
a) 传感器图形符号 b) 电容式压力传感器 c) 压电式加速度传感器 d) 电位器式压力传感器

在使用这些图形符号时应注意几个问题：当无需强调具体的转换原理时，传感器图用图形符号也可简化，如图1-6a所示，对角线表示内在能量转换功能，（A）、（B）分别表示输入、输出信号。对于传感器的电器引线，应根据接线图设计需要，从正方形的三个边线垂直引出，表示方法如图1-6b所示，如果引线需要接地或接壳体、接线板，应按标准规定绘制。如果某些转换原理难以用图形符号简单、形象地表达，例如离子选择电极式钠离子传感器，也可用文字符号替代，如图1-6c所示。

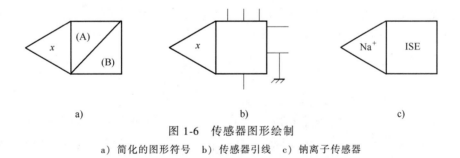

图1-6 传感器图形绘制
a) 简化的图形符号 b) 传感器引线 c) 钠离子传感器

1.1.5 传感器的基本特性

传感器的特性一般是指输出与输入之间的关系，可用数学函数、坐标曲线和图表等方式表示。根据被测量状态的不同，传感器的特性可分为静态特性和动态特性。静态特性是指当输入量为常量或变化极慢时，即被测量处于稳定状态时的输入、输出关系。动态特性是指输入量随时间快速变化（如机械振动）时，传感器的输入、输出关系。

由于动态特性的研究方法与控制理论中介绍的研究方法相似，本书不再赘述，这里仅介绍传感器静态特性的一些指标。

(1) 测量范围与量程

每种传感器都有其测量范围,通常是由该传感器组成的测量系统(或测量仪表)按规定的精度测量被测量,所能测量出的最大值称为测量上限值,用 $x_{\max}$ 表示,所能测量出的最小值称为测量下限值,用 $x_{\min}$ 表示,测量下限值与测量上限值之间的范围称为测量范围。

传感器的量程可用测量范围的大小来表示,即量程就是传感器测量上限值与测量下限值的代数差。

测量下限值 $x_{\min}$ 与测量上限值 $x_{\max}$ 对应的输出值分别为输出上限值 $y_{\min}$ 和输出上限值 $y_{\max}$,则满量程输出值记为

$$y_{FS} = y_{\max} - y_{\min} \tag{1-1}$$

(2) 线性度

传感器的线性度是指传感器的输出与输入之间关系的线性程度。输出与输入关系可分为线性特性和非线性特性。从传感器的性能看,希望具有线性关系,即具有理想的输入与输出关系。但实际遇到的传感器大多为非线性,如果不考虑迟滞和蠕变等因素,传感器的输出与输入关系可用一个多项式表示为

$$y = a_0 + a_1 x + a_2 x^2 + \cdots + a_n x^n \tag{1-2}$$

式中,a_0 为输入量 x 为 0 时的输出量;a_1,a_2,$\cdots$,a_n 为非线性项系数。各项系数不同,决定了特性曲线的具体形式各不相同。

静态特性曲线可通过实际测试获得。在实际使用中,为了标定和数据处理的方便,希望得到线性关系,因此引入各种非线性补偿环节。如采用非线性补偿电路或计算机软件进行线性化处理,从而使传感器的输出与输入关系为线性或接近线性。但如果传感器非线性的方次不高,输入量变化范围较小时,可用一条直线(切线或割线)近似地代表实际曲线的一段,使传感器输出、输入特性线性化。所采用的直线称为拟合直线。实际特性曲线与拟合直线之间的偏差称为传感器的非线性误差(或线性度),通常用相对误差 γ_L 表示,即

$$\gamma_L = \pm \frac{\Delta L_{\max}}{y_{FS}} \times 100\% \tag{1-3}$$

式中,$\Delta L_{\max}$ 为非线性绝对误差;y_{FS} 为满量程输出。

由此可见,非线性误差的大小是以一定的拟合直线为基准直线而得出的。拟合直线不同,非线性误差也不同。所以,选择拟合直线的主要出发点,应是获得最小的非线性误差。另外,还应考虑使用是否方便,计算是否简便。图 1-7 所示是常用的几种直线拟合方法。

① 理论拟合:拟合直线为传感器的理论特性,与实际测试值无关,如图 1-7a 所示。

② 过零旋转拟合:常用于校正曲线过零的传感器,如图 1-7b 所示。

③ 端点连线拟合:把校正曲线两端点的连线作为拟合直线,如图 1-7c 所示。

④ 端点平移拟合:是在图 1-7c 的基础上使直线平移,移动距离为原先 $\Delta L_{\max}$ 的 1/2。这样,校正曲线分布于拟合直线的两侧,与图 1-7c 相比,非线性误差减小 1/2,提高了精度。

从图中可以看出,即使是同类传感器,拟合直线不同,其线性度也是不同的。选取拟合直线的方法有很多,用最小二乘法求取的拟合直线的拟合精度最高。

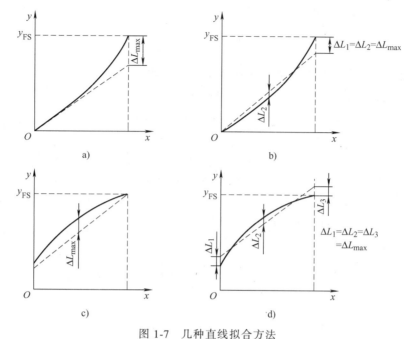

图 1-7 几种直线拟合方法
a）理论拟合　b）过零旋转拟合　c）端点连线拟合　d）端点平移拟合

（3）灵敏度

灵敏度 S 是指传感器的输出量增量 Δy 与引起的相应输入量增量 Δx 的比值，即

$$S = \frac{\Delta y}{\Delta x} \tag{1-4}$$

对于线性传感器，它的灵敏度就是它的静态特性的斜率，即 $S = \Delta y/\Delta x$ 为常数，而非线性传感器的灵敏度为一变量，用 $S = \mathrm{d}y/\mathrm{d}x$ 表示，它实际上就是输入特性曲线上某点的斜率，且灵敏度随着输入量的变化而变化。非线性传感器的灵敏度如图 1-8 所示。

（4）分辨力与阈值

传感器的分辨力是指在规定测量范围内可能检测出的被测量的最小变化量，是传感器可能感受到的被测量的最小变化的能力。也就是说，如果传感器的输入量从某一非零值缓慢地变化，在输入量的变化值未超过某一值时，传感器的输出不会发生变化，只有超过某一数值后才显示有变化，这个输入增量称为传感器的分辨力。有时候用该值相对满量程输入值的百分比表示，则称为分辨率。

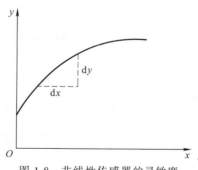

图 1-8 非线性传感器的灵敏度

如果传感器的输入量从零值开始缓慢地增加，在达到某一最小值后才能测出输出变化，这个最小值就是传感器的阈值。

当被测量的变化小于分辨力时，传感器对输入量的变化无任何反应。对数字仪表而言，如果没有其他附加说明，一般可以认为该表的最后一位所表示的数值就是它的分辨力。一般地，分辨力的数值小于仪表的最大绝对误差。

阈值说明了传感器的最小可测出的输入量;分辨力说明了传感器的最小可测出的输入变化量。

(5) 迟滞

在传感器内部,由于某些元器件具有储能效应,例如:弹性形变、磁滞现象和极化效应等,使得被测量逐渐增加和逐渐减少时,测量得到的上升曲线和下降曲线出现不重合的现象,使传感器特性曲线形成环状,这种现象称为迟滞,如图1-9所示。也就是说,对于同一大小的输入信号,传感器的正反行程输出信号大小不相等。迟滞大小通常由实验确定。

迟滞误差 γ_H 以正、反向输出量的最大偏差与满量程输出之比的百分数表示,即

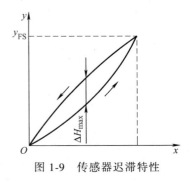

图1-9 传感器迟滞特性

$$\gamma_H = \pm \frac{\Delta H_{max}}{y_{FS}} \times 100\% \quad (1-5)$$

式中,ΔH_{max} 为正、反行程间输出的最大误差。

(6) 重复性

重复性是指传感器在输入量按同一方向做全量程连续多次变动时所得特性曲线间不一致的程度。各条特性曲线越靠近,说明重复性就越好。图1-10所示为输出特性曲线的重复特性,正行程的最大重复性偏差为 ΔR_{max1},反行程的最大重复性偏差为 ΔR_{max2}。重复性偏差取这两个最大偏差中之较大者,记为 ΔR_{max}。若再以满量程输出的百分数表示,这就是重复误差,即

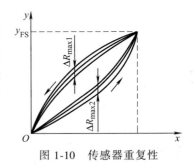

图1-10 传感器重复性

$$\gamma_R = \pm \frac{\Delta R_{max}}{y_{FS}} \times 100\% \quad (1-6)$$

(7) 稳定性

稳定性包括稳定度和环境影响量两方面。稳定度是指传感器在所有条件均不变的情况下,能在规定的时间内维持其示值不变的能力。稳定度用示值的变化量与时间长短的比值来表示。例如,某传感器中仪表输出电压在4h内的最大变化量为1.2mV,则用1.2mV/(4h)表示其稳定度。

环境影响量是指由于外界环境变化而引起的示值的变化量。示值变化由两个因素组成:零点漂移和灵敏度漂移。零点漂移是指在受外界环境影响后,已调零的仪表的输出不再为零。零点漂移的现象,在测量前是可以发现的,应重新调零,但在不间断测量过程中,零点漂移是附加在读数上的,因而很难发现。

1.1.6 传感器的标定

根据我国计量法,任何一种传感器产品在装配完后都必须按设计指标进行严格的性能鉴定;另外,使用一段时间以后或经过修理,也必须对其主要技术指标进行校准实验,以确保其性能指标达到要求。

传感器的标定是利用精度高一级的标准器具对传感器进行定度的过程，从而确立传感器的输入量与输出量之间的关系。同时，也确定出不同使用条件下的误差关系。传感器的校准是指传感器在使用一段时间以后或经过修理后，必须对其性能参数进行复测和必要的调整、修正，以确保传感器的测量精度的复测调整过程。传感器的标定与校准的本质和方法基本相同。

根据系统用途，输入信号可以是静态的，也可以是动态的，因此传感器的标定也有静态标定和动态标定两种。

1. 传感器的静态标定

传感器的静态特性是在静态标准条件下进行标定的。静态标准条件主要包括没有加速度、振动、冲击（除非这些参数本身就是被测量）及环境温度一般为室温（20±5）℃、相对湿度不大于85%、气压为（101±7）kPa等条件。静态标定主要用于检验测试传感器的静态特性指标，如灵敏度、线性度、迟滞和重复性等。

根据传感器的功能，静态标定首先需要建立静态标定系统，其次要选择比被标定传感器的精度高一等级的标定仪器设备。在图1-11所示的应变式测力传感器静态标定系统中，测力机用来产生大小不同的标准力，高精度稳压电源的输出电压经精密电阻箱衰减后向传感器提供稳定的电源电压，其值由数字电压表检测以满足传感器工作电压需求，传感器的输出由高精度数字电压表读出，从而得出传感器输入-输出特性曲线。

各种传感器的标定方法不同，一般传感器静态标定步骤如下。

① 将传感器的测量范围（全量程）分成若干等间距点。

② 根据传感器测量范围的分点情况，由小到大，逐点递增输入标准量值，并记录下与各点输入值相对应的输出值。然后再将输入量由大到小逐点递减，并记录下与各点输入值对应的输出值。

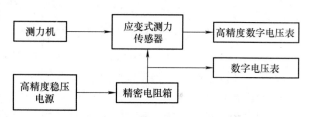

图1-11 应变式测力传感器静态标定系统

③ 重复上述两步，对传感器进行正、反行程多次重复测量（一般为3~10次），将得到的输出、输入测试数据用表格列出或画成曲线。

④ 对测试数据进行处理，根据处理结果就可以确定出传感器的灵敏度、线性度、迟滞和重复性等静态特性指标。

例如，对某型号电子秤进行标定时，可选择不同质量的标准砝码，依次由小到大和由大到小称量砝码，记录电子秤显示的测量数据，经反复测量后得到多组数据，然后进行数学统计和线性分析，得出输入-输出特性曲线，将数据处理得到的特性参数输入电子秤，可提高电子秤的测量精度。

2. 传感器的动态标定

一些传感器除了静态特性必须满足要求外，其动态特性也必须满足要求。因此，在静态标准标定后还需要进行动态标定。动态标定是检验测试传感器的动态性能指标，如动态灵敏度、固有频率和频率响应范围等。

传感器进行动态标定时，需要有一标准信号对它激励，常用的标准信号有两类：一是周期函数，如正弦波等。另一是瞬变函数，如阶跃波等。用标准信号激励后得到传感器的输出信号，经分析计算、数据处理，便可以决定其频率特性，即频率响应函数、幅频特性和相频特性、阻尼和动态灵敏度等。

1.2 检测技术基础知识

当今传感器检测技术早已无处不在，如商场、银行的自动门，酒店自动升降电梯，洗手间的自动水龙头等都应用了传感器检测与控制技术。如何有效地利用传感器实现各种参数的自动检查和精确测量，则是整个自动控制系统的基础。为了更好地掌握传感器检测技术的相关知识，需要对检测技术的基本概念、基本测量方法、检测系统的组成、测量误差及数据处理等方面的理论及工程应用进行学习和研究，只有了解和掌握了这些基本理论，才能更有效地完成检测任务。

1.2.1 检测系统的组成

1. 检测的概念

检测就是人们借助于仪器、设备，利用各种物理效应，采用一定的方法，将被测量的有关信息通过检查与测量获取定性或定量信息的过程。这些仪器和设备的核心部件就是传感器。检测包含检查与测量这两个方面，检查往往是获取定性信息，而测量则是获取定量信息。

检测技术是一门以研究检测系统中的信息提取、信息转换以及信息处理的理论与技术为主要内容的应用技术学科。检测技术主要研究被测量的测量原理、测量方法、检测系统和数据处理等方面的内容。

2. 检测系统

一个完整的检测系统，首先应获得被测量的信息，并通过信号变换电路转换把被测量的信号变换为电量，然后进行一系列的处理，再用指示仪或显示仪将信息输出，或由计算机对数据进行处理等。检测系统的组成如图1-12所示。

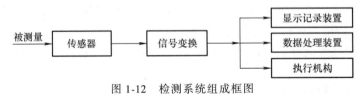

图1-12 检测系统组成框图

传感器作为检测系统的第一环节，它将完成检测过程中信息的采集。一般需要将被测信息转换成电信号，也就是说，把被测信号转换成电压、电流或电路参数（电阻、电感、电容）等电信号输出。例如，将机械位移转换为电阻、电容或电感等电参数的变化；又如将振动或声音转换成电压或电荷量的变化。

信号变换部分是对传感器所送出的信号进行加工，如将电阻抗变为电压或电流、对信号进行放大等。为了用传感器输出的信号进一步推动显示、记录仪器和控制器，或将此信号输入计算机进行信号的分析和处理，需对传感器输出的信号做进一步变换。信号变换的具体内容很多，如用电桥将电路参量（如电阻、电容、电感）转换为可供传输、处理、显示和记录的电压或电流信号；利用滤波电路抑制噪声，选出有用信号；对在传感器及后续各环节中出现的一些误差做必要的补偿和校正；信号送入计算机以前需经模-数转换及在计算机处理后送出时需经数-模转换等。经过这样的加工，使传感器输出的信号变为符合需要、便于传输、便于显示或记录和可做进一步处理的信号。

显示记录装置将所测信号变为一种能为人们所理解的形式，以供人们观测和分析。

数据处理装置用来对被测结果进行处理、运算、分析，对动态测试结果做频谱分析、能量谱分析等，完成这些工作必须用计算机技术。在自动控制系统中，经信号处理电路输出的与被测量对应的电压或电流信号还可以驱动某些执行机构动作，以便为自动控制系统提供控制信号。

上述检测系统各组成部分都是"功能块"的含义，在实际工作中，这些功能块所表达的具体装置或仪器的伸缩性是很大的。例如，信号变换部分可以是由很多仪器组合而成的一个完成特定功能的复杂群体，也可以简单到一个变换电路，甚至可能仅是一根导线。

检测系统在一定程度上是人类感官的某种延伸，但它能获得比人的感官更客观、更准确的量值，具有更为宽广的量程，反应更为迅速。不仅如此，检测系统通过对所测结果的处理和分析，把最能反映研究对象本质的特征量提取出来并加以处理，这就不仅是单纯的感官的延伸，而且具有了选择、加工、处理以及判断的能力，也可以认为是一种智能的复制和延长。

1.2.2 测量方法

1. 测量

测量是人们借助专门的技术和设备，通过实验的方法，把被测量与单位标准量进行比较，以确定出被测量是标准量的多少倍数的过程，所得的倍数就是测量值。测量结果可用一定的数值表示，也可以用一条曲线或某种图形表示。但无论其表现形式如何，测量结果应包括两部分：比值和测量单位。测量过程的核心就是比较。

2. 测量方法

测量方法对检测系统是十分重要的，它直接关系到检测任务是否能够顺利完成。因此需针对不同的检测目的和具体情况进行分析，然后找出切实可行的测量方法，再根据测量方法选择合适的检测技术工具，组成一个完整的检测系统，进行实际测量。

对于测量方法，从不同的角度出发，可有不同的分类方法。

根据测量手段不同分为直接测量、间接测量和组合测量；根据测量方式不同分为偏差式测量、零位式测量和微差式测量；根据测量的精度要求不同分为等精度测量和非等精度测量；根据被测量变化情况不同分为静态测量和动态测量；根据敏感元件是否与被测介质接触可分为接触测量和非接触测量等。

（1）直接测量、间接测量和组合测量

1）直接测量。在使用仪表进行测量时，对仪表读数不需要经过任何运算，就能直接表示测量所需要的结果，称为直接测量。例如，用磁电式电流表测量电路的电流，用弹簧管式压力表测量锅炉的压力等就是直接测量。直接测量的优点是测量过程简单而迅速，缺点是测量精度不容易做到很高，这种测量方法在工程上被广泛采用。

2）间接测量。有的被测量无法或不便于直接测量，这就要求在使用仪表进行测量时，首先对与被测物理量有确定函数关系的几个量进行测量，然后将测量值代入函数关系式，经过计算得到所需的结果，这种方法称为间接测量。例如，要测量某长方体的密度 ρ，其单位

为 kg/m^3，显然无法直接获得具有这种单位的量值，但是可以先测出长方体的长、宽和高，即 a、b、c（单位为 m）及其质量 m（单位为 kg），然后根据 $\rho=m/(abc)$ 求得密度。

间接测量比直接测量所需要测量的量要多，而且计算过程复杂，引起误差的因素也较多，但如果在比较理想的条件下进行间接测量，对误差进行分析并选择和确定优化的测量方法，测量结果的精度不一定低，有时还可得到较高的测量精度。间接测量一般用于不方便直接测量或者缺乏直接测量手段的场合。

3）组合测量。在应用仪表进行测量时，若被测物理量必须经过求解联立方程组才能得到最后结果，则称这样的测量为组合测量（又称联立测量）。在进行组合测量时，一般需要改变测试条件才能获得一组联立方程所需要的数据。

组合测量是一种特殊的精密测量方法，操作手续较复杂，花费时间长，一般适用于科学实验或特殊场合。

（2）偏差式测量、零位式测量与微差式测量

用仪表指针的位移（即偏差）决定被测量的量值，这种测量方法称为偏差式测量。应用偏差式测量时，仪表刻度事先用标准器具标定。在测量时，输入被测量，按照仪表指针标识在标尺上的示值，决定被测量的数值。这种方法测量过程比较简单、迅速，但测量结果精度较低。

零位式测量是用指零仪表的零位指示检测来测量系统的平衡状态，在测量系统平衡时，用已知的标准量决定被测量的量值的测量方法。应用这种测量方法进行测量时，已知标准量直接与被测量相比较，已知量应连续可调，指零仪表指零时，被测量与已知标准量相等。例如，天平、电位差计等。零位式测量的优点是可以获得比较高的测量精度，但测量过程比较复杂，测量时要进行平衡操作，耗时较长，不适用于测量快速变化的信号。

微差式测量是综合了偏差式测量与零位式测量的优点而提出的一种测量方法。它将被测量与已知的标准量相比较，取得差值后，再用偏差法测得此差值。故这种方法的优点是反应快，而且测量精度高，特别适用于在线控制参数的测量。

（3）等精度测量与非等精度测量

在整个测量过程中，若影响和决定测量精度的全部因素（条件）始终保持不变，如由同一个测量者，用同一台仪器，采用同样的方法，在同样的环境条件下对同一被测量进行多次重复测量，称为等精度测量。在实际中，很难做到这些因素（条件）全部始终保持不变，所以一般情况下只是近似地认为是等精度测量。用不同精度的仪表或不同的测量方法，或在环境条件相差很大的情况下对同一被测量进行多次重复测量称为非等精度测量。

（4）静态测量与动态测量

被测量在测量过程中认为是固定不变的，这种测量称为静态测量。静态测量不需要考虑时间因素对测量的影响。

若被测量在测量过程中是随时间不断变化的，这种测量称为动态测量。

在实际测量过程中，需要根据测量任务的具体情况，决定选用哪种测量方法。

1.2.3 测量误差及分类

1. 测量误差

测量的目的是希望通过测量获取被测量的真实值。但在实际测量过程中，由于种种原

因，例如，传感器本身性能不理想、测量方法不完善、受外界干扰影响及人为的疏忽等都会造成被测参数的测量值与真实值不一致，两者的不一致程度用测量误差表示。

测量误差就是测量值与真实值之间的差值，它反映了测量的精度。测量误差可用绝对误差表示，也可用相对误差表示。

2. 误差的表示方法

（1）绝对误差

绝对误差是指测量值与真值之间的差值，它反映了测量值偏离真值的多少，即

$$\Delta = A_x - A_0 \tag{1-7}$$

式中，A_0 为被测量真值，A_x 为被测量实际值。

由于真值的不可知性，在实际应用时，常用以下三种真值代替。

① 理论真值：由理论推导出来的真值，如三角形内角和为 $180°$。

② 约定真值：按照国际公认的单位定义的真值，如在标准条件下，水的冰点和沸点分别为 $0℃$ 和 $100℃$。

③ 相对真值（实际真值）：即用被测量多次测量的平均值或上一级标准仪器测得的示值作为实际真值。相对真值在误差测量中的应用最为广泛。

（2）相对误差

相对误差能够反映测量值偏离真值的程度，相对误差通常比绝对误差能更好地说明不同测量的精确程度，相对误差越小，准确度越高。它有以下三种常用形式。

1）实际相对误差。实际相对误差是指绝对误差 Δ 与被测量真值 A_0 的百分比，用 γ_A 表示，即

$$\gamma_A = \frac{\Delta}{A_0} \times 100\% \tag{1-8}$$

2）示值（标称）相对误差。示值相对误差是指绝对误差 Δ 与被测量实际值 A_x 的百分比，用 γ_x 表示，即

$$\gamma_x = \frac{\Delta}{A_x} \times 100\% \tag{1-9}$$

3）引用（满度）相对误差。引用相对误差是指绝对误差 Δ 与仪表满度值 A_m 的百分比，用 γ_m 表示，即

$$\gamma_m = \frac{\Delta}{A_m} \times 100\% \tag{1-10}$$

仪表的满度值 A_m 也称量程，等于测量上限减去测量下限，如某温度计的测量范围是 $-50 \sim 150℃$，其量程为 $150℃ - (-50)℃ = 200℃$。

当式（1-10）中的 Δ 取最大值 Δ_m 时，其满度相对误差常被用来确定仪表的准确度等级 S，即

$$S = \frac{|\Delta_m|}{A_m} \times 100\% \tag{1-11}$$

根据准确度等级 S 及量程范围，可以推算出该仪表可能出现的最大绝对误差 Δ_m。准确度等级 S 规定取一系列标准值。我国模拟仪表有下列 7 种等级：0.1、0.2、0.5、1.0、1.5、2.5、5.0。它们分别表示对应仪表的满度相对误差所不应超过的百分比。从仪表面板上的标

志可以判断出仪表的等级。仪表在正常工作条件下使用时，各等级仪表的基本误差不超过表 1-2 所规定的值。

表 1-2　仪表的准确度等级和基本误差

等　级	0.1	0.2	0.5	1.0	1.5	2.5	5.0
基本误差	±0.1%	±0.2%	±0.5%	±1.0%	±1.5%	±2.5%	±5.0%

仪表的准确度习惯上称为精度，准确度等级习惯上称为精度等级。等级的数值越小，仪表的精度就越高。根据仪表的等级可以确定测量的满度相对误差和最大绝对误差。例如，在正常情况下，用 0.5 级、量程为 100℃ 的温度表来测量温度时，可能产生的最大绝对误差为

$$\Delta_m = (\pm 0.5\%) \times A_m = \pm 0.5\% \times 100℃ = \pm 0.5℃$$

在正常工作条件下，可以认为仪表的最大绝对误差是不变的，而示值相对误差 γ_x 随示值的减小而增大。

例如，用上述温度表来测量 80℃ 的温度时，相对误差为

$$\gamma_x = \frac{\Delta}{A_x} \times 100\% = \frac{\pm 0.5}{80} \times 100\% = \pm 0.625\%$$

用它来测量 10℃ 的温度时，相对误差为

$$\gamma_x = \frac{\Delta}{A_x} \times 100\% = \frac{\pm 0.5}{10} \times 100\% = \pm 5\%$$

【例 1-1】 某压力表精度等级为 2.5 级，量程为 0~1.5MPa，测量结果显示为 0.70MPa，试求：

1) 可能出现的最大满度相对误差 γ_m。
2) 可能出现的最大绝对误差 Δ_m 为多少 kPa？
3) 可能出现的最大示值相对误差 γ_x。

解： 1) 可能出现的最大满度相对误差可以从精度等级直接得到，即 $\gamma_m = 2.5\%$。

2) 可能出现的最大绝对误差 Δ_m 为

$$\Delta_m = \gamma_m \times A_m = 2.5\% \times 1.5\text{MPa} = 37.5\text{kPa}$$

3) 可能出现的最大示值相对误差为

$$\gamma_x = \frac{\Delta_m}{A_x} \times 100\% = \frac{0.0375}{0.70} \times 100\% \approx 5.36\%$$

由上例可知，γ_x 总是大于（满度时等于）γ_m。

【例 1-2】 现有 0.5 级的、量程为 0~300℃ 的温度计和 1.0 级的、量程为 0~100℃ 的温度计，要测量 80℃ 的温度，试问采用哪一个温度计好。

解： 用 0.5 级温度计测量时，可能出现的最大示值相对误差为

$$\gamma_x = \frac{\Delta_{m1}}{A_x} \times 100\% = \frac{300 \times 0.5\%}{80} \times 100\% = 1.875\%$$

若用 1.0 级表测量时，可能出现的最大示值相对误差为

$$\gamma_x = \frac{\Delta_{m2}}{A_x} \times 100\% = \frac{100 \times 1.0\%}{80} \times 100\% = 1.25\%$$

计算结果表明，1.0级温度计比0.5级温度计示值的相对误差反而小，所以更合适。由上例可知，在选用仪表时应兼顾精度等级和量程，通常希望示值落在仪表满度值的2/3以上。

3. 测量误差的分类

（1）按误差表现的规律划分

根据测量数据中的误差所呈现的规律，将误差分为三种，即系统误差、随机误差和粗大误差。这种分类方法便于测量数据的处理。

1）系统误差。系统误差也称为装置误差，它反映了测量值偏离真值的程度。凡误差的数值固定或按一定规律变化者，均属于系统误差。按其表现的特点，可分为恒值误差和变值误差两大类。在整个测量过程中，恒值误差的数值和符号都保持不变。例如，由于刻度盘分度差错或刻度盘移动而使仪表刻度产生误差，皆属此类。

大部分附加误差属于变值误差，例如，环境温度波动使电源的电压下降、电子元器件老化、机械零件变形移位、仪表零点漂移等。

系统误差是有规律性的，因此可以通过实验的方法或引入修正值的方法计算修正，也可以通过重新调整测量仪表的有关部件予以消除。

2）随机误差。对同一被测量进行多次重复测量时，若误差的大小随机变化、不可预知，这种误差称为随机误差。随机误差是测量过程中，许多独立的、微小的、偶然的因素引起的综合结果。

对随机误差的某个单值来说，是没有规律、不可预料的，但从多次测量的总体上看，随机误差又服从一定的统计规律，大多数服从正态分布规律。因此，可以用概率论和数理统计的方法，从理论上估计其对测量结果的影响。

3）粗大误差。明显偏离真值的误差称为粗大误差，也叫过失误差。粗大误差主要是由于测量人员的粗心大意及电子测量仪器受到突然而强大的干扰所引起的。如测错、读错、记错和尖峰干扰等造成的误差。就数值大小而言，粗大误差明显超过正常条件下的误差。当发现粗大误差时，应予以剔除。

（2）按被测量与时间关系划分

按被测量与时间关系，将误差划分为静态误差和动态误差。

1）静态误差。在被测量不随时间变化时所产生的误差称为静态误差。前面讨论的误差多属于静态误差。

2）动态误差。当被测量随时间迅速变化时，系统的输出在时间上不能与被测量的变化精确吻合，这种误差称为动态误差。例如，将水银温度计插入100℃沸水中，水银柱不可能立即上升到100℃。如果此时就记录读数，必然产生误差。

引起动态误差的原因很多。例如，用笔式记录仪记录心电图时，由于记录笔有一定的惯性，所以记录的结果在时间上滞后于心电的变化，有可能记录不到特别尖锐的窄脉冲。又如，用放大器放大含有大量高次谐波的周期信号（例如很窄的矩形波）时，由于放大器的频响及电压上升率不够，故造成高频段的放大倍数小于低频段，最后在示波器上看到的波形失真很大，产生误差。

此外，按测量仪表的使用条件分类，可将误差分为基本误差和附加误差；按测量方法和手段不同，误差可分为工具误差和方法误差等。

1.2.4 测量数据的处理

测量数据处理是对测量所获得的一系列数据进行深入分析，找出变量之间相互制约、相互联系的依存关系，有时还需要用数学分析的方法，推导出各变量之间的函数关系。只有经过科学的处理，才能获得反映被测对象的物理状态和特性的信息。

测量数据总是存在误差的，而误差又可能是由各种因素产生的，如系统误差、随机误差、粗大误差等。显然，一次测量是无法判别误差的统计特性的，只有通过足够多次的重复测量，才能由测量数据的统计分析获得误差的统计特性。

而实际的测量是有限次的，因而测量数据只能用样本的统计量作为测量数据总体特征量的估计值。测量数据处理的任务就是求得测量数据的样本统计量，以得到一个既接近真值又可信的估计值以及它偏离真值程度的估计。

误差分析的理论大多基于测量数据的正态分布，而实际测量由于受各种因素的影响，使得测量数据的分布情况复杂。因此，测量数据必须在消除系统误差和剔除粗大误差后，才能做进一步处理，以得到可信的结果。

1. 随机误差的分析与处理

（1）随机误差的原因和特性

随机误差就单次测量而言是无规律的，其大小、方向不可预知。但当测量次数足够多时，随机误差的总体服从数理统计规律。

随机误差是由很多暂时未能掌握或不便掌握的因素所构成，主要有以下几个方面。

1) 测量装置方面的因素：零部件配合的不稳定性、零部件的变形、零件表面油膜不均匀、摩擦、电路参数的不稳定等。

2) 测量环境方面的因素：温度的微小波动、湿度与气压的微量变化、光照强度变化、供电电压波动及电磁场变化等。

3) 测量人员方面的因素：瞄准、读数的不稳定等。

具有正态分布的随机误差如图 1-13 所示，它具有以下 4 个特征。

① 对称性。绝对值相等的正、负误差出现的机会大致相等。

② 单峰性。绝对值越小的误差在测量中出现的概率越大。

③ 有界性。在一定的测量条件下，随机误差的绝对值不会超过一定的界限。

④ 抵偿性。在相同的测量条件下，当测量次数增加时，随机误差的算术平均值趋向于零。

（2）评价随机误差的指标

随机误差是按正态分布规律出现的，具有统计意义，通常以测量数据的算术平均值 $\bar{x}$ 和均方根误差 σ 作为评价指标。

1) 算术平均值。在实际测量时，真值 A 一般无法得到。所以只能从一系列测量值 x_i 找一个接近真值 A 的数值作为

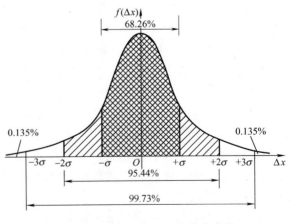

图 1-13 随机误差的正态分布曲线

测量结果，这个值就是算术平均值 $\bar{x}$。因为如果随机误差服从正态分布，则算术平均值处随机误差的概率密度应该最大，如对被测量进行 n 次等精度测量，得到 n 个测量值 x_1，x_2，…，x_n，它们的算术平均值为

$$\bar{x} = \frac{1}{n}(x_1 + x_2 + \cdots + x_n) = \frac{1}{n}\sum_{i=1}^{n} x_i \tag{1-12}$$

可以证明，随着测量次数 n 的增多，算术平均值 $\bar{x}$ 越来越接近真值 A，当 n 无限大时，测量的算术平均值就是真值，所以在各测量值中算术平均值 $\bar{x}$ 是最可信赖的，将它作为被测量实际的真值（即最佳估计值）是可靠而且合理的。

2) 标准误差（又称为均方根误差）。上述的算术平均值是反映随机误差的分布中心，而标准误差则反映随机误差的分布范围。标准误差越大，测量数据的分散范围也越大，所以标准误差 σ 可以描述测量数据和测量结果的精度，它是评价随机误差的重要指标。图 1-14 为三种不同 σ 的正态分布曲线。由图可见：σ 越小，分布曲线越陡，说明随机变量的分散性小，测量精度高；反之，σ 越大，分布曲线越平坦，随机变量的分散性也大，则精度也低。

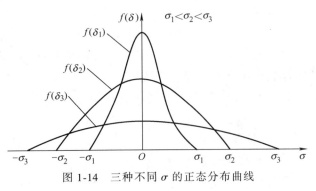

图 1-14　三种不同 σ 的正态分布曲线

由于在实际应用中用算术平均值代替真值 A_0，所以通常通过残余误差来求得标准误差 σ。所谓残差，是指测量值与该被测量的算术平均值之差，用 $v_i = x_i - \bar{x}$。

设对某一被测量进行了 n 次等精度测量，则标准误差 σ 可表示为

$$\sigma = \sqrt{\frac{\sum_{i=1}^{n}(x_i - A_0)^2}{n-1}} = \sqrt{\frac{\sum_{i=1}^{n}(x_i - \bar{x})^2}{n-1}} = \sqrt{\frac{\sum_{i=1}^{n} v_i^2}{n-1}} \tag{1-13}$$

将多次测量算术平均值作为测量结果时，其精度参数也用算术平均值的标准误差 $\bar{\sigma}$ 来表示，即

$$\bar{\sigma} = \frac{\sigma}{\sqrt{n}} \tag{1-14}$$

由以上讨论可知，对一个被测量的测量结果，可用其算术平均值 $\bar{x}$ 作为被测量的最可信值（真值的最佳估计值），一般用下式表示随机误差的影响，即

$$x = \bar{x} \pm Z\sigma$$

式中，Z 称为置信系数，一般取 1~3，可以证明，这时置信概率 P 如下：

$$Z = 1, \quad P = 68.26\%$$
$$Z = 2, \quad P = 95.44\%$$
$$Z = 3, \quad P = 99.73\%$$

当 $Z = 1$，2，3 时，随机误差在 $\pm\sigma$、$\pm 2\sigma$ 和 $\pm 3\sigma$ 范围内的置信概率分别为 68.26%、95.44% 和 99.73%，故评定随机误差时一般以 $\pm 3\sigma$ 为极限误差，如某项测量值的残差超出

±3σ，则认为此项测量值中含有粗大误差，数据处理时应舍去。

2. 系统误差的分析与处理

分析与处理系统误差的关键是如何查找误差根源，这就需要对测量设备、测量对象和测量系统做全面分析，明确其中有无产生明显系统误差的因素，并采取相应措施予以修正或消除。由于具体条件不同，在分析查找误差根源时并无一成不变的方法，这与测量者的经验、水平以及测量技术的发展密切相关。

（1）引起系统误差的原因

引起系统误差的原因可以从以下几个方面进行分析考虑。

1）所用传感器、测量仪表或组成元件是否准确可靠。例如，传感器或仪表灵敏度不足，仪表刻度不准确，变换器、放大器等性能不太优良，由这些引起的误差是常见的误差。

2）测量方法是否完善。如用电压表测量电压，电压表的内阻对测量结果有影响。

3）传感器或仪表安装、调整或放置是否正确合理。例如，没有调好仪表水平位置，安装时仪表指针偏心等都会引起误差。

4）传感器或仪表工作场所的环境条件是否符合规定条件。例如，环境、温度、湿度、气压等的变化也会引起误差。

5）测量者的操作是否正确。例如，读数时的视差、视力疲劳等都会引起系统误差。

（2）发现系统误差的方法

发现系统误差一般比较困难，下面只介绍几种发现系统误差的一般方法。

1）实验对比法。这种方法是通过改变产生系统误差的条件从而进行不同条件的测量，以便发现系统误差。该方法适用于发现固定的系统误差。例如，一台测量仪表本身存在固定的系统误差，即使进行多次测量也不能发现，只有用精度更高一级的测量仪表测量，才能发现这台测量仪表的系统误差。

2）残余误差观察法。这种方法是根据测量值的残余误差的大小和符号的变化规律，直接由误差数据或误差曲线来判断有无系统误差。该方法主要适用于发现有规律变化的系统误差。把残余误差按照测量值先后顺序作图，如图1-15所示。图1-15a中残余误差大体上是正负相同，且无明显的变化规律，则无根据怀疑存在系统误差；图1-15b中残余误差有规律地递增（或递减），表明存在线性变化的系统误差；图1-15c中残余误差的大小和符号大体呈周期性变化，可以认为有周期性系统误差。

3）理论计算法。通过现有的相关准则进行理论计算，也可以检验测量数据中是否含有系统误差。不过要注意这些准则都有一定的适用范围。如马利科夫准则适用于判别测量数据

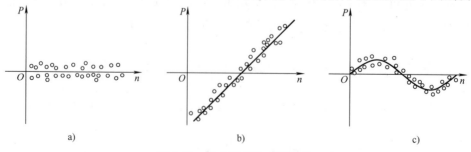

图1-15 残余误差的变化规律

a) 残余误差大体上正负相同 b) 残余误差有规律地递增（或递减） c) 残余误差大小和符号呈周期性变化

中是否存在累进性系统误差。阿贝·赫尔默特（Abbe Helmert）准则适用于判别测量数据中是否存在周期性系统误差。

（3）系统误差的消除

1）在测量结果中进行修正。对于已知的系统误差，可以用修正值对测量结果进行修正；对于变值系统误差，设法找出误差的变化规律，用修正公式或修正曲线对测量结果进行修正；对未知系统误差，则按随机误差进行处理。

2）消除系统误差的根源。在测量之前，应仔细检查仪表，正确调整和安装；防止外界干扰影响；选好观测位置，消除视差；选择环境条件比较稳定时进行读数等。

3）在测量系统中采用补偿措施找出系统误差的规律，在测量过程中自动消除系统误差。如用热电偶测量温度时，热电偶参考端温度变化会引起系统误差，消除此误差的办法之一是在热电偶回路中加一个冷端补偿器，从而进行自动补偿。

4）实时反馈修正。由于自动化测量技术及微机的应用，可用实时反馈修正的办法来消除复杂的变化系统误差。当查明某种误差因素的变化对测量结果有明显的复杂影响时，应尽可能找出其影响测量结果的函数关系或近似的函数关系。在测量过程中，用传感器将这些误差因素的变化转换成某种物理量形式（一般为电学量），及时按照其函数关系，通过计算机算出影响测量结果的误差值，对测量结果做实时的自动修正。

3. 粗大误差的分析与处理

在一系列重复测量数据中，如有个别数据与其他数据有明显差异，则它（或它们）很可能含有粗大误差，称其为可疑数据。根据随机误差理论，出现粗大误差的概率虽小，但也是可能的。因此，如果不恰当地剔除含粗大误差的数据，会造成测量精密度偏高的假象。反之，如果对含有粗大误差的数据（即异常值）未加剔除，必然会造成测量精密度偏低的后果。因此，对数据中异常值的正确判断与处理，是正确评定测量结果必须解决的一个重要问题。

3σ 准则是最常用也是最简单的粗大误差判别准则，它一般应用于测量次数充分时（$n \geq 30$）或当 $n > 10$ 做粗略判别时的情况。

根据误差理论，当测量数据呈正态分布时，误差出现在 $-3\sigma \sim +3\sigma$ 范围内的概率为99.73%，可以认为出现绝对值大于 3σ 的误差为小概率事件。若测量次数为有限次，测量误差（通常用残差表示）绝对值大于 3σ，即可判定该测量数据含有粗大误差，应予以剔除。

应当注意，剔除一个粗大误差后应重新计算测量数据的平均值和标准差，再进行判别，反复检验直到粗大误差全部剔除为止。

【例 1-3】 对某量进行了 15 次重复测量，测量的数据为：20.42、20.43、20.40、20.43、20.42、20.43、20.39、20.30、20.40、20.43、20.42、20.41、20.39、20.39 和 20.40。试判定测量数据中是否存在粗大误差（$P=99\%$）。

解：测量数据的平均值

$$\bar{x} = \frac{1}{n}\sum_{i=1}^{15} x_i = 20.404$$

测量数据的标准偏差

$$\sigma = \sqrt{\frac{\sum_{i=1}^{n} v_i^2}{n-1}} = \sqrt{\frac{0.01496}{14}} \approx 0.033$$

第 8 个数据 20.30 的残差 $|v_8| = 0.104 > 3\sigma = 0.099$，可以判定，数据 20.30 为异常应当剔除。剔除该数据后，重新计算平均值和标准偏差，得

$$\bar{x}' = 20.404$$

$$\sigma' = \sqrt{\frac{\sum_{i=1}^{n} v_i^2}{n-1}} = \sqrt{\frac{0.003374}{13}} \approx 0.016$$

这时剩余数据的残差 $|v_i| < 3\sigma' = 0.048$，即剩余数据不再含有粗大误差。

1.3 传感器与检测技术的发展趋势

1. 传感器发展趋势

传感器技术近年来发展迅速，主要特点及发展趋势表现在以下几个方面。

（1）发现利用新效应、新材料、新技术，开发新型传感器

利用物理、化学和生物效应是各种传感器工作的基本原理，所以发现新现象与新效应是发展传感器技术的重要工作，也是研制新型传感器的理论基础，其意义极为深远。例如，日本利用超导技术研制成功高温超导磁性传感器，是传感器技术的重大突破，其灵敏度高，仅次于超导量子干涉器件。但它的制造工艺远比超导量子干涉器件简单，可用于磁成像技术，具有广泛的推广价值。

传感器材料是传感器技术发展的物质基础，随着材料科学的快速发展，人们可根据实际需要，控制传感器材料的某些成分或含量，从而设计制造出用于各种传感器的新的功能材料。例如，用高分子聚合物薄膜制成温度传感器，用光导纤维制成压力、流量、温度、位移等多种传感器，用陶瓷制成压力传感器，用半导体氧化物制成各种气体传感器等。这些新材料的应用，极大地提高了各类传感器的性能，促进了传感器技术的发展。

随着微电子技术、计算机技术、精密机械技术、特种加工技术、集成技术、生物技术等等高新技术的迅猛发展，传感器技术有了一个更为广阔的发展空间。高新技术成果的采用，成为传感器技术发展的技术基础和强大推动力。

（2）传感器逐渐向低功耗、微型化、集成化和多功能化方向发展

目前各种测控仪器设备的功能越来越强大，同时各个部件的体积却越来越小，这就要求传感器自身的体积也要小型化、微型化，现在一些微型传感器，其敏感元件采用光刻、腐蚀、沉积等加工工艺制作而成，尺寸可以达到微米级。此外，由于传感器工作时大多离不开电源，在野外或远离电网的地方，往往是用电池或太阳能等供电，因此开发微功耗的传感器及无源传感器就具有重要的实际意义，这样不仅可以节省能源，还可以提高系统的工作寿命。

传感器的集成化是指将信息提取、放大、变换、传输以及信息处理、存储等功能都制作在同一基片上，实现一体化。与一般传感器相比，它具有体积小、反应快、抗干扰、稳定性好及成本低等优点。目前随着半导体集成技术与厚、薄膜技术的不断发展，传感器的集成化已成为传感器技术发展的一种趋势。

传感器的多功能化是与"集成化"相对应的一个概念，是指传感器能感知与转换两种以上不同的物理量。例如，使用特殊的陶瓷材料把温度和湿度敏感元件集成在一起，制成温

湿度传感器；将检测几种不同气体的敏感元件用厚膜制造工艺制作在同一基片上，制成检测氧、氨、乙醇、乙烯等气体的多功能传感器等。利用多种物理、化学及生物效应使传感器多功能化，已日益成为当今传感器发展的方向。

（3）开发智能化、数字化与网络化的新型传感器

利用计算机及微处理技术使传感器智能化是 20 世纪 80 年代以来传感器技术的一大飞跃。智能传感器是一种带有微处理器的传感器，与一般传感器相比，它不仅具有信息提取、转换等功能，而且还具有数据处理、双向通信、信息记忆存储、自动补偿及数字输出等功能。随着人工神经网络、人工智能和信息处理技术（如多传感器信息融合技术、模糊理论等）的进一步发展，智能传感器将具有更高级的分析、决策及自学功能，可完成更复杂的检测任务。

此外，目前传感器的功能已突破传统的界限，其输出不再是单一的模拟信号，而是经过微处理器处理过的数字信号，有的甚至带有控制功能，这就是所谓的数字传感器。数字传感器的特点：一是将模拟信号转换成数字信号输出，提高了传感器的抗干扰能力，特别适用于电磁干扰强、信号传输距离远的工作现场；二是可通过软件对传感器进行线性修正及性能补偿，减少了系统误差；三是一致性与互换性好。

可以预见，随着计算机和微处理技术的不断发展，智能化、数字化传感器一定会迎来更为广阔的发展前景。

传感器的网络化是传感器领域近些年发展起来的一项新兴技术，它利用 TCP/IP，使现场测量数据就近通过网络与网络上有通信能力的节点直接进行通信，实现了数据的实时发布和共享。由于传感器自动化、智能化水平的提高，多台传感器联网已推广应用，虚拟仪器、三维多媒体等新技术已开始实用化。传感器网络化的目标就是采用标准的网络协议，同时采用模块化结构将传感器和网络技术有机地结合起来，实现信息交流和技术维护。

2. 检测技术的发展趋势

随着全球现代化步伐的加快，对检测技术的需求与日俱增，而随着科学技术，尤其是大规模集成电路技术、微型计算机技术、机电一体化技术、微机械和新材料技术的不断进步，大大促进了现代检测技术的发展。目前，现代检测技术总的发展趋势大体有以下几个方面。

（1）不断提高检测系统的测量精度、量程范围，延长使用寿命，提高可靠性

随着科学技术的不断发展，人们对检测系统的测量精度要求也在相应地提高。近年来，人们研制出许多高精度、宽量程的检测仪器以满足各种需要。

人们还对传感器的可靠性和故障率的数学模型进行了大量的研究，使得检测系统的可靠性及寿命得到大幅提高。现在，许多检测系统可以在极其恶劣的环境下连续工作数十万小时。目前，人们正在不断努力进一步提高检测系统的各项性能指标。

各行各业随着自动化程度不断提高，其高效率的生产更依赖于各种检测、控制设备的安全可靠。研制在复杂和恶劣测量环境下能满足用户所需精度要求且能长期稳定工作的检测仪器和检测系统将是检测技术的发展方向之一。例如，对于数控机床的检测仪器，要求其在振动的环境中也能可靠地工作，如在人造卫星上安装的检测仪器，不仅要求体积小、重量轻，而且既要能耐高温，又要能在极低温和强辐射的环境下长期稳定工作，因此，所有检测仪器都应有极高的可靠性和尽可能长的使用寿命。

(2) 重视非接触式检测技术研究

在检测过程中，把传感器置于被测对象上，敏感地检测被测参量的变化，这种接触式检测方法通常比较直接、可靠，测量精度较高，但在某些情况下，因传感器加入会对被测对象的工作状态产生干扰，从而影响测量的精度。在有些被测对象上，根本不允许或不可能安装传感器，例如测量高速旋转轴的振动、转矩等。因此，各种可行的非接触式检测技术的研究愈来愈受到重视，目前已商品化的光电式传感器、电涡流式传感器、超声波检测仪表、红外检测仪表等正是在这些背景下不断发展起来的。

今后不仅需要继续改进和克服非接触式（传感器）检测仪器易受外界干扰及绝对精度较低等问题，而且对一些难以采用接触式检测或无法采用接触方式进行检测，尤其是那些具有重大军事、经济或其他应用价值的非接触检测技术的研究投入也会不断增加，非接触检测技术的研究、发展和应用步伐都将明显加快。

(3) 检测系统智能化、网络化

近年来，由于包括微处理器、单片机在内的大规模集成电路的成本和价格不断降低，功能和集成度不断提高，使得许多以单片机、微处理器或微型计算机为核心的现代检测仪器（系统）实现了智能化，这些现代检测仪器通常具有系统故障自测、自诊断、自调零、自校准、自选量程、自动测试和自动分选功能、自校正功能、强大数据处理和统计功能、远距离数据通信和输入输出功能，可配置各种数字通信接口，传递检测数据和各种操作命令等，可方便地接入不同规模的自动检测、控制与管理信息网络系统。与传统检测系统相比，智能化的现代检测系统具有更高的精度和性能/价格比。如智能楼宇，为使建筑物能提供安全、健康、舒适的生活与工作环境，并能保证系统运行的经济性和管理的智能化，在楼宇中应用了许多检测技术，如闯入监测、空气监测、温度监测、电梯运行状况等。

总线和虚拟仪器的应用，使得组建集中和分布式测控系统比较方便，可满足局部或分系统的测控要求，但仍然满足不了远程和范围较大的检测与监控的需要。近年来，随着网络技术的高速发展，网络化检测技术与具有网络通信功能的现代网络检测系统应运而生。例如，基于现场总线技术的网络化检测系统，由于其组态灵活、综合功能强、运行可靠性高，已逐步取代相对封闭的集中和分散相结合的集散检测系统。又如，面向互联网的网络化检测系统，利用互联网丰富的硬件和软件资源，实现远程数据采集与控制、高档智能仪器的远程实时调用及远程监测系统的故障诊断等功能。

1.4 习题

1. 填空题

(1) 传感器是能感受规定的被测量并按照一定的规律将其_____的器件或装置，通常由_____和_____组成。

(2) 传感器的分辨力是指在规定测量范围内可能检测出的被测量的_____。

(3) 如果传感器的输入量从零值开始缓慢地增加时，在达到某一最小值后才能测出输出变化，这个最小值就是传感器的_____。

(4) 在传感器内部，由于某些元器件具有_____，使得被测量逐渐增加和逐渐减少时，测量得到的上升曲线和下降曲线出现_____的现象，使传感器特性曲线形成环状，这种现象称为_____。

　　(5) 重复性是指传感器在输入量按同一方向做全量程连续多次变动时所得特性曲线间_____的程度。各条特性曲线越靠近，说明重复性越_____。

　　(6) 传感器将完成检测过程中信息的_____。信号变换部分是对传感器所送出的信号进行_____，显示与记录部分将所测信号变为一种能为人们所理解的形式，以供人们_____。

　　(7) 根据测量手段不同，测量分为_____、_____和_____。根据测量方式不同，测量分为_____、_____和_____。根据测量的精度要求不同，测量分为_____和_____。

　　(8) 根据测量数据中的误差所呈现的规律，将误差分为_____、_____和_____。

　　(9) 传感器的标定是利用_____对传感器进行定度的过程，从而确立传感器的_____之间的关系。同时也确定出不同使用条件下的_____关系。

　　(10) 传感器的校准是指传感器在使用一段时间以后或经过修理后，必须对其_____进行复测和必要的调整、修正，以确保传感器的_____的复测调整过程。

　2. 什么是传感器？举例说明你所了解的传感器。
　3. 传感器通常由哪几部分组成？各部分的作用是什么？
　4. 传感器是如何进行分类的？
　5. 传感器的代号由几部分组成？各部分的含义是什么？
　6. 传感器的静态特性有哪些性能指标？
　7. 检测系统由哪几部分组成？各部分的作用是什么？
　8. 测量的定义是什么？常用的测量有哪几种分类方法？
　9. 什么是测量误差？测量误差的表示方法有几种？分别写出其表达式。
　10. 什么是系统误差？如何消除或减少系统误差？
　11. 什么是随机误差？随机误差的特性与评价指标有哪些？
　12. 一台精度等级为 0.5 级、量程范围 600~1200℃ 的温度传感器，它的最大允许绝对误差是多少？校验时某点最大绝对误差是 4℃，问此温度传感器是否合格？

第2章 电阻式传感器

电阻式传感器的基本原理是将被测物理量的变化转换成与之有对应关系的电阻值的变化,再经过相应的转换电路变成一定的电量,电量的变化反映了被测物理量的变化。

由于构成电阻的材料种类很多,引起电阻变化的物理原因也很多,这就构成了各种各样的电阻式传感元件以及由这些元件构成的电阻式传感器,本章按构成电阻的材料的不同,分别介绍应变式传感器、压阻式传感器和电位器式传感器。

2.1 电阻应变式传感器

电阻应变式传感器具有较悠久的历史,早在 1856 年,人们在轮船上往大海里铺设海底电缆时就发现,电缆的电阻值会由于拉伸而增加,继而对铜丝和铁丝进行拉伸试验,得出结论:金属丝的电阻与其应变呈函数关系。1936 年,人们制出了纸基丝式电阻应变片;1952 年,制出了箔式应变片;1957 年,制出了第一批半导体应变片,并利用应变片制作了各种传感器。

2.1 电阻应变式传感器

电阻应变式传感器主要利用电阻应变效应或半导体材料的压阻效应制作成敏感元件,是测量微小变化的理想传感器。因为电阻式应变片具有体积小、重量轻、结构简单、灵敏度高、性能稳定、适于动态和静态测量的特点,因此被广泛应用在测量力、应力、应变、荷重和加速度等物理量。

2.1.1 电阻应变效应

所谓的电阻应变效应,就是导体或半导体在受到外力的作用时,会产生机械变形,从而导致其电阻值发生变化的现象。

假设温度保持不变,一根金属电阻丝,其电阻值 R 与长度 l 成正比,与横截面面积 S 成反比,与它的电阻率 ρ 成正比,即

$$R = \rho \frac{l}{S} = \rho \frac{l}{\pi r^2} \tag{2-1}$$

当金属电阻丝在受到外力作用时,ρ、l、S 这三者都会发生变化,如图 2-1 所示。当电阻丝受拉力 F 作用时,l 将变长,r 变小,均导致 R 变大。电阻的变化量用 ΔR 表示,实验证明,在电阻丝形变的弹性限度范围内,电阻的相对变化量 $\Delta R/R$ 与

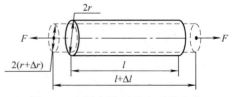

图 2-1 金属电阻丝受力后的变化

应变量成正比。即

$$\frac{\Delta R}{R}=K\varepsilon_x \quad (2\text{-}2)$$

式中，K 为电阻丝的灵敏度系数，表示电阻丝产生单位形变时电阻值相对变化的大小，是与金属材料有关的常数。K 值越大，单位形变引起的电阻值相对变化越大，灵敏度也就越高。不同金属有不同的灵敏度系数，通常取值 $K=1.7\sim3.6$；ε_x 为电阻丝的轴向应变量，$\varepsilon_x=\mathrm{d}l/l$（另外，$\varepsilon_y$ 为电阻丝的径向应变量，$\varepsilon_y=\mathrm{d}r/r$，二者的关系为 $\varepsilon_y=-\mu\varepsilon_x$，$\mu$ 为电阻丝材料的泊松系数）。

可见，当金属电阻丝受到外界应力的作用时，其电阻的变化与受到应力的大小成正比。

2.1.2 电阻应变片的结构和种类

1. 应变片的结构

金属电阻应变片的结构如图 2-2 所示，它主要由基底（也叫基片）、金属丝（电阻丝）或金属箔、覆盖层以及引线 4 部分组成。

电阻丝（箔）以曲折形状（栅形，称为敏感栅）用黏结剂粘贴在绝缘基片上，两端通过引线引出，丝栅上面再粘贴一层绝缘保护膜。把应变片贴于被测变形物体上，敏感栅跟随被测物体表面的形变而使电阻值改变，只要测出电阻的变化就可以得知形变量的大小。

（1）敏感栅

它是应变片最重要的组成部分，由某种金属细丝绕成栅形。一般，用于制造应变片的金属细

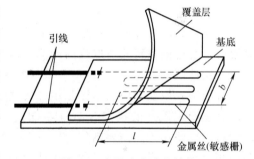

图 2-2 电阻应变片的结构

丝直径为 $0.015\sim0.05\mathrm{mm}$。电阻应变片的电阻值有 60Ω、120Ω、200Ω 等几种规格，以 120Ω 最为常用。敏感栅的栅长用 l 表示，栅宽用 b 表示。应变片栅长大小关系到所测应变的准确度，应变片测得的应变大小实际上是应变片的栅长和栅宽所在面积内的平均轴向应变量。

（2）基底和覆盖层

基底用于保持敏感栅、引线的几何形状和相对位置；覆盖层既可保持敏感栅和引线的形状和相对位置，还可保护敏感栅。最早的基底和覆盖层多用专门的薄纸制成。

（3）黏结剂

用于将敏感栅固定于基底上，并将覆盖层与基底粘贴在一起。使用金属应变片时，也需用黏结剂将应变片基底粘贴在构件表面某个方向和位置上。以便将构件受力后的表面应变传递给应变片的基底和敏感栅。

常用的黏结剂分为有机和无机两大类。有机黏结剂用于低温、常温和中温。常用的有聚丙烯酸酯、酚醛树脂、有机硅树脂及聚酰亚胺等。无机黏结剂用于高温，常用的有磷酸盐、硅酸盐、硼酸盐等。

（4）引线

引线是从应变片的敏感栅中引出的细金属线。常用直径为 $0.1\sim0.15\mathrm{mm}$ 的镀锡铜线，

或扁带形的其他金属材料制成。对引线材料的性能要求为电阻率低、电阻温度系数小、抗氧化性能好、易于焊接。大多数敏感栅材料都可制作引线。

2. 应变片的类型

应变片可分为金属应变片及半导体应变片两大类。金属应变片又可分成金属丝式、箔式和薄膜式3种。图2-3所示为几种不同类型的电阻应变片。

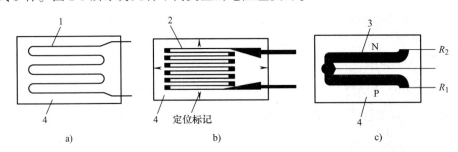

图 2-3 不同类型的电阻应变片
a) 金属丝式 b) 金属箔式 c) 半导体应变片
1—电阻丝 2—金属箔 3—半导体 4—基片

金属丝式应变片应用最早,有纸基、胶基之分。由于金属丝式应变片蠕变较大,金属丝易脱胶,有逐渐被箔式所取代的趋势。但其价格便宜,多用于要求不高的应变、应力的大批量、一次性试验。

金属箔式应变片中的箔栅是用金属箔通过光刻、腐蚀等工艺制成的。箔的材料多为电阻率高、热稳定性好的铜镍合金(康铜)。箔的厚度一般为0.001~0.005mm,箔栅的尺寸、形状可以按使用者的需要制作,图2-3b就是其中的一种。由于金属箔式应变片与基片的接触面积比丝式大得多,所以散热条件较好,可允许流过较大的电流,而且在长时间测量时的蠕变也较小。箔式应变片的一致性较好,适合于大批量生产,目前广泛用于各种应变式传感器的制造中。

在制造工艺上,还可以对金属箔式应变片进行适当的热处理,使它的线膨胀系数、电阻温度系数以及被粘贴的试件的线胀系数三者相互抵消,从而将温度影响减小到最小的程度。目前,利用这种方法已可使应变式传感器成品在整个使用温度范围内的温漂小于万分之几。

金属薄膜式应变片主要是采用真空蒸镀技术,在薄的绝缘基片上蒸镀上金属材料薄膜,最后加保护层形成,它是近年来薄膜技术发展的产物。

半导体应变片是用半导体材料作敏感栅而制成的。当它受力时,电阻率随应力的变化而变化。它的主要优点是灵敏度高(灵敏度比金属丝式、箔式大几十倍),主要缺点是灵敏度的一致性差、温漂大、电阻与应变间非线性严重。在使用时,需采用温度补偿及非线性补偿措施。图2-3c中N型和P型半导体在受到拉力时,一个电阻值增加,一个减小。可构成双臂半桥,同时又可产生温度自补偿功能。

3. 应变片参数

应变片的参数主要有以下几项。

1) 标准电阻值(R_0)。标准电阻值指的是在无应变(即无应力)的情况下的电阻值,单位为欧姆(Ω),主要规格有60Ω、90Ω、120Ω、150Ω、350Ω、600Ω和1000Ω等。

2) 绝缘电阻(R_G)。应变片绝缘电阻是指已粘贴的应变片的引线与被测试件之间的电阻值，通常要求在 50~100MΩ 以上。R_G 的大小取决于黏结剂及基底材料的种类及固化工艺，在常温条件下要采取必要的防潮措施，而在中温或高温条件下，要注意选取电绝缘性能良好的黏结剂和基底材料。

3）灵敏度系数（K）。灵敏度系数是指应变片安装到被测物体表面后，在其轴线方向上的单位应力作用下，应变片阻值的相对变化与被测物表面上安装应变片区域的轴向应变之比。

4）应变极限（$\varepsilon_{\max}$）。在恒温条件下，使非线性达到10%时的真实应变值，称为应变极限。应变极限是衡量应变片测量范围和过载能力的指标。

5）允许电流（I_e）。允许电流是指应变片允许通过的最大电流。

6）机械滞后、蠕变及零漂。机械滞后是指所粘贴的应变片在温度一定时，在增加或减少机械应变过程中真实应变与约定应变（即同一机械应变量下所指示的应变）之间的最大差值；蠕变是指已粘贴好的应变片，在温度一定并承受一定机械应变时，指示应变值随时间变化而产生变化；零漂是指已粘贴好的应变片，在温度一定且又无机械应变时，指示应变值发生变化。

4. 温度误差及其补偿

外界温度变化给测量带来的附加误差，称为应变片的温度误差。产生温度误差的原因主要是因环境温度改变引起敏感栅电阻值的变化，引起电阻变化的主要因素有两方面：一方面是应变片电阻丝的温度系数；另一方面是电阻丝材料与试件材料的线膨胀系数不同。

为了消除温度误差，电阻应变片温度补偿方法有线路补偿和应变片自补偿两大类。

温度自补偿法也称为应变片自补偿法，是利用温度补偿片进行补偿。温度补偿片是一种特制的、具有温度补偿作用的应变片，将其粘贴在被测试件上，当温度变化时，与产生的附加应变相互抵消。

电桥补偿是最常用且效果较好的线路补偿，电桥补偿法如图2-4所示。

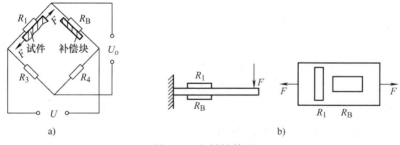

图 2-4 电桥补偿法

图中 R_1 为工作片，R_B 为补偿应变片，R_3、R_4 为固定电阻。工作片 R_1 粘贴在被测试件上需要测量应变的地方，补偿片 R_B 粘贴在补偿块上，与被测试件温度相同，但不承受应变。

R_1 和 R_B 接入电桥相邻臂上，造成 ΔR_{1t} 与 ΔR_{Bt} 相同。根据电桥理论可知，当相邻桥臂有等量变化时，对输出没有影响。则上述输出电压与温度变化无关。当工作应变片感受应变时，电桥将产生相应的输出电压。

应当指出，若要实现完全补偿，上述分析过程必须满足以下3个条件。

1）R_1 和 R_B 两个应变片应具有相同的电阻温度系数 α、线膨胀系数 β、应变灵敏度系数

K 和初始电阻值。

2) 粘贴补偿片的补偿块材料和粘贴工作片的被测试件材料必须一样,二者的线膨胀系数相同。

3) 两应变片应处于同一温度场中。

此方法简单易行,而且能在较大的温度范围内实现补偿,缺点是上述 3 个条件不易满足,尤其是第 3 个条件,温度梯度变化大,R_1 和 R_B 很难处于同一温度场。

在应变测试的某些条件下,可通过改变应变片的粘贴位置,实现温度补偿。同时还可以提高应变片的灵敏系数。如图 2-4b 所示,测量梁的弯曲应变时,将 R_1 和 R_B 两个应变片分别粘在梁上、下两面的对称位置,按图 2-4a 接入电桥电路中。在外力 F 的作用下,R_1 和 R_B 的变化值大小相等、符号相反,电桥的输出电压将增加一倍,此时 R_B 既起到了温度补偿的作用,又提高了灵敏度。

电路补偿法简单易行,使用普通应变片可对各种试件材料在较大湿度范围内进行补偿,因而最常用。

2.1.3 测量转换电路

由于机械应变一般都很小,要将微小的应变引起的微小电阻变化测量出来,同时要把应变片电阻的相对变化 $\Delta R/R$ 转换为电压或电流的变化,才能用电测仪表进行测量。通常采用电桥电路实现微小阻值变化的转换。根据激励电源不同,测量转换电路有直流电桥和交流电桥两种。

1. 直流电桥

直流电桥的基本形式如图 2-5 所示,它是由连接成环形的 4 个桥臂组成的,每个桥臂上是一个电阻,在电阻的两个相对连接点 a 与 c 上接入直流电源 U,而在另两个连接点 b 与 d 上接引出线作为电桥的输出端。

设桥臂的电阻分别为 R_1、R_2、R_3 和 R_4,由于其中 1 个桥臂(或 2 个、3 个、4 个桥臂)的应变电阻受外界物理量的变化而发生微小变化 ΔR,将引起直流电桥的输出电压 U_o 发生变化,所以,可以由此测量被测的物理量。

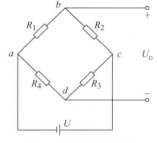

图 2-5 直流电桥电路

假设激励电压 U 是恒压源,电桥的输出电压为 $U_o = U_b - U_d$,即为

$$U_o = \left(\frac{R_1}{R_1+R_2} - \frac{R_4}{R_3+R_4}\right)U = \frac{R_1R_3 - R_2R_4}{(R_1+R_2)(R_3+R_4)}U \tag{2-3}$$

由式(2-3)可见,若 $R_1R_3 = R_2R_4$,即相邻的两臂阻值之比相等,$R_1/R_2 = R_4/R_3 = n$(n 称为桥臂电阻比),则输出电压 $U_o = 0$,此时电桥处于平衡状态。

$R_1R_3 = R_2R_4$ 称为直流电桥的平衡条件。4 个桥臂中只要任意 1 个(或 2 个、3 个以至 4 个)的电阻发生变化,都会使电桥的平衡条件不成立,输出电压 $U_o \neq 0$。此时的输出电压 U_o 就反映了桥臂的电阻变化。

下面分几种情况讨论输出电压 U_o 与桥臂电阻变化的关系。

根据可变电阻在电桥电路中的分布方式,电桥分为单臂电桥、双臂电桥和全桥 3 种形式，电路如图 2-6 所示。

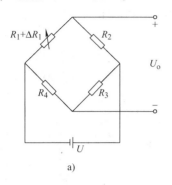
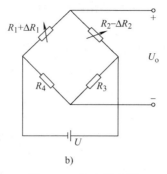
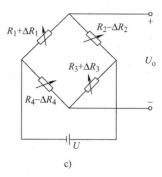

图 2-6　3 种电桥电路
a）单臂电桥　b）双臂电桥　c）全桥

（1）单臂电桥

当一个桥臂的电阻发生变化（只将一个应变计接入电桥的一臂）时，如图 2-6a 所示。假设桥臂 R_1 的阻值变为 $R_1+\Delta R_1$，则电桥的输出电压为

$$U_o = \left(\frac{R_1+\Delta R_1}{R_1+\Delta R_1+R_2} - \frac{R_4}{R_3+R_4}\right)U \tag{2-4}$$

在实际使用中，一般采用等臂电桥，即 $R_1=R_2=R_3=R_4=R$，设 $\Delta R_1=\Delta R$，所以式（2-4）即为

$$U_o = \left(\frac{\Delta R}{4R+2\Delta R}\right)U \tag{2-5}$$

若电桥用微电阻变化测量，$\Delta R \ll R$，所以可略去式（2-5）中分母的 ΔR 项，即为

$$U_o = \frac{\Delta R}{4R}U \tag{2-6}$$

单臂电桥电压的灵敏度

$$K_U = \frac{U_o}{\dfrac{\Delta R}{R}} = \frac{U}{4}$$

（2）双臂电桥

当两个桥臂的电阻发生变化（即将两个应变计接入电桥的两个相邻臂）时，如图 2-6b 所示。假设桥臂 R_1 的阻值变为 $R_1+\Delta R_1$，而桥臂 R_2 的阻值变为 $R_2-\Delta R_2$，且 $R_1=R_2=R_3=R_4=R$，$\Delta R_1=\Delta R_2=\Delta R$，则电桥的输出电压为

$$U_o = \frac{\Delta R}{2R}U \tag{2-7}$$

双臂电桥电压的灵敏度

$$K_U = \frac{U_o}{\dfrac{\Delta R}{R}} = \frac{U}{2}$$

这种电桥称为半桥双臂工作电桥。两个相邻的应变计一个受拉，另一个受压构成的电桥还称为差动电桥。采用差动电桥，电桥的输出提高一倍，即灵敏度提高了一倍。

(3) 全桥

当4个桥臂的电阻都发生变化（即将4个应变计接入电桥的臂）时，如图2-6c所示。假设桥臂的阻值变化量分别为 ΔR_1、ΔR_2、ΔR_3、ΔR_4，且 $R_1 = R_2 = R_3 = R_4 = R$，则电桥的输出电压为

$$U_o = \left(\frac{\Delta R_1 - \Delta R_2 + \Delta R_3 - \Delta R_4}{4R}\right)U \tag{2-8}$$

由式（2-8）可见，各个桥臂的电阻变化对输出电压的影响：相邻的两桥臂电阻变化所引起的输出电压的变化互相削弱，而相对的两桥臂电阻变化所引起的输出电压的变化互相增强。这就是电桥的和、差特性。利用这一特性，可以构成全桥差动电路，并大大提高传感器的灵敏度。

假如相邻的桥臂，一个受拉，一个受压，受拉的桥臂电阻增大，变化量为 $+\Delta R$；受压的桥臂电阻减小，变化量为 $-\Delta R$。假设4个桥臂的变化量均为 ΔR，只是受拉、受压不同，则

$$U_o = \frac{\Delta R}{R}U \tag{2-9}$$

全桥电压的灵敏度

$$K_U = \frac{U_o}{\frac{\Delta R}{R}} = U$$

可见：全桥差动电路的灵敏度最高，是单臂电桥的灵敏度的4倍，所以，在测量时全桥差动电路应用较广。

用全桥测量还有一个优点，即：如果有温度变化时，由于两相邻的应变计具有相同的电阻温度误差，所以，它们所产生的附加温度电压因相减而抵消，实现了温度的自动补偿。若采用单臂电桥工作，为了补偿温度误差，往往还需在此工作应变计附近放置另一个相同的应变计，并接入相邻的工作桥臂中。该片虽然不承受应变，但也和工作应变计一样感受温度的变化。由于它们由温度变化引起的电阻变化相同，所以能通过电桥的和、差特性得到补偿。

直流电桥的优点是：①所需要的高稳定度直流电源易于获得；②在测量静态或准静态物理量时，输出量是直流量，可用直流电表测量，精度较高；③电桥调节平衡电路简单，只需对纯电阻加以调整即可；④对传感器及测量电路的连接导线要求低，分布参数影响小。

2. 交流电桥

根据直流电桥的分析可知，由于应变电桥输出电压小，需要加直流放大器，容易产生零点漂移，线路也较复杂；不适宜于进行动态测量。因此，需要采用交流电桥作为测量转换电路。此时供电也需交流电源供电。但在交流电源供电时，需要考虑分布电容的影响，这相当于应变计并联一个电容，如图2-7a所示。此时桥臂已不是纯电阻性的，这就需要分析各桥臂均为复阻抗时一般形式的交流电桥。交流电桥的一般形式如图2-7b所示，其中 Z_1、Z_2、Z_3、Z_4 为复阻抗。其电源电压、输出电压均应用复数表示。

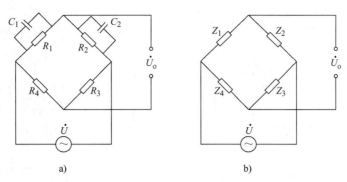

图 2-7 交流电桥

a) 考虑分布电容　b) 交流电桥的一般形式

每一桥臂的复阻抗为

$$Z_1 = \frac{R_1}{1+j\omega R_1 C_1}, Z_2 = \frac{R_2}{1+j\omega R_2 C_2}, Z_3 = R_3, Z_4 = R_4$$

式中，C_1、C_2 表示应变片引线分布电容。

由交流电路分析可得

$$\dot{U}_o = \dot{U}\frac{Z_1 Z_3 - Z_2 Z_4}{(Z_1+Z_2)(Z_3+Z_4)} \tag{2-10}$$

要满足电桥平衡条件，即 $U_o = 0$，则

$$Z_1 Z_3 = Z_2 Z_4 \tag{2-11}$$

$$\frac{R_1}{1+j\omega R_1 C_1} R_3 = \frac{R_2}{1+j\omega R_2 C_2} R_4$$

整理为

$$\frac{R_4}{R_1} + j\omega R_4 C_1 = \frac{R_3}{R_2} + j\omega R_3 C_2$$

实部、虚部分别相等，可得交流电桥的平衡条件为

$$\frac{R_2}{R_1} = \frac{R_3}{R_4} \quad 及 \quad \frac{R_2}{R_1} = \frac{C_1}{C_2} \tag{2-12}$$

这种交流电容电桥，除要满足电阻平衡条件外，还必须满足电容平衡条件。由此可见，交流电桥的平衡要比直流电桥的平衡复杂。对电桥进行初始平衡调节时，一般既有电阻预调平衡，又有电容预调平衡。

常用交流电桥调平衡电路如图 2-8 所示。图 2-8a 为串联电阻调平法，R_5 为串联电阻；图 2-8b 为并联电阻调平法，R_5 和 R_6 通常取相同阻值；图 2-8c 为差动电容调平法，C_1、C_4 为差动电容；图 2-8d 为阻容调平法，R_5 和 C 组成 "T" 形电路，可通过对电阻、电容交替调节，使电桥达到平衡。

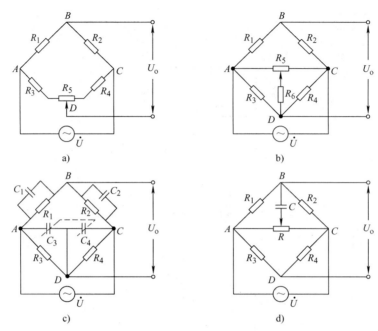

图 2-8 交流电桥的平衡调节方法

a) 串联电阻调平法 b) 并联电阻调平法 c) 差动电容调平法 d) 阻容调平法

2.1.4 应变式传感器的应用

电阻应变片,除直接用来测定试件的应变和应力外,还广泛用作传感元件研制成各种应变式传感器,用来测定其他物理量,如力、压力、扭矩、加速度等。

1. 应变式测力与称重传感器

载荷和力传感器是工业测量中使用较多的一种传感器,传感器量程从几克到几百吨。测力传感器主要作为各种电子秤和材料试验的测力元件,或用于发动机的推动力测试,水坝坝体承载状况的监测等。常见的力传感器有柱式、悬臂梁式、轮辐式等,如图 2-9 所示。

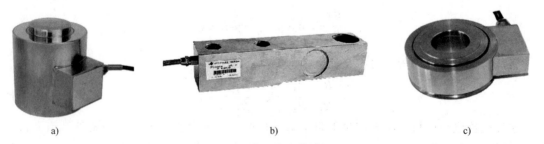

图 2-9 常见的力传感器

a) 柱式力传感器 b) 悬臂梁式力传感器 c) 轮辐式力传感器

(1) 柱式力传感器

柱式力传感器如图 2-10 所示,分别为实心柱式、空心筒式,其结构是在圆筒或圆柱上按一定方式粘贴应变片,圆柱(筒)在外力作用下产生形变。应变片一般对称地贴在应力均匀的圆柱表面的中间部分,可对称地粘贴多片,构成差动式,提高了灵敏度,横向粘贴的应变片同时作为温度补偿。

在外力 F 作用下产生的轴向应变为

$$\varepsilon = \frac{F}{SE} \quad (2\text{-}13)$$

式中，S 为弹性元件的横截面面积；F 为外力；E 为弹性模量。

由式（2-13）可知，减小横截面面积 S 可提高应力与应变的变换灵敏度，但 S 越小抗弯能力越差，易产生横向干扰。为解决这一矛盾，力传感器的弹性元件多采用空心圆筒。空心圆筒在同样横截面面积情况下，横向刚度比实心柱的大。

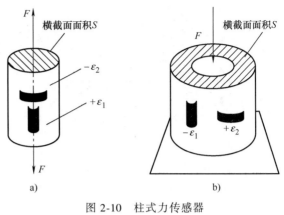

图 2-10 柱式力传感器
a）柱形　b）筒形

柱式弹性元件上应变片的粘贴原则是应尽可能地清除偏心、弯矩影响。一般应变片均匀贴在圆柱表面中间部分，R_1 与 R_3、R_2 与 R_4 串联摆放在两对臂内，当有偏心应力时，一方受拉另一方受压，产生相反变化，可减小弯矩的影响。横向粘贴的应变片为温度补偿片，并且 $R_5 = R_6 = R_7 = R_8$，有提高灵敏度的作用。贴片在圆柱面上的展开位置及其在桥路中的连接如图 2-11 所示。

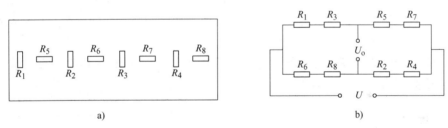

图 2-11 柱式力传感器应变片位置与连接
a）柱面展开图　b）桥路连接图

（2）悬臂梁式力传感器

悬臂梁式力传感器是一种高精度、性能优良、结构简单的称重测力传感器，最小可以测量几十克，最大可以测量几十吨的质量。采用弹性梁和应变片作为转换元件，当力作用在弹性元件（梁）上时，弹性元件（梁）与应变片一起变形使应变片的电阻值发生变化，应变电桥输出与力成正比的电压信号。悬臂梁主要有等截面梁和等强度梁两种形式。结构特征为弹性元件一端固定，力作用在自由端，所以称悬臂梁。

1）等截面梁。等截面梁的特点是，悬臂梁的横截面面积处处相等，结构如图 2-12a 所示。当外力 F 作用在梁的自由端时，固定端产生的应变最大，粘贴在应变片处的应变为

$$\varepsilon = \frac{6Fl_0}{bh^2 E} \quad (2\text{-}14)$$

式中，l_0 是梁上应变片至自由端的距离；b、h 分别为梁的宽度和梁的厚度。

等截面梁测力时因为应变片的应变大小与力作用的距离有关，所以应变片应贴在距固定端较近的表面，顺梁的长度方向上下各粘贴两个应变片，4 个应变片组成全桥。上面两个受

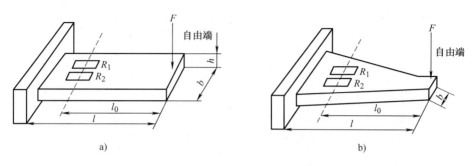

图 2-12 悬臂梁式传感器
a）等截面梁　b）等强度梁

压时，下面两个受拉，应变大小相等、极性相反，其电桥输出灵敏度是单臂电桥的 4 倍。这种称重传感器适用于测量 500kg 以下荷重。

2）等强度梁。等强度梁结构如图 2-12b 所示，悬臂梁长度方向的截面面积按一定规律变化，是一种特殊形式的悬臂梁。当力 F 作用在自由端时，距作用点任何截面上的应力都相等，应变片的应变大小为

$$\varepsilon = \frac{6Fl}{bh^2 E} \tag{2-15}$$

有力作用时，梁表面整个长度产生大小相等的应变，所以等强度梁应变片粘贴在什么位置都可以。

另外，除等截面梁、等强度梁外，梁的形式还有很多，图 2-13 给出了环式梁、双孔梁和 S 型拉力梁的结构形式。

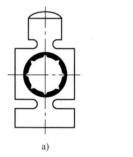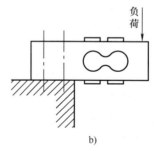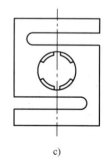

图 2-13 梁式传感器
a）环式梁　b）双孔梁　c）S 型拉力梁

（3）轮辐式测力传感器（剪切力）

轮辐式传感器结构如图 2-14 所示，主要由轮毂、轮圈、轮辐条、受拉和受压应变片 5 部分组成。轮辐条可以是 4 根或 8 根成对称形状，轮毂由顶端的钢球传递重力，圆球的压头有自动定位的功能。当外力 F 作用在轮毂上端和轮圈下面时，矩形轮辐条产生平行四边形变形，轮辐条对角线方向产生 45°的线应变。将应变片按±45°方向粘贴，8 个应变片分别粘贴在 4 个轮辐条的正反两面，组成全桥。

轮辐式传感器有良好的线性，可承受大的偏心和侧向力，扁平外形抗载能力大，广泛用

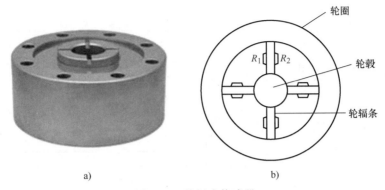

图 2-14 轮辐式传感器
a) 实物图 b) 内部结构

于矿山、料厂、仓库、车站,测量行走中的拖车、货车,还可根据输出数据对超载车辆报警。

2. 应变式加速度传感器

应变式加速度传感器基本结构如图 2-15 所示,主要由悬臂梁、应变片、质量块、机座外壳组成。悬臂梁(等强度梁)自由端固定质量块,壳体内充满硅油,产生必要的阻尼。基本工作原理是,当壳体与被测物体一起做加速运动时,悬臂梁在质量块的惯性作用下做反方向运动,使梁体发生形变,粘贴在梁上的应变片阻值发生变化。通过测量阻值的变化求出待测物体的加速度。

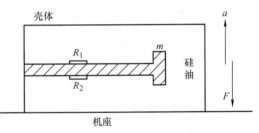

图 2-15 应变式加速度传感器

已知加速度为 $a=F/m$,物体运动的加速度与质量块有相同的加速度,物体运动的加速度 a 与它上面产生的惯性力 F 成正比,与物体质量成反比,惯性力的大小可由悬臂梁上的应变片阻值变化测量,电阻变化引起电桥不平衡输出。梁的上下可各粘贴两个应变片组成全桥。

应变片式加速度传感器不适用测量较高频率的振动冲击,常用于低频振动测量,范围一般为 10~60Hz。

3. 压力传感器

压力传感器主要用于测量流体的压力。根据其弹性体的结构形式可分为单一式和组合式两种。图 2-16 所示为筒式应变压力传感器。

在流体压力 P 作用于筒体内壁时,筒体空心部分发生变形,产生周向应变 ε_i,测出 ε_i 即可算出压力 P,这种压力传感器结构简单、制造方便,常用于较大压力的测量。

4. 位移传感器

应变式位移传感器是把被测位移量转变成弹性元件的变形和应变,然后通过应变计和应变电桥,输出正比于被测位移的电学量。它可用于近测或远测静态或动态的位移量。图 2-17a 所示为国产 YW 系列应变式位移传感器结构图。这种传感器由于采用了悬臂梁与螺

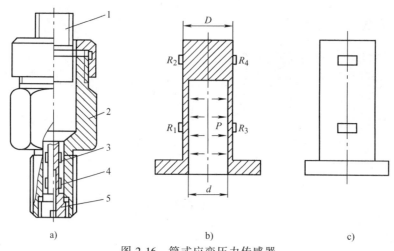

图 2-16 筒式应变压力传感器
a) 结构示意图　b) 筒式弹性元件　c) 应变片分布图
1—插座　2—基体　3—温度补偿应变片　4—工作应变片　5—应变筒

旋弹簧串联的组合结构，因此适用于 10~100mm 位移的测量。

其工作原理如图 2-17b 所示。从图中可以看出，4 片应变片分别贴在距悬臂梁根部的正、反两面；拉伸弹簧的一端与测量杆相连，另一端与悬臂梁上端相连。测量时，当测量杆随被测件产生位移 d 时，就要带动弹簧，使悬臂梁弯曲变形产生应变；其弯曲应变量与位移量呈线性关系。

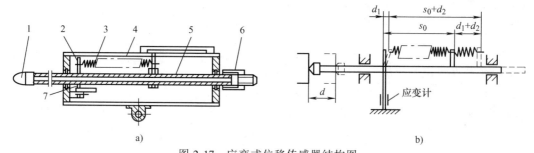

图 2-17 应变式位移传感器结构图
a) 传感器结构图　b) 原理示意图
1—测量头　2—弹性元件　3—弹簧　4—外壳　5—测量杆　6—调整螺母　7—应变计

2.2 压阻式传感器

随着半导体技术的发展，传感器已向半导体化和集成化方向发展。人们发现固体材料受到作用力后电阻率就要发生变化，这种效应称为压阻效应。它以半导体材料最为显著。压阻式传感器的工作原理就是基于半导体的压阻效应。

2.2 压阻式传感器

利用硅的压阻效应和微电子技术制成的压阻式传感器，具有灵敏度高、动态响应好、精度高、易于微型化和集成化等特点，因此获得了广泛应用。

2.2.1 半导体压阻效应

压阻式传感器是基于半导体材料的压阻效应原理工作的。所谓"压阻效应"是指当对半导体材料施加应力作用时,半导体材料的电阻率将随着应力的变化而发生变化,进而反映出电阻值也在发生变化。

所有固体材料在某种程度上都呈现压阻效应,但半导体材料的这种效应特别显著,能直接反映出微小的应变。半导体压阻效应现象可解释为:由应变引起能带变形,从而使能带中的载流子迁移率及浓度也相应地发生相对变化,因此导致电阻率变化,进而引起电阻变化。

半导体材料的电阻值变化,主要是由电阻率变化引起的,机械变形引起的电阻变化可以忽略。而电阻率 ρ 的变化是由应变引起的,即

$$\frac{\Delta R}{R} \approx \frac{\Delta \rho}{\rho} = \pi \sigma \tag{2-16}$$

式中,π 为压阻系数;σ 为应力。

由于弹性模量 $E = \sigma/\varepsilon$,故式(2-16)又可表示为

$$\frac{\Delta R}{R} \approx \frac{\Delta \rho}{\rho} = \pi \sigma = \pi E \varepsilon = K \varepsilon \tag{2-17}$$

式中,K 为灵敏度系数。

可见,当半导体应变片受到外界应力的作用时,其电阻(率)的变化与受到应力的大小成正比,这就是压阻传感器的工作原理。

需要指出的是,对于不同的半导体,压阻系数和弹性模量都不一样,所以灵敏系数也各不相同,但总的来说,压阻式传感器的灵敏系数大大高于金属电阻应变片的灵敏系数,是其 50~100 倍,这也是压阻式传感器的一个突出优点。

可以用于制作半导体应变计的材料主要有硅、锗、锑化铟、砷化镓等,以硅和锗最为常用。如在硅和锗中掺进硼、镓、铟等杂质元素,可形成 P 型半导体;如掺入磷、锑、砷等杂质元素,则形成 N 型半导体。掺入杂质的浓度越大,半导体材料的电阻率就越低。

利用半导体材料制成的压阻式传感器有两种类型:一种是利用半导体材料的体电阻做成粘贴式半导体应变片;另一种是在半导体材料的基片上用集成电路工艺制成扩散电阻,称为扩散型压阻式传感器。

(1) 粘贴式半导体应变片

体型半导体应变片是将晶片按一定取向切片、研磨,再切割成细条,粘贴于基片上制作而成。几种体型半导体应变计如图 2-18 所示。

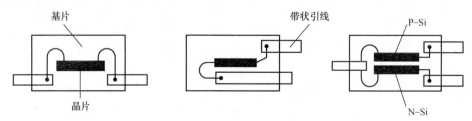

图 2-18 体型半导体应变计

（2）扩散型压阻式传感器

由于半导体应变式传感器采用了粘片结构，所以有较大的滞后和蠕变，并存在固有频率较低、精度不高、小型化和集成化困难等问题，影响了其发展。扩散型压阻式传感器解决了半导体应变式传感器的上述问题。

利用半导体扩散技术，将 P 型杂质扩散到一片 N 型硅底上，形成一层极薄的导电 P 型层，装上引线接点后，即形成扩散型半导体应变片。以扩散型半导体应变片为敏感元件制成的传感器称为扩散型压阻式传感器。

图 2-19 所示为扩散型压阻式压力传感器的结构示意图。它是由外壳、硅杯和引线等组成，其核心部分是一块圆形的硅膜片。通常将膜片制作在硅杯上，形成一体结构，以减小膜片与基座连接所带来的性能变化。在膜片上利用集成电路工艺扩散了 4 个阻值相等的电阻，并构成电桥，这就是硅压阻式力敏元件的压阻芯片。膜片的两边有两个压力腔，一个是和被测系统相连接的高压腔，另一个是低压腔，通常和大气相通，当膜片两边存在压力差时，膜片上各点就有应力。4 个扩散电阻的阻值就发生变化，使电桥失去平衡，输出相应的电压，输出电压和膜片两边的压力差成正比。

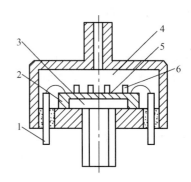

图 2-19　扩散型压阻式压力传感器的结构
1—引线　2—硅杯　3—低压腔　4—高压腔
5—硅膜片　6—扩散电阻　7—金属丝

2.2.2　测量桥路及温度补偿

压阻式传感器的输出方式是将集成在硅片上的 4 个等值电阻连成平衡电桥，当被测量作用于硅片上时，电阻值发生变化，电桥失去平衡，产生电压输出。但是，由于制造、温度影响等原因，电桥存在失调、零位温漂、灵敏度温度系数和非线性等问题，影响传感器的准确性。因此，必须采取有效措施，减少或补偿由于这些因素影响带来的误差，提高传感器测量的准确性。

1. 测量电桥

压阻式传感器的测量电路一般采用四臂差动等应变全桥检测电路，电桥供电方式可以分为恒压源（见图 2-20a）和恒流源（见图 2-20b）两种形式。

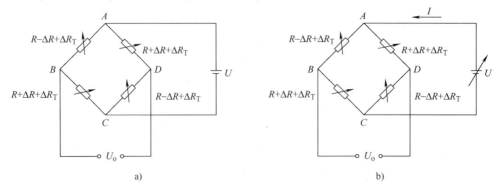

图 2-20　压阻传感器的测量电路
a）恒压源供电电桥　b）恒流源供电电桥

(1) 恒压源供电方式

假设4个扩散电阻的起始电阻都为 R，当受到应力作用时，有两个电阻受拉，电阻增加 ΔR，另一对角边的两个电阻受压，电阻减小 ΔR；另外，由于受温度的影响，使每个电阻有 ΔR_T 的变化量。如图 2-20a 所示可得电桥的输出为

$$U_o = U_{BD} = \frac{\Delta R}{R + \Delta R_T} \tag{2-18}$$

由式（2-18）可见，电桥输出与供电电压成正比，同时说明与温度对电阻的影响 ΔR_T 有关，而且是非线性的。所以，用恒压源供电时，不能消除温度的影响。

(2) 恒流源供电方式

当用恒流源供电时，假设电桥两个支路的电阻相等，所以流过两支路的电流相等，即 $I_{ABC} = I_{ADC} = I/2$，所以电桥的输出为

$$U_o = U_{BD} = \frac{I}{2}(R + \Delta R + \Delta R_T) - \frac{I}{2}(R - \Delta R + \Delta R_T) = I\Delta R \tag{2-19}$$

由式（2-19）可见，电桥的输出与电阻的变化量成正比，即与被测量成正比；也与供电电源的电流成正比，即输出与恒流源供给的电流大小、精度有关，但是，电桥的输出与温度的变化无关。这是恒流源供电的优点。用恒流源供电时，一个传感器最好独立配备一个电源。

2. 温度补偿

当压阻式传感器受到温度影响后，会引起零位漂移和灵敏度漂移，因而会产生温度误差。在压阻式传感器中，扩散电阻的温度系数较大，电阻值随温度变化而变化，故引起传感器的零位漂移。传感器灵敏度的温漂是由于压阻系数随温度变化而引起的。

(1) 零点温度补偿

零点温度漂移是由于4个扩散电阻值及它们的温度系数不一致造成的。一般可用串联电阻的方法进行补偿，如图 2-21 所示。串联电阻 R_S 主要起调节作用，并联电阻 R_P 则主要起补偿作用。

例如：温度上升，R_S 的增量较大，则 BD 点电位差 $U_o = V_B - V_D$ 就是零位漂移。在 R_2 上并联一负温度系数的阻值较大的电阻 R_P，实现补偿，以消除此温度差。当然，如果在 R_3 上并联一个正温度系数的阻值较大的电阻也可以。电桥的电源回路中串联的二极管电压是用来补偿灵敏度温漂的。二极管的 PN 结为负温度特性，温度升高，压降减小。这样，当温度升高时，二极管正向压降减小，因电源采用恒压源，则电桥电压必然提高，使输出变大，以补偿灵敏度的下降。

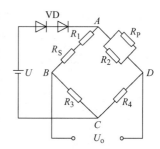

图 2-21 温漂补偿电路

(2) 灵敏度温度补偿

灵敏度温度漂移是由压阻系数随温度变化而引起的，当温度上升时，压阻系数变小；温度降低时，压阻系数变大，说明传感器的温度系数为负值。

灵敏度温度补偿，可以采用在电源回路中串联二极管的方法。当温度升高时，由于灵敏度降低，使输出也降低，这时如果能提高电桥的电源电压，使电桥输出适当增大，便可达到补偿目的。反之，温度降低时，灵敏度升高，如果位电桥电源降低，就能使电桥输出适当减

小，同样可达到补偿之目的。因为二极管的温度特性为负值，温度每升高1℃时，正向压降减小 1.9~2.4mV。这样将适当数量的二极管串联在电桥的电源电路中，如图 2-21 所示，当温度升高时，二极管正向压降减小，于是电桥电压增大，使输出也增大，只要计算出所需二极管的个数，将其串入电桥电源回路中，便可达到补偿之目的。

2.2.3 压阻式传感器的应用

1. 液位测量

压阻式压力传感器液位测量如图 2-22 所示，压阻式压力传感器安装在不锈钢壳体内，并由不锈钢支架固定放置于液体底部。传感器的高压侧进气孔（用不锈钢隔离膜片及硅油隔离）与液体相通。安装高度 h_0 处的液体的表压为

$$p_1 = \rho g h_1 \qquad (2-20)$$

式中，ρ 为液体密度；g 为重力加速度。

传感器的低压侧进气孔通过一根橡胶背压管与外界的仪表接口相连接。被测液位为

$$H = h_0 + h_1 = h_0 + \frac{p_1}{\rho g} \qquad (2-21)$$

这种投入式液位传感器安装方便，适用于几米到几十米混有大量污物、杂质的水或其他液体的液位测量。

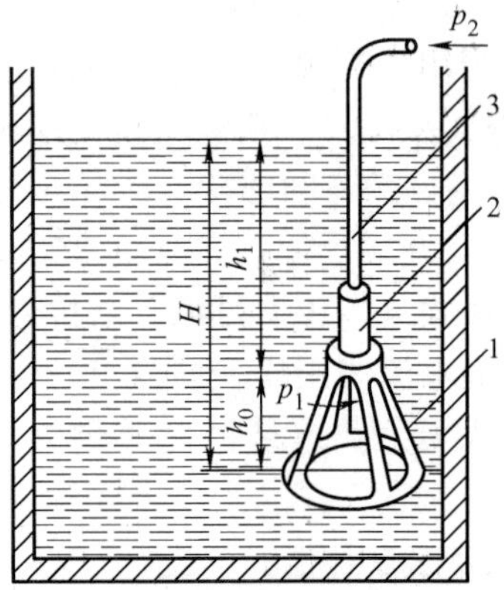

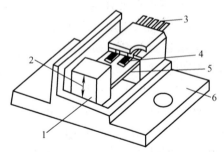

图 2-22 压阻式压力传感器液位测量
1—支架 2—压阻式压力传感器 3—背压管

2. 加速度测量

图 2-23 为传感器在加速度测量中的应用示意图。压阻式加速度传感器中的悬臂梁直接用单晶硅制成。在悬臂梁的根部上、下两面各扩散两个等值电阻，并构成单臂电桥；当梁的自由端的质量块受到加速度作用时，悬臂梁因惯性力的作用产生弯矩而发生变形，同时产生应变，使扩散电阻的阻值发生变化，电桥便有与加速度成比例的电压输出。

这种压阻式加速度计具有如下优点：微型化固态整体结构，性能稳定可靠；灵敏度高，可达 $0.2\text{mV}/g$[⊖]；准确度高，可达 2%；频带宽为 0~500Hz；固有频率为 2kHz；量程大，可测最大加速度为 $100g$。它的质量只有 $0.5g$，适合于对小构件精密测试；也可用于冲击测量，多用于宇航等场合。

图 2-23 压阻式传感器测量加速度
1—惯性质量 2—振动方向 3—电极
4—敏感元件 5—悬臂梁 6—基座

2.3 电位器式传感器

电位器是人们所熟知的电子元件。在传感器中，它是一种可以把线位移或角位移转换成一定函数关系的电阻或电压输出的传感元件，因此，可用来制作位移、压力、加速度、油

⊖ g 表示重力加速度。

量、高度等用途的传感器。它的特点是结构简单、精度较高（可达0.1%或更高）、性能稳定、输出信号强、受环境影响较小、可实现线性或任意函数的变换且成本低，因此得到广泛的应用。

2.3.1 电位器式传感器的工作原理

电位器式传感器种类较多，根据输入、输出特性的不同，电位器式电阻传感器可分为线性电位器和非线性电位器两种；根据结构形式的不同，又可分为绕线式、薄膜式和光电式等。

电位器式电阻传感器一般由电阻元件、骨架及电刷（滑动触点）等组成，电刷相对于电阻元件的运动可以是直线运动、转动或螺旋运动。当被测量发生变化时，通过电刷触点在电阻元件上产生移动，该触点与电阻元件间的电阻值就会发生变化，即可实现位移（被测量）与电阻之间的线性转换，这就是电位器传感器的工作原理。

图 2-24 所示为常用的线性直线位移式电位器传感器的原理图，其电阻元件由金属电阻丝绕成，电阻丝截面面积相等，电阻值沿长度变化均匀。设该电位器全长为 x_{max}，总电阻为 R_{max}，则当电刷由 A 到 B 方向移动 x 后，A 到电刷间的电阻值为

$$R_x = \frac{x}{x_{max}} R_{max} \quad (2-22)$$

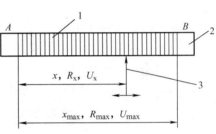

图 2-24 直线位移式电位器传感器原理图
1—电阻丝 2—骨架 3—滑动臂

则电位器作为变阻器使用，其电阻值为位移 x 的函数。

若作为分压器使用，设加在电位器 A、B 之间的电压为 U_{max}，则输出电压为

$$U_x = \frac{x}{x_{max}} U_{max} \quad (2-23)$$

即输出电压和线位移 x 成比例。

图 2-25 所示为线性角位移式电位器传感器的原理图，若作为变阻器使用，则电阻值与角度的关系为

$$R_\alpha = \frac{\alpha}{\alpha_{max}} R_{max} \quad (2-24)$$

相应的输出电压为

$$U_\alpha = \frac{\alpha}{\alpha_{max}} U_{max} \quad (2-25)$$

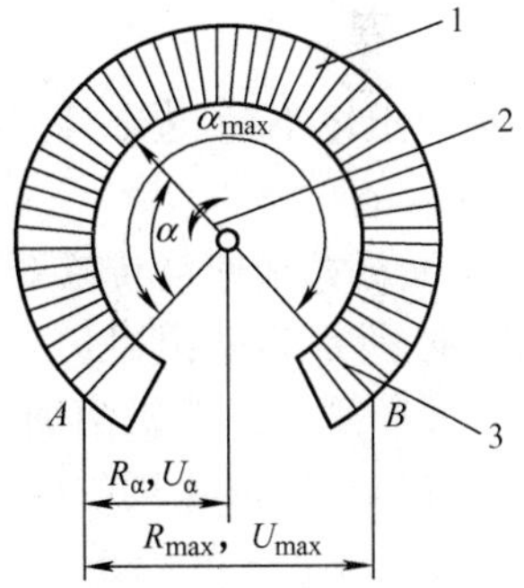

图 2-25 角位移式电位器传感器原理图
1—电阻丝 2—滑动臂 3—骨架

即输出电压与角位移 α 成比例。

2.3.2 电位器式传感器的应用

1. 电位器式压力传感器

电位器式压力传感器是利用弹性元件（如弹簧管、膜片或膜盒）把被测的压力变换为弹性元件的位移，并使此位移变为电刷触点的移动，从而引起输出电压或电流相应的变化。

图 2-26 为 YCD-150 型远程压力表原理图。它是由一个弹簧管和电位器组成的压力传感

器。电位器固定在壳体上,而电刷与弹簧管的传动机构相连接。当被测压力变化时,弹簧管的自由端发生位移,通过传动机构,一边带动压力表指针转动,一边带动电刷在线绕电位器上滑动,从而将被测压力值转换为电阻变化,输出与被测压力成正比的电压信号。

图 2-27 所示为另一种电位器式压力传感器的工作原理图。将被测流体通入弹性敏感元件膜盒的内腔,在此流体压力作用下,膜盒重心产生位移,推动连杆上移,使曲柄轴带动电刷在电位器电阻丝上滑动,同样输出与被测压力成正比的电压信号。

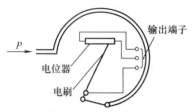
图 2-26 YCD-150 型远程压力表原理图

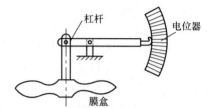
图 2-27 膜盒电位器式压力传感器原理图

2. 电位器式位移传感器

图 2-28 所示为 YHD 型滑线电阻式位移传感器的结构。被测位移使测量轴沿导轨轴向移动时,带动电刷在滑线电阻上产生相同的位移,从而改变电位器的输出电阻。精密电阻与电位器电阻组成电桥的两个桥臂,通过电桥测量电路把被测位移量转换成相应的电压量。

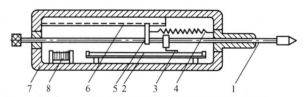
图 2-28 YHD 型滑线电阻式位移传感器的结构
1—测量轴 2—滑线电阻 3—触头 4—弹簧 5—滑块 6—导轨 7—外壳 8—无感电阻

在测量比较小的位移时,往往利用齿轮-齿条机构把线位移变换成角位移来测量,如图 2-29 所示。

3. 电位器式加速度传感器

图 2-30 所示为电位器式加速度传感器结构示意图。惯性质量块在被测加速度的作用下,使片状弹簧产生正比于被测加速度的位移,从而引起电刷在电位器的电阻元件上滑动,因此输出一个与加速度成比例的电信号。

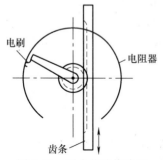
图 2-29 测小位移传感器

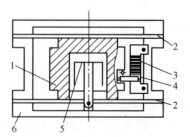
图 2-30 电位器式加速度传感器结构
1—惯性质量块 2—片弹簧 3—电位器 4—电刷 5—阻尼器 6—壳体

2.4 实训

2.4.1 实训1 应变片性能测试

1. 实训目的

1）观察并了解箔式应变片的结构及粘贴方式。

2）测试应变梁变形的应变输出,进一步理解应变式传感器的工作原理。

2. 实训器材

直流稳压电源、电桥、差动放大电路、应变计、螺旋测微器、数字电压表。

3. 实训步骤

1）差动放大器调零。将放大器两输入端与地连接,输出端接电压表,调整差动放大器的调零电位器,使电压表指示为零。

2）按图2-31接线,先将 R_4 设置为应变片, R_1、R_2、R_3 分别为固定标准电阻,连接成单臂电桥测试电路。

3）调节电桥平衡,悬臂梁不受力时,电压表读数应为零,若不为零,调整电桥平衡电位器 RP_1 使电压表指示为零。

4）旋转测微头,带动悬臂梁做上下移动,以水平状态下的输出为0,向上、向下各移动5mm,每移动1mm记录1个输出电压值,并将数据填入表2-1中(单桥)。

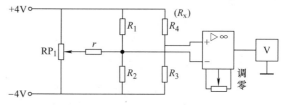

图2-31 应变片直流电桥接线图

5）保持差动放大器增益不变,将 R_3 换为与 R_4 工作状态相反的另一个应变片,形成半桥电路,重新调整好悬臂梁初始位置与电桥零点,每移动1mm读取电压数据并填入表2-1中(半桥)。

6）保持差动放大器增益不变,再将 R_1、R_2、R_3、R_4 全部换成应变片,接成直流全桥,并重新调整好悬臂梁初始位置与电桥零点,每移动1mm读取1个数据测出位移后的电压值,填入表2-1中(全桥)。

表2-1 直流电桥实验测试数据表

电压 U/V \ 位移 x/mm	-5	-4	-3	-2	-1	0	1	2	3	4	5
单桥 U											
半桥 U											
全桥 U											

2.4.2 实训2 自制简易电子秤

1. 实训目的

1）掌握应变式压力传感器工作原理。

2）熟悉平行梁式称重传感器的结构、安装、电气连接。
3）熟悉仪表测量电路的设计、制作、调试方法。

2．实训内容与器材

利用电阻应变片制成的称重传感器广泛应用于各种电子秤，如电子台秤、电子挂秤等。本制作采用 HL-8 型称重传感器及其他电子元器件自制简易电子秤。

简易电子秤由 LM324 集成运放构成传感器差动放大电路，LM324 集成运放是 14 引脚双列直插塑料封装，内部结构如图 2-32 所示，简易电子秤传感器差动放大电路如图 2-33 所示。

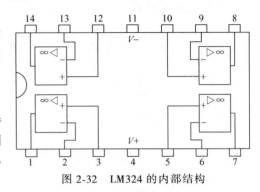

图 2-32　LM324 的内部结构

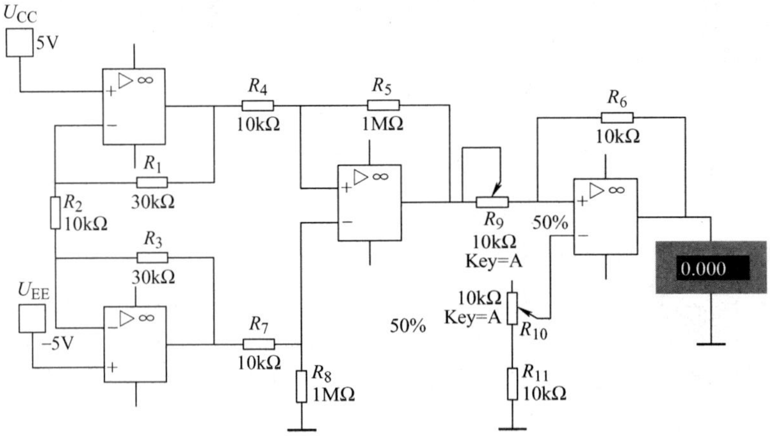

图 2-33　简易电子秤传感器差动放大电路

简易电子秤所用器材如表 2-2 所示。

表 2-2　简易电子秤器材

序　号	名　　称	数　　量
1	HL-8 型称重传感器	1
2	稳压电源	1
3	LM324 集成运放	1
4	电阻 10kΩ×5，30kΩ×2，1MΩ×2	共 9 只
5	10kΩ 精密电位器	2
6	PCB	1
7	电子秤托盘	1
8	500g 以内各种砝码	1 套
9	万用表	1
10	焊接工具、螺钉等	若干

3．实训步骤

1）按图所示连接放大电路。
2）将 HL-8 型称重传感器引线与放大电路连接并固定，电子秤托盘固定在称重传感器上。

3) 输出端接数字万用表，量程选择 DC 2V 档。

4) 将直流电压源连接成双电源式，分别连接直流稳压电源正负和地端，到放大电路的 +5V、-5V 和地端。

5) 打开数字万用表电压档，进行电路调零和 0.25kg 称重砝码标定。在电子秤未加物品时，调节调零电位器，使万用表电压显示为 0，加载 0.25kg 称重砝码，调节电路放大倍数电位器，使万用表显示电压为 0.250V，取下砝码再调零，再加砝码，如此反复 3 次。

6) 按表 2-3 所示数据单独或组合加载砝码，读取万用表显示电压记入表中。

表 2-3 电子秤称重记录

砝码/kg	0.010	0.050	0.100	0.150	0.20	0.250	0.30	0.350	0.400	0.450
输出电压/V										

2.5 习题

1. 填空题

（1）当金属电阻丝受到外界应力的作用时，其电阻的变化与受到应力的大小成_____。

（2）金属电阻应变片主要由_____、_____、_____及_____4 部分组成。

（3）应变片可分为金属应变片和_____应变片两大类。金属应变片又可分成_____、_____和_____3 种。

（4）为了消除温度误差，电阻应变片温度补偿方法有_____和_____两大类。

（5）利用半导体材料制成的压阻式传感器有_____和_____两种类型。

（6）当压阻式传感器受到温度影响后，会引起_____和_____，因而会产生温度误差。

（7）零点温度漂移是由于 4 个_____及它们的_____不一致造成的。一般可用_____的方法进行补偿。

（8）灵敏度温度漂移是由_____随温度变化而引起的；灵敏度温度补偿，可以采用在电源回路中_____的方法。

（9）电位器式电阻传感器一般由_____、_____及_____等组成。

2. 什么是电阻应变效应？

3. 简述金属电阻应变片的结构及工作原理。

4. 直流电桥分为几种方式？各自的输出电压和灵敏度有何特点？

5. 直流电桥和交流电桥平衡条件各是什么？

6. 拟在等截面的悬臂梁上粘贴 4 个完全相同的电阻应变片组成差动全桥电路，试问：

（1）4 个应变片应怎样粘贴在悬臂梁上？

（2）画出相应的电桥电路图。

7. 电阻应变片的灵敏度 $K=2$，将其沿纵向粘贴于直径为 0.05m 的圆形钢柱表面，钢材的弹性模量 $E=2\times10^{11}\text{N/m}^2$，$\mu=0.3$。求钢柱受 10^4N 拉力作用时，应变片电阻的相对变化量。又若应变片沿钢柱圆周方向粘贴，受同样拉力作用时，应变片电阻的相对变化量为多少？

8. 如果将100Ω应变片贴在弹性试件上，若试件截面面积 $S = 0.5 \times 10^{-4} \mathrm{m}^2$，弹性模量 $E = 2 \times 10^{11} \mathrm{N/m}^2$，若由 $5 \times 10^4 \mathrm{N}$ 的拉力引起应变计电阻变化为1Ω，试求该应变片的灵敏度系数？

9. 一个直流应变电桥如图2-34所示，已知：$R_1 = R_2 = R_3 = R_4 = R = 120\Omega$，$U = 4\mathrm{V}$，电阻应变片灵敏度 $K = 2$。

求：（1）当 R_1 为工作应变片，其余为外接电阻，R_1 受力后变化 $\Delta R_1/R = 1/100$ 时，输出电压为多少？

（2）当 R_2 也改为工作应变片，若 R_2 的电阻变化为1/100时，问 R_1 和 R_2 是否能感受同样极性的应变，为什么？

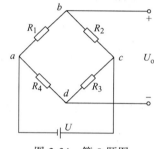

图 2-34　第 9 题图

第3章 电感式传感器

电感式传感器利用电磁感应原理，通过线圈自感或互感的改变来实现非电学量的测量。它可以把输入物理量（如位移、振动、压力、流量、比重、力矩、应变等参数）转换为线圈的自感 L、互感 M 的变化，再由测量电路转换为电流或电压的变化。

电感式传感器具有结构简单、工作可靠、抗干扰能力强、输出功率较大、分辨力较高、稳定性好等优点，并且能实现信息远距离传输、记录、显示和控制，在工业自动控制系统中被广泛采用。

电感式传感器种类很多，根据工作原理的不同分为自感式、互感式和电涡流式三种。

3.1 自感式传感器概述

3.1.1 自感式传感器的结构与工作原理

自感式传感器是把被测量的变化转换成自感 L 的变化，通过一定的转换电路转换成电压或电流输出。按磁路几何参数变化形式的不同，目前常用的自感式传感器有变气隙式、变截面式和螺线管式三种，如图3-1所示。

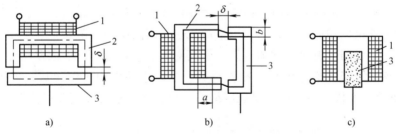

图 3-1 自感式传感器原理图
a) 变气隙式 b) 变截面式 c) 螺线管式
1—线圈 2—铁心 3—衔铁

变气隙型传感器的结构如图3-1a所示，它由线圈、铁心和衔铁三部分组成。铁心和衔铁由导磁材料（如硅钢片等材料）制成，在铁心和衔铁之间留有空气隙 δ。被测物与衔铁相连，当衔铁移动时，气隙厚度 δ 发生改变而引起磁路中磁阻变化，从而导致电感线圈的电感值变化，只要能测出这种电感量的变化，就能确定衔铁位移量的大小和方向。电感量的变化通过测量电路转换为电压、电流或频率的变化，从而实现对被测物位移的检测。

当线圈的匝数为 N，流过线圈的电流为 I (A)，磁路磁通量为 Φ (Wb)，则根据电磁感应原理，可得电感量表达式为

$$L = \frac{\Psi}{I} = \frac{N\Phi}{I} \tag{3-1}$$

式中，Ψ 为线圈总磁链。

由磁路欧姆定律 $\Phi = \dfrac{NI}{R_m}$，R_m 为磁路总磁阻，因而有

$$L = \frac{N^2}{R_m} \tag{3-2}$$

磁阻 R_m 包括铁心、衔铁和气隙中的三部分磁阻。对于变气隙式传感器，因为气隙很小，所以可以认为气隙中的磁场是均匀的，若忽略磁路磁损，则上式可改写为

$$L = \frac{N^2 \mu_0 S}{2\delta} \tag{3-3}$$

式中，N 为线圈匝数；S 为气隙的截面面积；μ_0 为空气的磁导率，δ 为气隙厚度。上式表明当线圈匝数 N 为常数时，电感 L 仅仅是磁路中磁阻 R_m 的函数。

在式 (3-3) 中，如果 S 保持不变，则 L 为 δ 的单值函数，构成变气隙式自感传感器，如图 3-1a 所示。若保持 δ 不变，使 S 随被测量（如位移）变化，则构成变截面式自感传感器，如图 3-1b 所示。若线圈中放入圆柱形衔铁，则是一个可变自感，当衔铁上、下移动时，自感量将相应发生变化，这样就构成了螺线管型自感传感器，如图 3-1c 所示。

上述自感传感器，虽然结构简单，运行方便，但也有缺点，如自线圈流往负载的电流不可能等于 0，衔铁永远受有吸力，线圈电阻受温度影响，有温度误差，不能反映被测量的变化方向等，因此在实际中应用较少，而常采用差动自感传感器。差动自感传感器对干扰、电磁吸力有一定补偿的作用，还能改善特性曲线的非线性。

图 3-2 为差动变隙式电感传感器的原理结构图。由图可知，差动变隙式电感传感器由两个相同的电感和磁路组成。测量时，衔铁通过导杆与被测位移量相连，当被测体上、下移动时，导杆带动衔铁也以相同的位移上、下移动，使磁回路中的磁阻发生大小相等、方向相反的变化，导致一个线圈的电感量增加，另一个线圈的电感量减小，形成差动形式。当差动使用时，两个电感线圈接成交流电桥的相邻桥臂，另两个桥臂由电阻组成，电桥输出电压与 ΔL 有关。构成差动电桥，不仅可使灵敏度提高一倍，而且还可以使非线性误差大为减小。

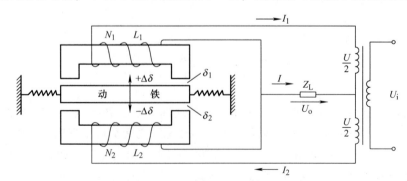

图 3-2　差动变隙式传感器原理图

变气隙式、变截面式和螺线管式三种类型自感传感器相比较，变气隙式自感传感器灵敏度高，它的主要缺点是非线性严重，为了限制线性误差，示值范围只能较小；它的自由行程小，制造装配困难。变截面式自感传感器灵敏度较低，但优点是具有较好的线性，因而范围可取大些。螺线管式自感传感器的灵敏度比变截面式自感传感器的更低，但示值范围大，线性也较好，因而得到广泛应用。

3.1.2 自感式传感器的测量电路

自感式传感器实现了把被测量的变化转变为自感的变化，为了测出自感的变化，同时也为了送入下级电路进行放大和处理，就要用转换电路把自感的变化转换为电压或电流的变化。一般可将自感变化转换为电压（电流）的幅值、频率、相位的变化，它们分别称为调幅、调频、调相电路。在自感式传感器中一般采用调幅电路，调幅电路的主要形式是交流电桥、变压器交流电桥和带相敏整流的交流电桥，而调频和调相电路用得较少。

1. 变压器交流电桥

变压器交流电桥如图 3-3 所示，电桥两臂 Z_1 和 Z_2 为传感器两线圈的等效阻抗，另外两臂由交流变压器的二次绕组构成，电压均为 $U_2/2$。

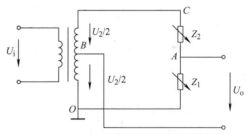

图 3-3 采用变压器二次绕组作平衡臂的交流电桥

设 O 点为电位参考点，根据电路的基本分析方法，可得到电桥输出电压 $\dot{U}_o$ 为

$$\dot{U}_o = \dot{U}_{AB} = \dot{V}_A - \dot{V}_B = \left(\frac{Z_1}{Z_1+Z_2} - \frac{1}{2}\right)\dot{U}_2 \quad (3-4)$$

当传感器的活动铁心处于初始平衡位置时，即 $Z_1 = Z_{10}$, $Z_2 = Z_{20}$，此时两线圈的电感相等，阻抗也相等，即 $Z_{10} = Z_{20} = Z_0$，其中 Z_0 表示活动铁心处于初始平衡位置时每一个线圈的阻抗。由式（3-4）可知，这时电桥输出电压 $\dot{U}_o = 0$，电桥处于平衡状态。

当铁心向一边移动时，则一个线圈的阻抗增加，即 $Z_1 = Z_0 + \Delta Z$，而另一个线圈的阻抗减小，$Z_2 = Z_0 - \Delta Z$，代入式（3-4），得

$$\dot{U}_o = \left(\frac{Z_0+\Delta Z}{2Z_0} - \frac{1}{2}\right)\dot{U}_2 = \frac{\Delta Z}{2Z_0}\dot{U}_2 \quad (3-5)$$

当传感器线圈为高 Q 值时，则线圈的电阻远小于其感抗，即 $R \ll \omega L$，则根据式（3-5）可得到输出电压 $\dot{U}_o$ 的值为

$$\dot{U}_o = \frac{\Delta L}{2L_0}\dot{U}_2 \quad (3-6)$$

同理，当活动铁心向另一边（反方向）移动时，则有

$$\dot{U}_o = -\frac{\Delta L}{2L_0}\dot{U}_2 \quad (3-7)$$

综合式（3-6）和式（3-7）可得电桥输出电压 $\dot{U}_o$ 为

$$\dot{U}_o = \pm\frac{\Delta L}{2L_0}\dot{U}_2 \quad (3-8)$$

上式表明，差动式自感传感器采用变压器交流电桥为测量电路时，电桥输出电压能反映被测体位移量的大小，且输出电压与电感变化量呈线性关系。由于 U_o 是交流电压，不能反映位移量的方向。

2. 带相敏整流的交流电桥

在上述变压器式交流电桥中，由于采用交流电源（$u_2 = U_{2m}\sin\omega t$），则不论活动铁心向线圈的哪个方向移动，电桥输出电压总是交流的，即无法判别位移的方向。

为了既能判别衔铁位移的大小，又能判断出衔铁位移的方向，通常在交流测量电桥中引入相敏整流电路，把测量桥的交流输出转换为直流输出，然后用零值居中的直流电压表测量电桥的输出电压，带相敏整流的交流电桥电路如图3-4所示。

图中电桥的两个臂 Z_1、Z_2 分别为差动式传感器中的电感线圈，另两个臂为平衡阻抗 Z_3、Z_4（$Z_3 = Z_4 = Z_0$），VD_1、VD_2、VD_3、VD_4 四只二极管组成相敏整流器，输入交流电压加在 A、B 两点之间，输出直流电压 U_o 由 C、D 两点输出，测量仪表可以为零刻度居中的直流电压表或数字电压表。下面分析其工作原理。

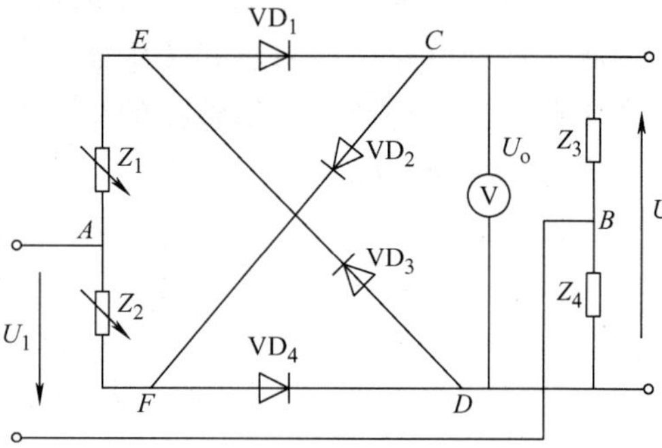

（1）初始平衡位置

当差动式传感器的活动铁心处于中间位置时，传感器两个差动线圈的阻抗 $Z_1 = Z_2 = Z_0$，其等效电路如图3-5所示。由图可知，无论在交流电源的正半周（见图3-5a），还是负半周（见图3-5b），电桥均处于平衡状态，桥路没有电压输出，即

$$\dot{U}_o = \dot{U}_{DC} = \dot{V}_D - \dot{V}_C = \left(\frac{Z_0}{Z_0+Z_0} - \frac{Z_0}{Z_0+Z_0}\right)\dot{U}_i = 0 \tag{3-9}$$

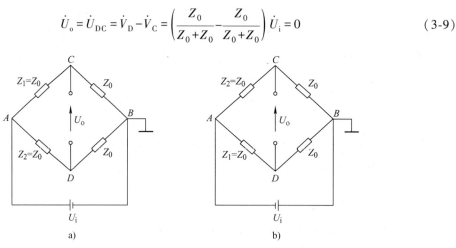

图 3-4 带相敏整流的交流电桥电路

图 3-5 铁心处于初始平衡位置时的等效电路
a）交流正半周等效电路 b）交流负半周等效电路

（2）活动铁心向一边移动

当活动铁心向线圈的一个方向移动时，传感器两个差动线圈的阻抗发生变化，等效电路

如图 3-6 所示。此时 Z_1、Z_2 的值分别为

$$Z_1 = Z_0 + \Delta Z$$
$$Z_2 = Z_0 - \Delta Z$$

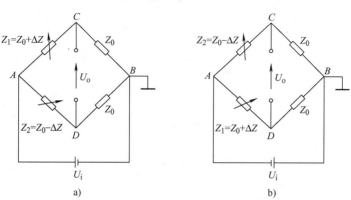

图 3-6　铁心向线圈一个方向移动时的等效电路
a）交流正半周等效电路　b）交流负半周等效电路

在 U_i 的正半周，由图 3-6a 可知，输出电压为

$$U_o = V_D - V_C = \frac{\Delta Z}{2Z_0} \cdot \frac{1}{1-\left(\frac{\Delta Z}{2Z_0}\right)^2} U_i \tag{3-10}$$

当 $\left(\frac{\Delta Z}{Z_0}\right)^2 \ll 1$ 时，式（3-10）可近似地表示为

$$U_o \approx \frac{\Delta Z}{2Z_0} U_i \tag{3-11}$$

同理，在 U_i 的负半周，由图 3-7b 可知

$$U_o = V_D - V_C = \frac{\Delta Z}{2Z_0} \cdot \frac{1}{1-\left(\frac{\Delta Z}{2Z_0}\right)^2} |U_i| \approx \frac{\Delta Z}{2Z_0} |U_i| \tag{3-12}$$

由此可知，只要活动铁心向一方向移动，无论在交流电源的正半周还是负半周，电桥输出电压 U_o 均为正值。

（3）活动铁心向相反方向移动

当活动铁心向线圈的另一个方向移动时，用上述分析方法同样可以证明，无论在 U_i 的正半周还是负半周，电桥输出电压 U_o 均为负值，即

$$U_o = -\frac{\Delta Z}{2Z_0} |U_i| \tag{3-13}$$

综上所述可知，采用带相敏整流的交流电桥，其输出电压既能反映位移量的大小，又能反映位移的方向，所以应用较为广泛。图 3-7 为相敏整流交流电桥输出特性。

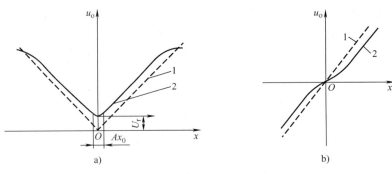

图 3-7 相敏检波输出特性曲线
a）非相敏检波 b）相敏检波
1—理想特性曲线 2—实际特性曲线

3.1.3 自感式传感器应用实例

自感式传感器的应用很广泛，它不仅可直接用于测量位移，还可以用于测量振动、应变、厚度、压力、流量和液位等非电学量。下面介绍两个应用实例。

1. 自感式压力传感器

图 3-8 所示是变气隙电感式压力传感器的结构图，由膜盒、铁心、衔铁及线圈等组成，衔铁与膜盒的上端连在一起。

当液体或气体进入膜盒时，膜盒的顶端在压力 P 的作用下产生与压力 P 的大小成正比的位移，于是衔铁也发生移动，从而使气隙发生变化，流过线圈的电流也发生相应的变化，电流表指示值就反映了被测压力的大小。

图 3-9 所示为变气隙式差动电感压力传感器，它主要由 C 形弹簧管、衔铁、铁心和线圈等组成。当被测压力进入 C 形弹簧管时，C 形弹簧管产生变形，其自由端发生位移，带动与自由端连接成一体的衔铁运动，使线圈 1 和线圈 2 中的电感发生大小相等、符号相反的变化，即一个电感量增大，另一个电感量减小。电感的这种变化通过电桥电路转换成电压输出。由于输出电压与被测压力之间成比例关系，所以只要用检测仪表测量出输出电压，即可得知被测压力的大小。

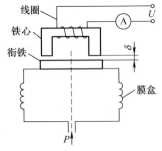

图 3-8 变气隙电感式压力传感器

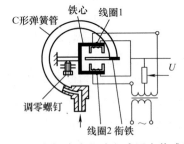

图 3-9 变气隙式差动电感压力传感器

图 3-10 为 BYM 型自感式压力传感器的结构原理图，它是变气隙式差动传感器的一种。当被测压力 P 变化时，弹簧管 1 产生变形，其自由端（A 端）产生位移，带动与之刚性连

接的衔铁 3 移动，使传感器的线圈 5、7 的电感量发生大小相等、符号相反的变化，通过交流电桥测量电路即可将此电感量的变化转换成电压输出，其输出电压的大小与被测压力成正比。

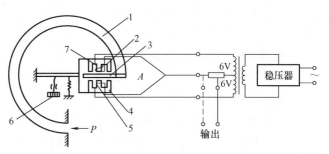

图 3-10　BYM 型自感式压力传感器结构原理图
1—弹簧管　2、4—铁心　3—衔铁　5、7—线圈　6—调节螺钉

2. 自感式测厚仪

图 3-11 所示为自感式测厚仪原理示意图，它采用差动结构，其测量电路为带相敏整流的交流电桥。当被测物的厚度发生变化时，引起测杆上下移动，带动可动铁心产生位移，从而改变了气隙的厚度，使线圈的电感量发生相应的变化。此电感变化量经过带相敏整流的交流电桥测量后，测量仪表显示，其大小与被测物的厚度成正比。

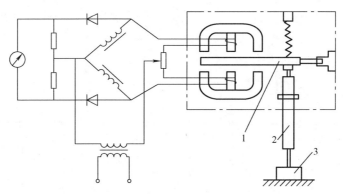

图 3-11　自感式测厚仪原理示意图
1—可动铁心　2—测杆　3—被测物

3. 位移测量

图 3-12a 是轴向式测试头的结构示意图，图 3-12b 是电感测微仪的原理框图。测量时测

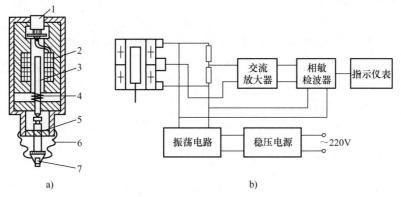

图 3-12　电感测微仪及其测量电路框图
a）轴向式测试头　b）电感测微仪原理框图
1—引线　2—线圈　3—衔铁　4—测力弹簧　5—导杆　6—密封罩　7—测头

头的测端与被测件接触,被测件的微小位移使衔铁在差动线圈中移动,线圈的电感值将产生变化,这一变化量通过引线接到交流电桥,电桥的输出电压就反映被测件的位移变化量。

4. 电感式滚柱直径分选装置

以往人工测量和分选轴承所用的滚柱直径是一项费时、费力而且又容易出错的工作。图 3-13 是电感式滚柱直径分选装置的示意图,由机械排序装置送来的滚柱按顺序进入电感测微仪。电感测微仪的测杆在电磁铁的控制下,先是提升到一定的高度,让滚柱进入其正下方,然后电磁铁释放,衔铁向下压住滚柱,滚柱的直径决定了衔铁位移的大小。电感传感器的输出信号发送到计算机,计算出直径的偏差值。

完成测量的滚柱被机械装置推出电感测微仪,这时相应的翻板打开,滚柱落入与其直径偏差相对应的容器中。从图 3-13 中的虚线可以看到,批量生产的滚柱直径偏差的概率符合随机误差的正态分布。上述测量和分选步骤均是在计算机控制下进行的。

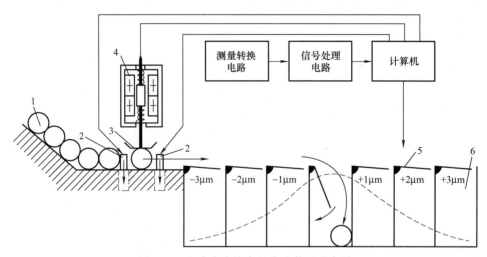

图 3-13 电感式滚柱直径分选装置示意图
1—被测滚柱 2—电磁挡板 3—电感测端 4—电感传感器 5—电磁翻板 6—容器

3.2 互感式传感器

把被测的非电学量变化转换为线圈互感量变化的传感器称为互感式传感器。这种传感器是根据变压器的基本原理制成的,并且二次绕组都用差动形式连接,故也称为差动变压器式传感器。差动变压器式传感器的结构形式较多,有变隙式、变截面式和螺线管式等,但其工作原理基本一样。在非电学量的测量中,应用最多的是螺线管式差动变压器,它可以测量 1~100mm 范围内的机械位移,并具有测量精度高、灵敏度高、结构简单和性能可靠等优点。

3.2.1 差动变压器式传感器的结构与工作原理

图 3-14a 所示为螺线管式差动变压器的结构示意图。由图可知,它主要由绕组、活动衔铁和导磁外壳等组成。绕组包括一、二次绕组和骨架等部分。图 3-14b 所示是理想的螺线管式差动变压器的原理图,将两个匝数相等的二次绕组的同名端反向串联,并且在忽略铁损、

导磁体磁阻和绕组分布电容的理想条件下,当一次绕组 N_1 加以励磁电压 $\dot{U}_i$ 时,则在两个二次绕组 N_{21} 和 N_{22} 中就会产生感应电动势 $\dot{E}_{21}$ 和 $\dot{E}_{22}$(二次开路时即为 $\dot{U}_{21}$、$\dot{U}_{22}$)。若在工艺上保证变压器结构完全对称,则当活动衔铁处于初始平衡位置时,必然会使两个二次绕组磁回路的磁阻相等,磁通相同,互感 $M_1 = M_2$。

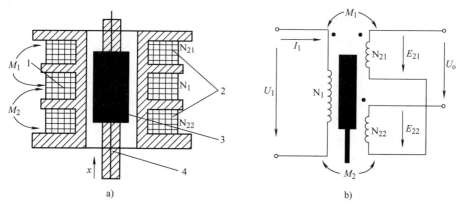

图 3-14 螺线管式差动变压器
a)结构示意图 b)原理图
1——一次绕组 2——二次绕组 3——衔铁 4——测杆

根据电磁感应原理,将有 $\dot{E}_{21} = \dot{E}_{22}$,由于两个二次绕组反向串联,因而 $\dot{U}_o = \dot{E}_{21} - \dot{E}_{22} = 0$,即差动变压器输出电压为零,即

$$\begin{cases} \dot{E}_{21} = -j\omega M_1 \dot{I}_1 \\ \dot{E}_{22} = -j\omega M_2 \dot{I}_1 \end{cases} \tag{3-14}$$

式中,ω 为激励电源角频率,单位为 rad/s;M_1、M_2 分别为一次绕组 N_1 与二次绕组 N_{21}、N_{22} 间的互感,单位为 H;$\dot{I}_1$ 为一次绕组的激励电流,单位为 A。

$$\dot{U}_o = \dot{E}_{21} - \dot{E}_{22} = -j\omega(M_1 - M_2)\dot{I}_1 = 0$$

当活动衔铁向二次绕组 N_{21} 方向(向上)移动时,由于磁阻的影响,N_{21} 中的磁通将大于 N_{22} 中的磁通,即可得 $M_1 = M_0 + \Delta M$、$M_2 = M_0 - \Delta M$,从而使 $M_1 > M_2$,因而必然会使 $\dot{E}_{21}$ 增加 $\dot{E}_{22}$ 减小。因为 $\dot{U}_o = \dot{E}_{21} - \dot{E}_{22} = -2j\omega\Delta M \dot{I}_1$。

同理分析可得,当活动衔铁向二次绕组 N_{22} 方向(向下)移动时,$\dot{U}_o = \dot{E}_{21} - \dot{E}_{22} = 2j\omega\Delta M \dot{I}_1$。综上分析可得

$$\dot{U}_o = \dot{E}_{21} - \dot{E}_{22} = \pm 2j\omega\Delta M \dot{I}_1 \tag{3-15}$$

式中,正负号表示输出电压与励磁电压同相或者反相。

由于在一定的范围内,互感的变化 ΔM 与位移 x 成正比,所以输出电压的变化与位移的变化成正比。差动变压器输出电压特性曲线如图 3-15 所示。实际上,当衔铁位于中心位置时,差动变压器的输出电压并不等于零,通常把差动变压器在零位移时的输出电压称为零点残余电压(图 3-15 中 Δe)。它的存在使传感器的输出特性曲线不过零点,造成实际特性与

理论特性不完全一致。

产生零点残余电压的原因有很多,如变压器的制造工艺和导磁体安装等问题,主要是由传感器的两个次级绕组的电气参数与几何尺寸不对称以及磁性材料的非线性等因素引起的。零点残余电压使得传感器在零点附近的输出特性不灵敏从而给测量带来误差。为了减小零点残余电压,可采用以下方法。

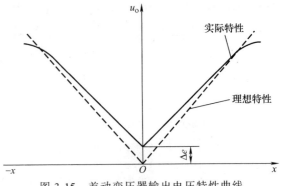

图 3-15　差动变压器输出电压特性曲线

1) 尽可能保证传感器尺寸、线圈电气参数和磁路对称。

2) 选用合适的测量电路。

3) 采用补偿线路减小零点残余电压。

3.2.2　测量电路

由于差动变压器的输出电压为交流,用交流电压表测量其输出值只能反映衔铁位移的大小,不能反映移动的方向。另外,其测量值含有零点残余电压。为了达到能辨别移动方向和消除零点残余电压的目的,实际测量时,常采用差动整流电路和相敏检波电路。

1. 差动整流电路

差动变压器最常用的测量电路是差动整流电路,如图 3-16 所示,把差动变压器的两个二次绕组输出电压分别整流,然后将整流的电压或电流的差值作为输出。图 3-16a、b 为电压输出型,用于连接高阻抗负载电路,图中的电位器 R_0 用于调整零点残余电压。图 3-16c、d 为电流输出型,用于连接低阻抗负载电路。采用差动整流电路后,不但可以用零值居中的直流电表指示输出电压或电流的大小和极性,还可以有效地消除残余电压,同时可使线性工作范围得到一定的扩展。

下面结合图 3-16b 中的全波电压输出电路,分析差动整流电路的工作原理。

全波整流电路利用了半导体二极管单向导电原理,设某瞬间载波为正半周,此时差动变压器两个二次绕组的相位关系为 A 正 B 负,C 正 D 负。

在上线圈中,电流自 A 点出发,路径为 $A \to 1 \to 2 \to 9 \to 11 \to 4 \to 3 \to B$,流过电容 C_1 的电流是由 2 到 4,电容 C_1 上的电压为 U_{24}。

在下线圈中,电流自 C 点出发,路径为 $C \to 5 \to 6 \to 10 \to 11 \to 8 \to 7 \to D$,流过电容 C_2 的电流是由 6 到 8,电容 C_2 两端的电压为 U_{68}。

差动变压器的输出电压为上述两电压的代数和,即 $U_2 = U_{24} - U_{68}$。

同理,当某瞬间载波为负半周时,即两个二次绕组的相位关系为 A 负 B 正、C 负 D 正,按上述分析可知,不论两个二次绕组的输出瞬时电压极性如何,流经 C_1 的电流方向总是从 2 到 4,流经电容 C_2 的电流方向总是从 6 到 8,可得差动变压器输出电压 U_2 的表达式仍为 $U_2 = U_{24} - U_{68}$。

当铁心在中间位置时,$U_{24} = U_{68}$,所以 $U_2 = 0$。

当铁心在零位以上时,因为,$U_{24} > U_{68}$,所以 $U_2 > 0$。

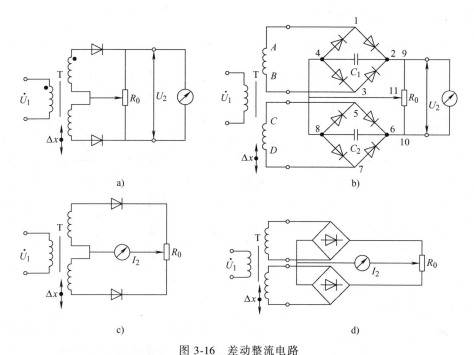

图 3-16 差动整流电路

a) 半波电压输出　b) 全波电压输出　c) 半波电流输出　d) 全波电流输出

当铁心在零位以下时，因为 $U_{24}<U_{68}$，所以 $U_2<0$。

铁心在零位以上或以下时，输出电压的极性相反，于是零点残余电压会自动抵消。由此可见，差动整流电路可以不考虑相位调整和零点残余电压的影响。此外，还具有结构简单、分布电容影响小和便于远距离传输等优点，获得广泛的应用。在远距离传输时，将此电路的整流部分放在差动变压器的一端，整流后的输出线延长，就可避免感应和引出线分布电容的影响。

2. 相敏检波电路

相敏检波电路的形式很多，过去通常采用分立元件构成的电路，它可以利用半导体二极管或晶体管来实现。随着电子技术的发展，各种性能的集成电路相继出现，例如，单片集成电路 LZX1 就是一种集成化的全波相敏整流放大器，它以晶体管作为开关元件的全波相敏解调器，能完成把输入交流信号经全波整流后变为直流信号以及鉴别输入信号相位等功能。该器件具有重量轻、体积小、可靠性高、调整方便等优点。

差动变压器和 LZX1 的连接电路如图 3-17 所示。

u_2 为信号输入电压，u_3 为参考输入电压，R 为调零电位器，C 为消振电容，若无 C 则会产生正反馈，发生振荡。移相器使参考电压和差动变压器次级输出电压同频率，相位相同或相反。

对于测量小位移的差动变压器，由于输出信号小，还需在差动变压器的输出端接入放大器，把放大的信号输入到 LZX1 的信号输入端。

一般经过相敏检波和差动整流输出的信号，还需通过低通滤波器，把调制时引入的高频信号

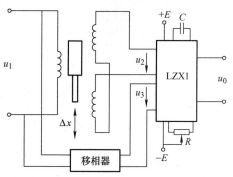

图 3-17 差动变压器和 LZX1 的连接电路

衰减掉,只让铁心运动所产生的有用信号通过。

3.2.3 互感式传感器的应用

与电感传感器类似,差动变压器可以直接用于测量位移和尺寸,并能测量可以转换成位移变化的各种机械量,如振动、加速度、应变、密度、张力和厚度等。

1. 位移的测量

图 3-18 是一个方形结构的差动变压器式位移传感器,可用于多种场合下测量微小位移。其工作原理是:测头 1 通过轴套和测杆 5 相连,活动衔铁 7 固定在测杆 5 上。线圈架 8 上绕有三组线圈。中间是一次线圈,两端是二次线圈,形成三节式结构,它们都通过导线 10 与测量电路相连。初始状态下,调节传感器使其输出为 0,当测头 1 有一位移 x 时,衔铁也随之产生位移 x,引起传感器的输出变化,其大小反映了位移 x 的大小。线圈和骨架放在磁筒 6 内,磁筒的作用是增加灵敏度和防止外磁场干扰,圆片弹簧 4 对测杆起导向作用,弹簧 9 用来产生一定的测力,使测头始终保持与被测物体表面接触的状态,防尘罩 2 的作用是防止灰尘进入测杆。

2. 力和力矩的测量

将差动变压器位移传感器与弹性元件组合,可用来测量力和力矩,图 3-19 为差动变压器式力传感器。其工作原理是:当力作用于传感器上时,使弹性元件 3 变形,固定在 3 上的衔铁 2 相对线圈 1 移动,因而产生输出电压,输出电压的大小反映了力的大小。

这种传感器的优点是承受轴向力时应力分布均匀,且在直径比较小时,受横向偏心分力的影响较小。

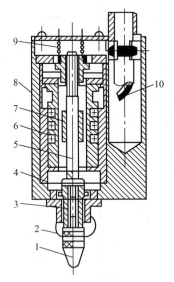
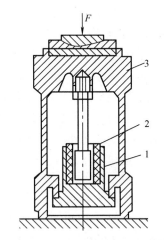

图 3-18 方形结构的差动变压器式传感器
1—测头 2—防尘罩 3—轴套 4—圆片弹簧 5—测杆
6—磁筒 7—活动衔铁 8—线圈架 9—弹簧 10—导线

图 3-19 差动变压器式力传感器
1—线圈 2—衔铁 3—弹性元件

3. 加速度的测量

图 3-20 所示是用于加速度计的差动变压器式传感器。质量块 2 由两片弹簧片 1 支承。

测量时，质量块的位移与被测加速度成正比。因此，将加速度的测量转变为位移的测量。质量块的材料是导磁的，所以它既是加速度计中的惯性元件，又是磁路中的磁性元件。

图 3-21 为差动变压器式加速度传感器的又一形式。它由悬臂梁 1 和差动变压器 2 构成。测量时，将悬臂梁的底座及差动变压器的线圈骨架固定，而将差动变压器中的衔铁 3 的 A 端与被测振动体相连。当被测体带动衔铁按照一定规律振动时，导致差动变压器的输出电压也按相同的规律变化。因此，可从差动变压器的输出电压得知被测物体的振动参数。

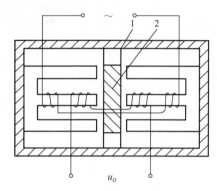

图 3-20　加速度计用传感器
1—弹簧片　2—质量块

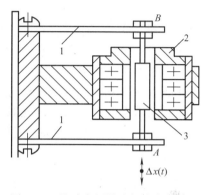

图 3-21　差动变压器式加速度传感器
1—悬臂梁　2—差动变压器　3—衔铁

为满足测量精度的要求，加速度计的固有频率应比被测频率的上限大 3~4 倍。由于运动系统的质量 m 不可能太小，而增加弹簧片的刚度又使加速度计的灵敏度受到影响，因此，系统的固有频率不可能很高，它能测量的振动频率的上限就受到限制，一般在 150Hz 左右。

图 3-22 为测振动加速度的又一种结构形式。衔铁作为惯性质量体与弹簧片 3 相连接，受到振动加速度的作用使得弹簧受力变形，变形的大小与加速度有关。所反映的被测加速度大，变形就大，衔铁的位移量就大，传感器的输出电压就高。这种传感器的测振频率同样受结构性能的限制，一般为 0~150Hz。

4. 压力的测量

差动变压器式传感器还可测量压力、压差等力学参数。图 3-23 为微压传感器。在无压

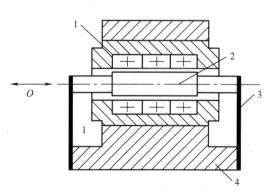

图 3-22　加速度传感器
1—差动变压器　2—质量块　3—弹簧片　4—壳体

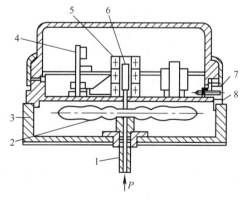

图 3-23　微压传感器
1—接头　2—膜盒　3—底座　4—线路板
5—差动变压器　6—衔铁　7—插头　8—通孔

力时，固接在膜盒中心的衔铁6位于差动变压器5的中部，因而输出为零。当被测压力 P 由接头1输入到膜盒中时，膜盒的自由端产生一个正比于被测压力的位移，并且带动衔铁6在差动变压器中移动，因而得到能反映被测压力的输出电压。这种传感器经分档处理，可以测量 $-4\times10^4\mathrm{Pa}\sim6\times10^4\mathrm{Pa}$ 的压力，输出信号电压为 $0\sim50\mathrm{mV}$，精度为1%和1.5%。

3.3 电涡流式传感器

3.3 电涡流式传感器

根据法拉第电磁感应定律，块状金属导体置于变化的磁场中或在磁场中做切割磁力线运动时，导体内将产生呈涡旋状的感应电流，此电流叫作电涡流，以上现象称为电涡流效应。

根据电涡流效应制成的传感器称为电涡流式传感器。按照电涡流在导体内的贯穿情况，此传感器可分为高频反射式和低频透射式两类，但从基本工作原理上来说仍是相似的。

电涡流式传感器最大的特点是能对位移、厚度、表面温度、速度、应力和材料损伤等进行非接触式连续测量，此外它还具有体积小、灵敏度高、频率响应宽等特点，应用极其广泛。

3.3.1 涡流传感器的结构与工作原理

1. 高频反射式电涡流传感器

高频反射式电涡流传感器的结构比较简单，主要是一个安装在框架上的线圈，线圈可以绕成一个扁平圆形粘贴于框架上，也可以在框架上开一条槽，将导线绕制在槽内而形成一个线圈。线圈的导线一般采用高强度漆包线，如要求高一些，可用银或银合金线，在较高的温度条件下，须用高温漆包线。传感器的结构如图3-24所示。

需要指出的是，由于电涡流式传感器是利用传感器线圈与被测导体之间的电磁耦合进行工作的，因而作为传感器的线圈装置仅仅是"实际传感器"的一半，而另一半则是被测导体。所以，被测导体的材料物理性质、尺寸和形状等都与传感器的特性密切相关。

图3-25所示为高频反射式涡流式传感器的原理图，该图由传感器线圈和被测金属导体组成线圈-导体系统。根据法拉第定律，当传感器线圈通以正弦交变电流 $\dot{i}_1$ 时，线圈周围空

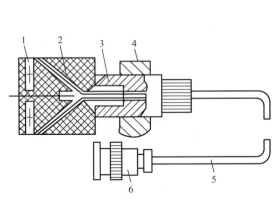

图3-24 高频反射式电涡流传感器的结构示意图
1—线圈 2—框架 3—框架衬套 4—支架 5—电缆 6—插头

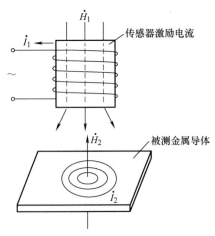

图3-25 高频反射式涡流式传感器的原理图

间必然产生正弦交变磁场 $\dot{H}_1$，使置于此磁场中的金属导体中感应电涡流 $\dot{I}_2$，$\dot{I}_2$ 又产生新的交变磁场 $\dot{H}_2$。根据楞次定律，$\dot{H}_2$ 的作用将反抗原磁场 $\dot{H}_1$，导致传感器线圈的等效阻抗发生变化。由上可知，线圈阻抗的变化完全取决于被测金属导体的电涡流效应。而电涡流效应既与被测体的电阻率 ρ、磁导率 μ 以及几何形状有关，又与线圈几何参数、线圈中激磁电流频率 ω 有关，还与线圈与导体间的距离 x 有关。

因此，传感器线圈受电涡流影响时的等效阻抗 Z 的函数关系式为

$$Z = F(\rho, \mu, R, \omega, x) \tag{3-16}$$

式中，R 为线圈与被测体的尺寸因子。

如果保持上式中其他参数不变，而只改变其中一个参数，传感器线圈阻抗 Z 就仅仅是这个参数的单值函数。通过与传感器配用的测量电路测出阻抗 Z 的变化量，即可实现对该参数的测量。

若把导体等效成一个短路线圈，可画出涡流传感器等效电路图，如图 3-26 所示。

图中 R_2 为电涡流短路环等效电阻。根据基尔霍夫第二定律，可列出如下方程：

$$\begin{cases} R_1 \dot{I}_1 + j\omega L_1 \dot{I}_1 - j\omega M \dot{I}_2 = \dot{U}_1 \\ -j\omega M \dot{I}_1 + R_2 \dot{I}_2 + j\omega L_2 \dot{I}_2 = 0 \end{cases} \tag{3-17}$$

式中，ω 为线圈激磁电流角频率，R_1、L_1 为线圈电阻和电感；L_2、R_2 为短路环等效电感和等效电阻。

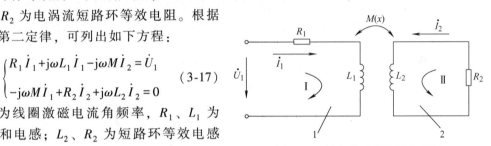

图 3-26　涡流传感器等效电路图
1—传感器线圈　2—涡流短路环

由式（3-17）解得等效阻抗 Z 的表达式为

$$Z = \frac{\dot{U}_1}{\dot{I}_1} = \left[R_1 + \frac{\omega^2 M^2}{R_2^2 + (\omega L_2)^2} R_2 \right] + j\omega \left[L_1 - \frac{\omega^2 M^2}{R_2^2 + (\omega L_2)^2} L_2 \right] \tag{3-18}$$

电涡流传感器的等效阻抗可表示为 $Z = R + j\omega L$

等效电阻为

$$R = R_1 + \frac{\omega^2 M^2}{R_2^2 + (\omega L_2)^2} R_2 \tag{3-19}$$

等效电感

$$L = L_1 - \frac{\omega^2 M^2}{R_2^2 + (\omega L_2)^2} L_2 \tag{3-20}$$

线圈的等效品质因数 Q 值为

$$Q = \frac{\omega L}{R} \tag{3-21}$$

可见，由于涡流的影响，线圈复阻抗的实数部分增大，虚数部分减小，因此线圈的品质因数 Q 下降。

上述分析结果表明，电涡流式传感器的等效电气参数如线圈阻抗 Z、线圈电感 L 和品质因数 Q 都是互感 M 的二次方的函数，而互感 M 又是线圈与金属导体之间距离 x 的非线性函

数。由于金属导体的电阻率 ρ，金属导体的磁导率 μ 以及线圈激磁频率 f，将决定 H、R_2、L_2 和 M 的大小，因此可以说，高频反射式传感器的阻抗 Z、电感 L 和品质因数 Q 都是由 ρ、μ、x、f 等多参数决定的多元函数，若只改变其中一个参数，其余参数保持不变，便可测定这个可变参数。

2. 低频透射式电涡流传感器

图 3-27 所示为低频透射式涡流传感器结构原理图。在被测金属的上方设有发射传感器线圈 L_1，在被测金属板的下方设有接收传感器线圈 L_2。当在上方加低频电压 u_1 时，则在 L_1 上产生交变磁通 Φ_1，若两线圈之间无金属板，则交变磁场直接耦合至 L_2 中，L_2 产生感应电压 u_2。如果将被测金属板放入两线圈之间，则 L_1 线圈产生的磁通将导致在金属板中产生电涡流 i_e，此时磁场能量受到损耗，到达 L_2 的磁通将减弱为 Φ_2，从而使 L_2 产生的感应电压 u_2 下降。显然，金属板厚度尺寸 d 越大，穿过金属板到达 L_2 的磁通 Φ_2 就越小，感应电压 u_2 也相应减小。因此，可根据 u_2 的大小得知被测金属板的厚度。

u_2 与 d 之间有着对应关系，$u_2=f(d)$，曲线如图 3-28 所示。由图可知，频率越低，$f_1<f_2<f_3$，磁通穿透能力越强，在接收线圈上感应的电压 u_2 也越高；频率较低时，线性较好，因此要求线性好时应选择较低的激励频率（通常为 1kHz 左右）；d 较小时，f_3 曲线的斜率较大，因此测薄板时应选较高的激磁频率，测厚板时应选较低的激磁频率。低频透射式涡流传感器的检测范围可达 1~100mm，分辨率为 0.1。

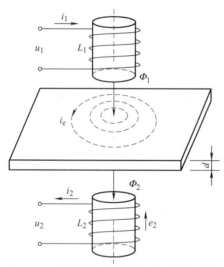

图 3-27　低频透射式电涡流传感器原理图

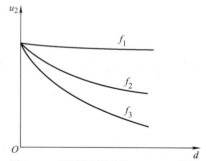

图 3-28　不同频率下的 $u_2=f(d)$ 曲线

3.3.2　测量电路

由电涡流式传感器的工作原理可知，当被测对象的参数变化时，可由传感器将参数的变化转换为传感器线圈的阻抗 Z、电感 L 和品质因数 Q 的变化。转换电路的作用就是将 Z、L 或 Q 转换为电压和电流的变化。目前，品质因数 Q 的转换电路很少用，阻抗 Z 的转换一般用电桥，电感 L 的转换电路一般用谐振电路，它又可分为调幅法和调频法两种。

1. 电桥电路

图 3-29 为电涡流式传感器的电桥电路：L_1、L_2 为两个涡流线圈的电感值，组成差动电

路,也可以一个是涡流传感器线圈,另一个是固定线圈,起平衡桥路的作用。由 L_1、C_1 并联、L_2、C_2 并联及 R_1、R_2 组成电桥的 4 个桥臂,振荡器提供电源 $\dot{U}$ 及涡流传感器工作所需频率。

2. 调幅式测量电路

图 3-30 为谐振调幅式测量电路,它由石英振荡器给 LC 并联谐振回路供电,其中 L 为涡流传感器的线圈。石英晶体振荡器相当于一个恒流源,由它向并联谐振回路提供一个频率稳定的高频激励电流。R 称为耦合电阻,它既有降低振荡器负载的作用,又可视为恒流源的内阻。耦合电阻 R 变大,灵敏度降低;R 变小,灵敏度增加。当 R 太小时,由于谐振回路的旁路作用,反而会使灵敏度降低。耦合电阻的选择要考虑振荡器的输出阻抗和传感器线圈的品质因数。

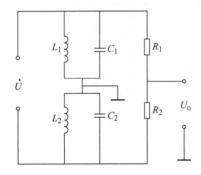

图 3-29 电涡流式传感器电桥电路

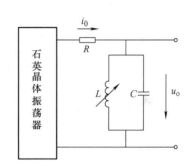

图 3-30 谐振调幅式测量电路原理图

在没有被测物体时,传感器线圈的电感为 L_0,将谐振回路调谐在谐振状态,这时的谐振频率为 $f_0 = \dfrac{1}{2\pi\sqrt{L_0 C}}$,谐振回路上的压降 $U_o = I_0 Z_0$ 为最大值。

当非软磁材料的被测导体靠近传感器线圈时,线圈的电感值将由于涡流作用而减小为 L_1,谐振回路失调,振荡幅值下降,并且使谐振曲线向右移,频率 f_0 对应的阻抗减小,因而压降也减小。随着被测物体的靠近,压降会进一步减小。LC 谐振回路的压降 $\dot{U}$ 能反映被测物体与传感器线圈间的距离。

3. 调频式测量电路

图 3-31 是一种调频式测量电路原理图,它与前述的调幅电路的不同之处是取 LC 回路的谐振频率作为输出量。当被测物体靠近传感器线圈时,电感 L 发生变化,从而改变了 LC 振荡器的频率。频率的变化作为输出量,也反映了被测物体与传感器线圈间的距离。频率信号可以直接由频率计测出,也可通过频率-电压转换电路由测量电压测得。

采用调频法时,连接电缆的分布电容的影响不容忽视。几个皮法的电容变化将使频率变化几个 kHz,严重影响测量结果。通常将电容 C 和线圈 L 都装在传感器内,并尽可能将传感器与测量电路靠近,以抑制分布电容的影响。

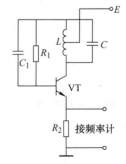

图 3-31 调频式测量电路原理图

3.3.3 电涡流式传感器的应用

电涡流式传感器由于具有测量范围大、灵敏度高、结构简单、抗干扰能力强等特点，可以实现非接触式测量等优点，被广泛地应用于工业生产和科学研究的各个领域，可以用来测量位移、振幅、尺寸、厚度、热膨胀系数、轴心轨迹和金属件探伤等。

1. 测量转速

对于所有旋转机械而言，都需要监测旋转机械轴的转速，转速是衡量机器正常运转的一个重要指标。而电涡流传感器测量转速的优越性是其他任何传感器测量没法比的，它既能响应零转速，也能响应高转速，抗干扰性能也非常强。

图 3-32 所示为电涡流式转速传感器工作原理图。在软磁材料制成的输入轴上加工一键槽，在距输入表面 d_0 处设置电涡流传感器，输入轴与被测旋转轴相连。

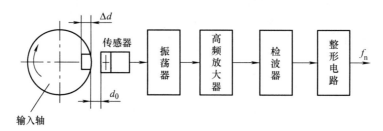

图 3-32 电涡流式转速传感器测量转速

当被测旋转轴转动时，输出轴的距离发生 $d_0+\Delta d$ 的变化。由于电涡流效应，这种变化将导致振荡谐振回路的品质因数变化，使传感器线圈电感随 Δd 的变化也发生变化，它们将直接影响振荡器的电压幅值和振荡频率。因此，随着输入轴的旋转，从振荡器输出的信号中包含有与转数成正比的脉冲频率信号。检波器在该信号内检出电压幅值的变化量，然后经整形电路输出脉冲频率信号 f。该信号送单片机或其他装置便可得到被测转速。

这种转速传感器可实现非接触式测量，抗污染能力很强，可安装在旋转轴近旁，实现长期对被测转速进行监视。

2. 测位移

如图 3-33 所示，接通电源后，在涡流探头的有效面（感应工作面）将产生一个交变磁场。当金属物体接近此感应面时，金属表面将吸取电涡流探头中的高频振荡能量，使振荡器的输出幅度线性地衰减，根据衰减量的变化，可计算出与被检物体的距离、振动等参数。这种位移传感器属于非接触测量，工作时不受灰尘等非金属因素的影响，寿命较长，可在各种恶劣条件下使用。

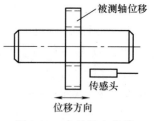

图 3-33 主轴轴向位移测量原理图

3. 电涡流接近开关

接近开关又称为无触点行程开关。当有物体接近时，即发出控制信号。常用的接近开关有电涡流式（俗称为电感接近开关）、电容式、磁性干簧开关、霍尔式、光电式、微波式、超声波式、多普勒式和热释电式等。在此以电涡流式为例加以简介。

电涡流式接近开关属于一种开关量输出的位置传感器,原理如图 3-34 所示。它由 LC 高频振荡器和放大处理电路组成,金属物体在接近这个能产生交变电磁场的感应磁场时,会使物体内部产生涡流。这个涡流反作用于接近开关,使接近开关振荡能力衰减,内部电路的参数发生变化,由此识别出有无金属物体接近,进而控制开关的通或断。这种接近开关所能检测的物体必须是导电性能良好的金属物体。

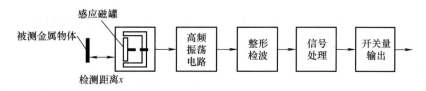

图 3-34　接近开关原理图

4. 测厚度

电涡流传感器可以无接触地测量金属板的厚度和非金属板的镀层厚度,图 3-35 所示是高频反射式涡流测厚仪测试系统。为了克服带材不够平整或运行过程中上下波动的影响,在带材的上、下两侧对称地设置了两个特性完全相同的涡流传感器 S_1、S_2。S_1、S_2 与被测带材表面之间的距离分别为 x_1 和 x_2。若带材厚度不变,则被测带材上、下表面之间的距离总有 "$x_1+x_2=$ 常数" 的关系存在。两传感器的输出电压之和为 $2U$ 数值不变。如果被测带材厚度改变量为 $\Delta\delta$,则两传感器与带材之间的距离也改变了一个 $\Delta\delta$,两传感器输出电压此时为 $2U_0+\Delta U$。ΔU 经放大器放大后,通过指示仪表电路即可指示出带材的厚度变化值。带材厚度给定值与偏差指示值的代数和就是被测带材的厚度。

5. 涡流探伤

电涡流式传感器可以用来检查金属的表面裂纹、热处理裂纹以及用于焊接部位的探伤等。在检查时,使传感器与被测体的距离不变,如有裂纹出现,将引起金属的电阻率、磁导率的变化。这些参数的变化将引起传感器参数的变化,通过测量传感器参数的变化即可达到探伤的目的。

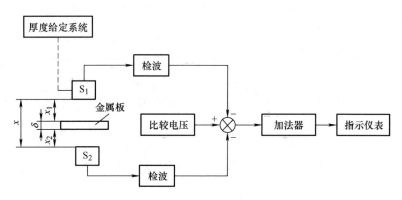

图 3-35　高频反射式涡流测厚仪测试系统

此外,涡流传感器还可制成开关量输出的检测元件,这时可使测量电路大为简化。目前,应用比较广泛的有接近开关,也可用于金属零件的计数。

3.4 实训

3.4.1 实训1 差动变压器式电感传感器性能测试与标定

1. 实训目的

1）了解差动变压器的结构与工作原理。
2）熟悉差动变压器的性能。

2. 实训器材

音频振荡器、差动变压器、差动放大器、移相器、相敏检波器、电桥、双通道示波器。

3. 实训原理与步骤

差动变压器式电感传感器是把被测量变化转换成线圈的互感变化来进行测量的。差动变压器本身是一个变压器,一次侧线圈输入交流电压,二次侧线圈感应出交流信号,当一次侧级间的互感受到外界影响而变化时,二次侧所感应的电压幅值也随之发生变化。

（1）差动变压器式电感传感器性能测试

1）按图3-36接线,将音频振荡器振荡频率调节为4kHz,音频传号输出电压峰-峰值 V_{P-P} 为2V,并输出至差动变压器一次侧。

2）调节位移标尺（测微头）使二次侧的差动输出电压最小（提高示波器灵敏度）,此时读出的最小电压即为差分变压器的零点残余电压,观察残余电压的相位差约为 $\pi/2$,是正交分量。

3）从零输出开始旋转测微头,当铁心位移变化时,将从示波器上读出的电压值填入表3-1中。

4）根据测试结果画出差动变压器输出特性曲线,指出特性曲线线性工作范围,并求出该电感传感器灵敏度。

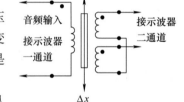

图3-36 差动变压器式电感传感器性能测试接线图

表3-1 差动变压器式电感传感器性能测试

x/mm	-5	-4	-3	-2	-1	0	1	2	3	4	5
V_{P-P}/V											

（2）差动变压器零点残余电压与位移测量电路的标定

1）打开电源将音频输出调至4kHz,用示波器调整输出幅度 V_{P-P} 为2V,将输出接至差动变压器一次侧。

2）差动放大器调零,增益旋至最大（此时放大倍数100倍）,按图3-37连接电路。

3）改变铁心位置（调测微头）,用示波器观察使差动放大器输出电压最小,示波器灵敏度提高观察零点残余电压波形。

4）反复调整电桥的平衡网络 RP_1、RP_2,使输出电压进一步减小,必要时重新调节测微头,读出此时零点残余电压值的大小,与步骤3）的结果进行比较（此时输出电压应除以放大器100倍增益）,观察经过补偿后的残余电压波形,注意与激励电压波形相比较。

5）用力给铁心一个较大的位移,调整移相器使电压输出指示最大,同时用示波器观察

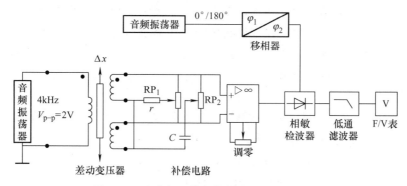

图 3-37　差动变压器微位移测量电路接线图

放大器输出波形或相敏检波器的输出波形，调整放大器增益使输出波形不失真。从输出电压为零开始，每隔 1mm 读出一电压输出值填入表 3-2 内。

6）根据测量结果，画出差动变压器 U-X 特性曲线，并求出传感器灵敏度。

表 3-2　差动变压器位移测试数据表

x/mm	−5	−4	−3	−2	−1	0	1	2	3	4	5
U/V											

3.4.2　实训 2　电涡流式接近开关制作

1. 实训目的

1）掌握电感式接近开关的原理。
2）熟悉电感式接近开关电路的安装与调试。

2. 实训原理

电感式接近开关是一种利用涡流感知物体的传感器，它由高频振荡电路、放大电路、整形电路及输出电路组成。振荡器是由绕在磁芯上的线圈构成的 LC 振荡电路，电感式接近开关电路如图 3-38 所示。

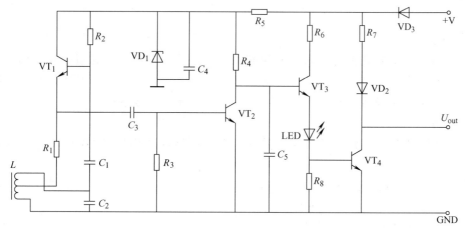

图 3-38　电感式接近开关电路

振荡器通过传感器的感应面，在其前方产生一个高频交变的电磁场，当外界的金属物体接近这一磁场，并达到感应区时，在金属物体内产生涡流效应，从而导致 LC 振荡电路振荡减弱或停止振荡，这一振荡变化被后置电路放大处理并转换为一个具有确定开关输出信号，从而达到非接触式检测目标之目的。

3. 元器件选择

电阻　R_1：1kΩ，R_2：1MΩ，R_3：33kΩ，R_4：82kΩ，R_5、R_6、R_7：5.6kΩ，R_8：20kΩ。

电容　C_1、C_3：222。C_2：102。C_4、C_5：104。

二极管　VD_1：6.8V。VD_2、VD_3：1N4148。

晶体管　VT_1、VT_2、VT_3：C945。VT_4：9014。

电感 L：PK06087。

LED　FG3141。

电源：12V。

4. 电路安装与调试

（1）电路安装

1）检测元器件正常后，按照图 3-38 连接电路。

2）检查电路连接无误后，接通电源。

（2）电路调试

1）用万用表测量 VT_1 的 c 极电压应为 6V。

2）用示波器观察 VT_1 的 e 极，应有高频振荡波形；若无振荡波形，应仔细检查电感线圈接线是否正确，VT_1 周围 R、C 参数是否正确无误，采取相应措施处理，直到出现振荡波形为止。

3）用示波器观察输出，应为高电平，且 LED 不亮，然后用金属物体靠近电感线圈，其输出应变为低电平，同时 LED 亮，说明工作正常。

4）若不正常，应检查 VT_2、VT_3、VT_4 的状态及周围元件，无金属物体接近电感线圈时，VT_2 导通，VT_3、VT_4 截止；有金属物体接近时，VT_2 截止，VT_4 导通。

3.5　习题

1. 填空题

（1）自感式传感器是把被测量的变化转换成_____的变化，通过一定的转换电路转换成_____输出。

（2）按磁路几何参数变化形式的不同，常用的自感式传感器有_____、_____和_____三种。

（3）采用带相敏整流的交流电桥，其输出电压既能反映位移量的_____，又能反映位移的_____。

（4）互感式传感器把被测的非电量变化转换为线圈_____，它是根据_____制成的，并且二次绕组都是_____连接。

（5）差动变压器式传感器的结构形式有_____、_____和_____。

（6）电涡流式传感器按照电涡流在导体内的贯穿情况可分为_____和_____两类。

2. 简述电感式传感器的基本工作原理和主要类型。
3. 简述变气隙型传感器的结构和工作原理。
4. 变气隙式、变截面式和螺线管式传感器各有何特点?
5. 什么是零点残余电压?简要说明产生零点残余电压的原因及减小残余电压的方法。
6. 差动变压器式传感器有几种结构形式?螺管式差动变压器式传感器有什么特点?
7. 何谓电涡流效应?怎样利电用涡流效应进行位移测量?
8. 简述涡流传感器测厚度的原理。
9. 已知变气隙电感传感器的铁心截面面积 $S=1.5\text{cm}^2$,磁路长度 $L=20\text{cm}$,相对磁导率 $\mu_r=5000$,气隙 $\delta_0=0.5\text{cm}$,$\Delta\delta=\pm0.1\text{mm}$,真空磁导率 $\mu_0=4\pi\times10^{-7}\text{H/m}$,线圈匝数 $N=3000$,求单端式传感器的灵敏度 $\Delta L/\Delta\delta$,若做成差动结构形式,其灵敏度将如何变化?
10. 分析图 3-39 所示自感传感器当动铁心左右移动时自感 L 的变化情况(已知空气隙的长度为 x_1 和 x_2,空气隙的面积为 S,磁导率为 μ,线圈匝数 N 不变)。

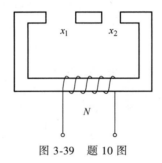

图 3-39 题 10 图

第4章 电容式传感器

电容式传感器是把被测量转换为电容量变化的一种传感器。它具有结构简单、体积小、分辨率高、可非接触式测量等特点,广泛应用于压力、压差、位移、振动和液位等参数的测量。随着电子技术及计算机技术的发展,电容式传感器所存在的易受干扰和易受分布电容影响等缺点不断得以克服,进一步促进了电容式传感器的广泛应用。

4.1 电容式传感器的工作原理和类型

4.1 电容式传感器的工作原理和类型

电容式传感器的工作原理可以用图 4-1 所示的平行板电容器来说明。平行板电容器是由金属极板及板间电介质构成的。若忽略边缘效应,其电容量为

$$C = \frac{\varepsilon S}{d} \qquad (4\text{-}1)$$

式中,ε 为两极板间电介质的介电常数;S 为两极板相对有效面积;d 为两个极板间的距离。

由上式可知,改变电容器电容 C 的方法有三种:一是为改变介质的介电常数 ε;二是改变形成电容的有效面积 S;三是改变两个极板间的距离 d。通过改变电容得到电参数的输出为电容值的增量 ΔC,从而完成由被测量到电容量变化的转换。

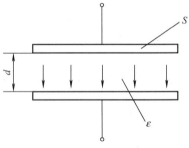

图 4-1 平行板电容器

按照上述原理,可将电容式传感器分为三种基本类型:变极距(或称为变间隙)型、变面积型和变介电常数型。而它们的电极形状又有平板形、圆柱形和球平面形三种。

1. 变极距型电容传感器

图 4-2 是变极距型电容传感器的结构原理图。图中 1、3 为固定极板,2 为活动极板,其位移是由于被测量变化而引起的。假设电容极板间的距离由初始值 d_0 减小了 Δd,电容量增加 ΔC,图 4-2a 和图 4-2b 结构的电容增量为

变极距型电容传感器

$$\Delta C = C - C_0 = \frac{\varepsilon S}{d_0 - \Delta d} - \frac{\varepsilon S}{d_0} = \frac{\varepsilon S}{d_0} \cdot \frac{\Delta d}{d - \Delta d} = C_0 \frac{\Delta d}{d_0 - \Delta d} = C_0 \frac{\Delta d}{d_0} \cdot \frac{1}{1 - \frac{\Delta d}{d_0}} \qquad (4\text{-}2)$$

式中，C_0 为极距为 d_0 时的初始电容值。

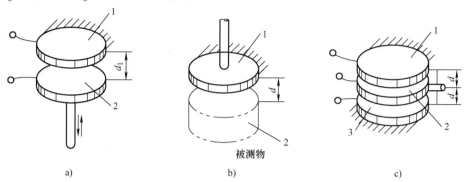

图 4-2　变极距型电容传感器结构原理图
a）圆极型　b）圆极型被测物为可动电极　c）圆极型差动式
1、3—固定极板　2—活动极板

由式（4-2）可以看出 ΔC 与 Δd 不是线性关系。

但当 $\Delta d \ll d_0$（即量程远小于极板间初始距离）时，式（4-2）可以简化为

$$\Delta C = C - C_0 = C_0 \cdot \frac{\Delta d}{d_0} \tag{4-3}$$

所以，变极距型电容传感器只有在 $\Delta d / d_0$ 很小时，才有近似的线性关系，因此这种类型传感器一般用来测量微小变化的量，如 $0.01 \mu m$ 至零点几毫米的线位移等。

变极距型电容器传感器的灵敏度为

$$K = \frac{\Delta C}{\Delta d} \approx \frac{C_0}{d_0} = \frac{\varepsilon S}{d_0^2} \tag{4-4}$$

由式（4-4）可见，变极距型电容传感器的灵敏度与极距的二次方成反比，极距越小灵敏度越高。但 d_0 过小，容易引起电容器击穿或短路。为此极板间可采用高介电常数的材料（云母、塑料膜等）作为介质。

实际应用的变极距型传感器常做成差动式（见图 4-2c）。上、下两个极板为固定极板，中间极板为活动极板，当被测量使活动极板移动一个 Δd 时，由活动极板与两个固定极板所形成的两个平板电容的极距一个减小、一个增大，因此它们的电容量也都发生变化。若 $\Delta d \ll d_0$，则两个平板电容器的变换量大小相等、符号相反。利用后面的转换电路（如电桥等）可以检出两电容的差值，该差值是单个电容传感器电容变化量的两倍。采用差动工作方式，电容传感器的灵敏度提高了一倍，非线性得到了很大的改善，某些因素（如环境温度变化、电源电压波动等）对测量精度的影响也得到了一定的补偿。

变极距型电容传感器的优点是可实现动态非接触测量，动态响应特性好，灵敏度和精度极高（可达 nm 级），适应于较小位移（$1 nm \sim 1 \mu m$）的精度测量。但传感器存在原理上的非线性误差，线路杂散电容（如电缆电容、分布电容等）的影响显著，为改善这些问题而需配合使用的电子电路比较复杂。

2. 变面积型电容传感器

图 4-3 是变面积型电容传感器的结构原理图。与变极距型相比，它们的测量范围大。可测较大的线位移或角位移。

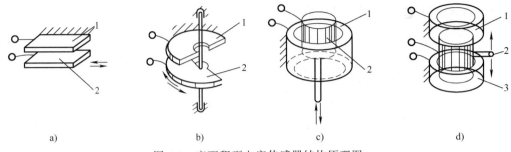

图 4-3 变面积型电容传感器结构原理图
a) 平板型 b) 扇型 c) 圆筒型 d) 圆筒型差动式
1、3—固定极板 2—活动极板

设图 4-3a 中平板型电容传感器的两个相同极板的长为 b，宽为 a，极板间距离为 d，当电容器的活动极板 2 移动 Δx 后，两极板间的电容量为

$$C = \frac{\varepsilon b(a-\Delta x)}{d} = C_0 - \frac{\varepsilon b}{d}\Delta x \tag{4-5}$$

电容的变化量为

$$\Delta C = C - C_0 = -\frac{\varepsilon b}{d}\Delta x \tag{4-6}$$

电容传感器的灵敏度为

$$K = \frac{\Delta C}{\Delta x} = -\frac{\varepsilon b}{d} \tag{4-7}$$

可见，变面积型电容传感器的输出特性是线性的，适合测量较大的位移，其灵敏度 K 为常数，增大极板长度 b，减小间距 d，可使灵敏度提高，极板宽度 a 的大小不影响灵敏度，但也不能太小，否则边缘影响增大，非线性将增大。

在实际应用中，为了提高测量精度，减少活动极板与固定极板之间的相对面积变化而引起的测量误差，大都采用差动式结构。图 4-3d 是改变极板间遮盖面积的差动电容传感器的结构图。上、下两个金属圆筒是固定极板，而中间的为活动极板，当活动极板向上移动时，与上极板的遮盖面积增大，而与下极板的遮盖面积减小，两者变化的数值相等，方向相反，实现两边的电容成差动变化。

3. 变介电常数型电容传感器

变介电常数型电容传感器的极距、有效作用面积不变，被测量的变化使其极板之间的介质情况发生变化。这类传感器主要用来测量两极板之间的介质的某些参数的变化，如介质厚度、介质湿度和液位等。

变介电常数型电容传感器结构形式如图 4-4 所示。在图 4-4a 中，两平行极板固定不动，极距为 δ_0，相对介电常数为 ε_{r2} 的电介质以不同深度插入电容器中，从而改变两种介质的极板覆盖面积。传感器的总电容量 C 为两个电容 C_1 和 C_2 的并联结果，即

$$C = C_1 + C_2 = \frac{\varepsilon_0 b_0}{\delta_0}[\varepsilon_{r1}(l_0-l) + \varepsilon_{r2}l] \tag{4-8}$$

式中，l_0、b_0 为极板长度和宽度；l 为第二种电介质进入极板间的长度。

若传感器的极板为两同心圆筒，如图 4-4b 所示，其液面部分介质为被测介质，相对介

电常数为 ε_x；液面以上部分的介质为空气，相对介电常数近似为 1。传感器的总电容 C 等于上、下部分电容 C_1 和 C_2 的并联，即

$$C = C_1 + C_2 = \frac{2\pi\varepsilon_0(l-h)}{\ln(D/d)} + \frac{2\pi\varepsilon_x\varepsilon_0 h}{\ln(D/d)} = \frac{2\pi\varepsilon_0 l}{\ln(D/d)} + \frac{2\pi(\varepsilon_x-1)\varepsilon_0}{\ln(D/d)}h = a+bh \quad (4-9)$$

其中，$a = \dfrac{2\pi\varepsilon_0 l}{\ln(D/d)}$，$b = \dfrac{2\pi(\varepsilon_x-1)\varepsilon_0}{\ln(D/d)}$。

灵敏度

$$K = \frac{dC}{dh} = b \quad (4-10)$$

由此可见，这种传感器的灵敏度为常数，电容 C 理论上与液面 h 呈线性关系，只要测出传感器电容 C 的大小，就可得到液位 h。

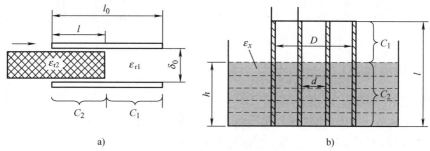

图 4-4 变介电常数型电容传感器
a) 平面型　b) 圆筒型

4.2 电容式传感器的测量转换电路

电容式传感器中电容值以及电容变化值都十分微小，这样微小的电容量还不能直接为目前的显示仪表所显示，也很难由记录仪记录。测量转换电路就是将电容式传感器看成一个电容，借助于测量电路检出传感器的微小电容增量，并将其转换成与其有函数关系的电压、电流或者频率。电容转换电路有电桥电路（调幅电路）、调频电路、二极管双 T 形交流电桥、运算放大器式电路、脉冲宽度调制电路等。

4.2.1 电容式传感器的等效电路

实际上，电容式传感器并不是一个纯电容，其完整的等效电路如图 4-5a 所示，L 包括引线电缆电感和电容式传感器本身的电感；r 由引线电阻、极板电阻和金属支架电阻组成；C_0 为传感器本身的电容；C_P 为引线电缆、所接测量电路及极板与外界所形成的总的寄生电容，其中 R_g 是极间等效漏电阻，它包括极板间及与外界间的漏电损耗和介质损耗。

在低频时，传感器电容的阻抗非常大，因此 L 和 r 的影响可以忽略。其等效电路可简化为图 4-5b，其中等效电容 $C_e = C_0 + C_P$，等效电阻 $R_e \approx R_g$。在高频时，传感器电容的阻抗就变小了，因此 L 和 r 的影响不可忽略，而漏电阻的影响可以忽略。其等效电路可简化为图 4-5c，其中等效电容 $C_e = C_0 + C_P$，而等效电阻 $R_e \approx R_g$。引线电缆的电感很小，只有工作频率在 10MHz 以上时，才考虑其影响。

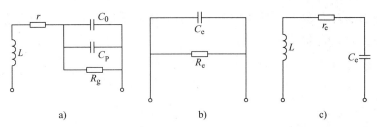

图 4-5 电容式传感器等效电路

a) 完整的等效电路　b) 低频时的等效电路　c) 高频时的等效电路

传感器电容极板之间的有功损耗致使传感器电容电压和电流相位差比 90°小一个 δ 角,利用这些特点又可测量更多的量,如石油的含水量和种子或土壤的湿度等。

由电容式传感器的等效电路可知:它有一个谐振频率,通常为几十兆赫。当工作频率等于或接近谐振频率时,就破坏了电容的正常作用。因此,供电电源频率必须低于该谐振频率,一般为其 1/3~1/2,传感器才能正常工作。

4.2.2 转换电路

1. 电桥电路(调幅电路)

这种转换电路是将电容传感器的两个电容作为交流电桥的两个桥臂,通过电桥把电容的变化转换成电桥输出电压的变化。电路如图 4-6 所示,其中图 4-6a 为桥路的单臂接法,高频电源经变压器接到电桥的一条对角线上,电容 C_1、C_2、C_3、C_x 构成电桥的 4 个臂,C_x 为电容传感器,交流电桥平衡时有

$$\frac{C_1}{C_2} = \frac{C_x}{C_3} \tag{4-11}$$

此时,$U_o = 0$。

当 C_x 改变时,$U_o \neq 0$,有电压输出,该电路常用于液位检测仪表中。

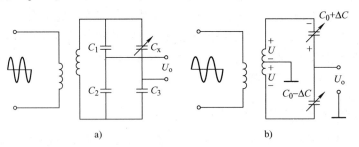

图 4-6 交流电桥转换电路

a) 单臂接法　b) 差动接法

图 4-6b 为差动接法,两个电容为差动电容传感器,其空载输出电压为

$$U_o = \frac{(C_0 + \Delta C) - (C_0 - \Delta C)}{(C_0 + \Delta C) + (C_0 - \Delta C)} U = \frac{\Delta C}{C_0} U \tag{4-12}$$

式中,U 为电源电压;C_0 为电容传感器平衡状态的初始电容值。

电容电桥的主要特点有:①电桥输出调幅波,其幅值与被测量成比例,因此电桥电路又称为调幅电路;②输出电压与电源电压成比例,因此要求电源采用稳幅、稳频等措施;③传

感器必须工作在平衡位置附近,否则电桥非线性增大,在精度要求高的场合(如飞机用油量表)应采用自动平衡电桥;④输出阻抗很高(一般达几兆欧至几十兆欧),输出电压低,必须后接高输入阻抗、高放大倍数的处理电路。

2. 调频电路

如图 4-7 所示,把传感器接入调频振荡器的 LC 谐振网络中,被测量的变化引起传感器电容的变化,继而导致振荡器谐振频率的变化,振荡器的振荡频率为

$$f = \frac{1}{2\pi\sqrt{LC}} \quad (4\text{-}13)$$

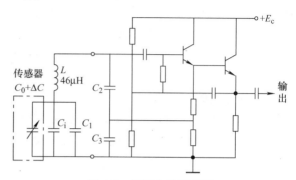

图 4-7 调频电路原理图

式中,L 为振荡回路的电感;C 为振荡回路的总电容,$C = C_i + C_1 + C_0 \pm \Delta C$。

当被测信号为 0 时,$\Delta C = 0$,则 $C = C_i + C_1 + C_0$,所以振荡器有一个固有频率 f_0 为

$$f_0 = \frac{1}{2\pi\sqrt{LC}} = \frac{1}{2\pi\sqrt{L(C_i + C_1 + C_0)}} \quad (4\text{-}14)$$

当被测信号不为 0 时,$\Delta C \neq 0$,振荡器频率有相应变化,此时频率为

$$f = \frac{1}{2\pi\sqrt{LC}} = \frac{1}{2\pi\sqrt{L(C_i + C_1 + C_0 \pm \Delta C)}} = f_0 \pm \Delta f \quad (4\text{-}15)$$

调频电路实际上是把电容式传感器作为振荡器谐振回路的一部分,当输入量导致电容量发生变化时,振荡器的振荡频率就会发生变化。虽然可将频率作为测量系统的输出量,用以判断被测非电学量的大小,但此时系统是非线性的,不易校正,因此必须加入鉴频器,将频率的变化转换为电压振幅的变化,经过放大就可以用仪器指示或记录仪记录下来。

调频电容传感器测量电路具有较高的灵敏度,可以测量 $0.01\mu m$ 级的位移变化量。信号的输出频率易于用数字仪器测量,并且能与计算机通信,抗干扰能力强,可以发送、接收,以达到遥测、遥控的目的。缺点是受电缆电容、温度变化的影响很大,输出电压 u_o 与被测量之间的非线性一般要靠电路加以校正,因此电路比较复杂。

3. 运算放大式电路

如前所述,变极距型电容传感器的电容与极距之间成反比关系,传感器存在原理上的非线性。利用运算放大器的反相比例运算可以使转换电路的输出电压与极距之间的关系变为线性关系,从而使整个测试装置的非线性误差得到很大的减小。图 4-8 所示为电容传感器的运算式转换电路。

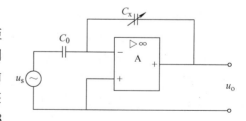

图 4-8 运算放大式电路

图中 u_s 为高频稳幅交流电源;C_0 为标准参比电容,接在运算放大器的输入回路中,C_x 为传感器电容,接在运算放大器的反馈回路中。根据运算放大器的反向比例运算关系有

$$u_o = -\frac{Z_x}{Z_0} u_s = -\frac{C_0}{C_x} u_s = -\frac{C_0 u_s}{\varepsilon \varepsilon_0 S} \delta \quad (4\text{-}16)$$

式中，Z_0 为 C_0 的交流阻抗，$Z_0 = \dfrac{1}{\mathrm{j}\omega C_0}$；$Z_x$ 为 C_x 的交流阻抗，$Z_x = \dfrac{1}{\mathrm{j}\omega C_x}$；$C_x = \dfrac{\varepsilon\varepsilon_0 S}{\delta}$。

由式（4-16）可见，在其他参数稳定不变的情况下，电路输出电压的幅值 u_o 与传感器的极距 δ 成线性比例关系。该电路由高频稳幅交流电源提供载波，极距变化的信号（被测量）为调制信号，输出为调幅波。与其他转换电路相比，运算式电路的原理较为简单，灵敏度和精度最高。但一般需用"驱动电缆"技术来消除电缆电容的影响，电路较为复杂且调整困难。

4. 脉冲宽度调制电路

脉冲宽度调制（Pulse Width Modulation，PWM）电路是利用传感器的电容充放电使电路输出脉冲的占空比随电容式传感器的电容量变化而变化，再通过低通滤波器得到对应于被测量变化的直流信号。

图 4-9 为脉冲宽度调制电路。它由电压比较器 A_1、A_2，双稳态触发器及电容充放电回路组成。其中 $R_1 = R_2$，VD_1、VD_2 为特性相同的二极管，C_1、C_2 为一组差动电容传感元件，初始电容值相等，u_R 为比较器 A_1、A_2 的参考比较电压。

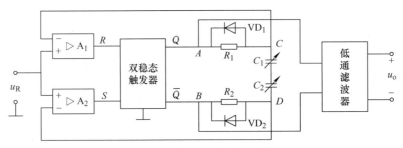

图 4-9 脉冲宽度调制电路

在电路初始状态时，设电容 $C_1 = C_2 = C_0$，当接通工作电源后双稳态触发器的 R 端为高电平，S 端为低电平，双稳态触发器的 Q 端输出高电平，$\overline{Q}$ 端输出低电平，此时 u_A 通过 R_1 对 C_1 充电，C 点电压 u_C 升高，当 $u_C > u_R$ 时，电压比较器 A_1 的输出为低电平，即双稳态触发器的 R 端为低电平，此时电压比较器 A_2 的输出为高电平，即 S 端为高电平。

双稳态触发器的 Q 端翻转为低电平，u_C 经二极管 VD_1 快速放电，很快由高电平降为低电平，$\overline{Q}$ 端输出为高电平，通过 R_2 对 C_2 充电，当 $u_D > u_R$ 时，电压比较器 A_2 的输出为低电平，即 S 端为低电平，电压比较器 A_1 的输出为高电平，即双稳态触发器的 R 端为高电平，双稳态触发器的 Q 端翻转为高电平，回到初始状态。如此周而复始，就可在双稳态触发器的两输出端各产生一宽度分别受 C_1、C_2 调制的脉冲波形，经低通滤波器后输出。当 $C_1 = C_2$ 时，线路上各点波形如图 4-10a 所示，A、B 两点间的平均电压为零。但当 C_1、C_2 值不相等时，如 $C_1 > C_2$，则 C_1 的充电时间大于 C_2 的充电时间，即 $t_1 > t_2$，电压波形如图 4-10b 所示。

$$t_1 = R_1 C_1 \ln \dfrac{u_H}{u_H - u_R} \qquad (4\text{-}17)$$

$$t_2 = R_2 C_2 \ln \dfrac{u_H}{u_H - u_R} \qquad (4\text{-}18)$$

式中，u_H 为触发器输出的高电平值；t_1 为电容 C_1 的充电时间；t_2 为电容 C_2 的充电时间。

设电阻 $R_1=R_2$，经低通滤波器后，获得的输出电压平均值为

$$u_o = \frac{C_1 - C_2}{C_1 + C_2} u_H \tag{4-19}$$

由上式可知，差动电容的变化使充电时间 t_1、t_2 不相等，从而使双稳态触发器输出端的矩形脉冲宽度不等，即占空比不同。

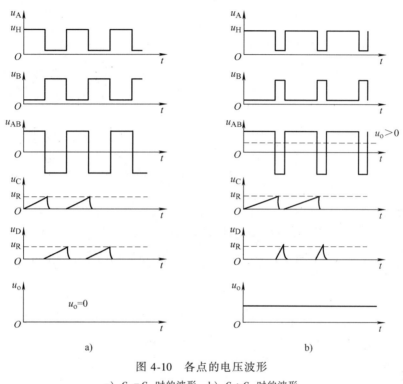

图 4-10 各点的电压波形
a) $C_1 = C_2$ 时的波形　b) $C_1 > C_2$ 时的波形

差动脉冲调宽电路能适用于任何差动式电容传感器，并具有理论上的线性特性。另外，差动脉冲调宽电路采用直流电源，其电压稳定性高，不需要稳频和波形纯度，也不需要相敏检波与解调；对元件无线性要求；经低通滤波器可输出较大的直流电压，对输出矩形波的纯度要求也不高。

5. 二极管双 T 形交流电桥

图 4-11 所示是二极管双 T 形交流电桥电路原理图。u 是高频电源，它提供幅值为 U_i 的对称方波，VD_1、VD_2 为特性完全相同的两个二极管，$R_1 = R_2 = R$，C_1、C_2 为传感器的两个差动电容。

当传感器没有输入时，$C_1 = C_2$，其电路工作原理如下：当 u 为正半周时，二极管 VD_1 导通、VD_2 截止，于是电容 C_1 充电，其等效电路如图 4-11b 所示；在随后负半周出现时，电容 C_1 上的电荷通过电阻 R_1、负载电阻 R_L 放电，流过 R_L 的电流为 I_1。当 u 为负半周时，VD_2 导通、VD_1 截止，则电容 C_2 充电，其等效电路如图 4-11c 所示；在随后出现正半周时，C_2 通过电阻 R_2、负载电阻 R_L 放电，流过 R_L 的电流为 I_2。根据上面所给的条件，则电流 $I_1 = I_2$ 且方向相反，在一个周期内流过 R_L 的平均电流为零。

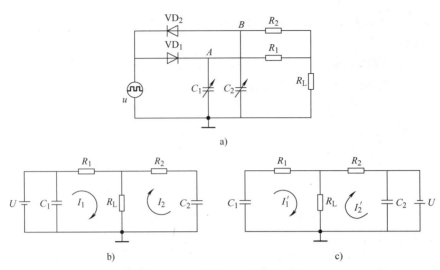

图 4-11 二极管双 T 形交流电桥
a) 连接电路 b) 等效电路 1 c) 等效电路 2

若传感器输入不为 0，则 $C_1 \neq C_2$，$I_1 \neq I_2$，此时在一个周期内通过 R_L 上的平均电流不为零，因此产生输出电压，输出电压在一个周期内平均值为

$$U_o = I_L R_L = \frac{1}{T}\int_0^T [I_1(t) - I_2(t)]\mathrm{d}t R_L \approx \frac{R(R+2R_L)}{(R+R_L)^2} R_L U f (C_1 - C_2) \quad (4\text{-}20)$$

式中，f 为电源频率 $f = 1/T_0$。

由式 (4-20) 可见，输出电压不仅与电源电压 U 的幅值大小有关，而且还与电源频率有关。因此，为保证输出电压比例于电容量的变化，除了要稳压外，还须稳频。这种电路的最大优点是线路简单，不需附加其他相敏整流电路，可直接得到直流输出电压。

4.3 电容式传感器的应用

电容式传感器可用来测量直线位移、角位移、振动振幅（测至 0.05μm 的微小振幅），尤其适合测量高频振动振幅、精密轴系回转精度、加速度等机械量，还可用来测量压力、差压力、液位、料面、粮食中的水分含量、非金属材料的涂层、油膜厚度、测量电介质的湿度、密度、厚度等。在自动检测和控制系统中也常常用来作为位置信号发生器。

1. 电容式加速度传感器

电容式加速度传感器的结构如图 4-12 所示。图中，4 为质量块，由两根弹簧片 3 支承，置于壳体 2 内，弹簧较硬使系统的固有频率较高，因此构成惯性式加速度计。

当传感器壳体随被测对象沿垂直方向做直线加速运动时，质量块在惯性空间中相对静止，两个固定极板 1 和 5 将相对于质量块在垂直方向产生大小正比于被测加速度的位移。此位移使两电容 C_1（质量块 4 和固定极板 5）、C_2（质量块 4 和固定极板 1）的间隙发生变化，一个增加，一个减小，从而使电容 C_1、C_2 产生大小相等、符号相反的增量，此增量正比于被测加速度。

电容式加速度传感器的主要特点是频率响应快、量程范围大，大多采用空气或其他气体作为阻尼物质。

2. 荷重传感器

电容式荷重传感器的结构如图 4-13 所示。它是在一块特种钢（一般采用镍铬钼钢）上，于同一高度并排平行打一些圆孔，孔的内壁以特殊的黏合剂固定两个截面为 T 形的绝缘体，保持其平行并留有一定间隙，在相对面上粘贴铜箔，从而形成一排平板电容。

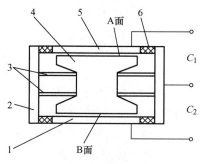

图 4-12 电容式加速度传感器结构图

1、5—固定极板 2—壳体 3—弹簧片
4—质量块 6—绝缘体

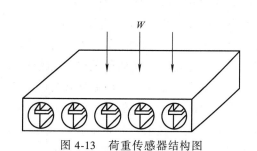

图 4-13 荷重传感器结构图

当圆孔受荷重变形时，电容值将改变，在电路上各电容并联，因此总电容量将正比于平均荷重 W。该种传感器具有误差较小，接触面影响小，测量电路可装在孔中工作稳定性好等优点。

3. 电容式差压传感器

图 4-14 所示为电容式差压传感器结构示意图。该传感器主要由一个活动电极、两个固定电极和三个电极的引出线组成。

活动电极为圆形薄金属膜片，它既是活动电极，又是压力的敏感元件；固定电极为两块中凹的玻璃圆片，在中凹内侧，即相对金属膜片侧镀上具有良好导电性能的金属层。

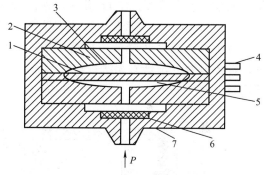

图 4-14 电容式差压传感器

1—金属膜片 2—玻璃圆片 3—金属涂层
4—输出端子 5—空腔 6—过滤器 7—壳体

当被测压力通过过滤器 6 进入空腔 5 时，金属膜片 1 在两侧压力差作用下，将凸向压力低的一侧。膜片和两个镀有金属涂层的玻璃圆片 2 之间的电容量便发生变化，由此便可测得压力差。这种传感器分辨率很高，常用于气、液的压力或压差及液位和流量的测量。

4. 电容测厚仪

电容测厚仪可以用来测量金属带材在轧制过程中的厚度，其工作原理如图 4-15 所示。在被测金属带材的上、下两侧各放置一块面积相等、与带材距离相等的定极板，定极板与金属带材之间就形成了两个电容器 C_1 和 C_2。把两块定极板用导线连接起来，就相当于 C_1 与 C_2 并联，总电容 $C_x = C_1 + C_2$。如果带材厚度发生变化，则引起极距 d_1、d_2 电容的变化，从而导致总电容 C_x 的改变，用交流电桥将电容的变化检测出来，经过放大，即可由显示仪表显示出带材厚度的变化。使用上、下两个极板是为了克服带材在传输过程中的上下波动带来的误差。例如，当带材向下波动时，C_1 增大，C_2 减小，C_x 基本不变。

5. 电容式接近开关

电容式接近开关的核心是以电容极板作为检测端的电容器，图 4-16 所示为电容式接近开关的结构示意图。

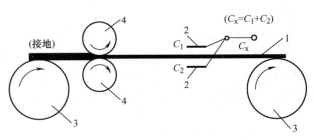

图 4-15　电容测厚仪示意图
1—金属带材　2—电容极板　3—导向轮　4—轧辊

检测极板设置在接近开关的最前端，测量转换电路安装在接近开关壳体内，用介质损耗很小的环氧树脂填充、灌封。当没有物体靠近检测极板时，检测极板与大地间的电容 C 非常小，它与电感 L 构成高品质因数（Q）的 LC 振荡电路，$Q = 1/(\omega CR)$。当被检测物体为地电位的导电体（如与大地有很大分布电容的人体、液体等）时，检测极板对地电容 C 增大，LC 振荡电路的 Q 值将下降，导致振荡器停振。

当不接地、绝缘被测物体接近检测极板时，由于检测极板上施加有高频电压，在它附近产生交变电场，被检测物体就会受到静电感应，而产生极化现象，正负电荷分离，使检测极板的对地等效电容增大，使 LC 振荡电路的 Q 值降低。对能量损耗较大的介质（如各种含水有机物），它在高频交变极化过程中是需要消耗一定能量的，该能量是由 LC 振荡电路提供的，必然使 Q 值进一步降低，振荡减弱，振荡幅度减小。当被测物体靠近到一定距离时，振荡器将会因 Q 值低到无法维持振荡而停振。根据输出电压 U_o 的大小，可大致判定被测物接近的程度。

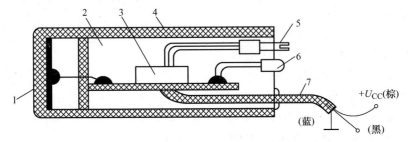

图 4-16　圆柱形电容式接近开关的结构示意图
1—检测极板　2—填充树脂　3—测量转换电路　4—塑料外壳　5—灵敏度调节电位器
6—工作指示灯　7—信号电缆

6. 电容式油量表

图 4-17 为电容式油量表的示意图，可以用于测量油箱中的油位。当油箱中无油时，电容传感器的电容 $C_x = C_{x0}$，调节匹配电容使 $C_0 = C_{x0}$，并使电位器 RP 的滑动臂位于 O 点，即 RP 的电阻值为 0。此时，电桥满足 $C_x/C_0 = R_2/R_1$ 的平衡条件，电桥输出为 0，伺服电动机不转动，油量表指针偏转角 $\theta = 0°$。

当油箱中注满油时，液体上升至 h 处，$C_x = C_{x0} + \Delta C_x$，而 ΔC_x 与 h 成正比，此时电桥失去平衡，电桥的输出电压 U_o 经放大后驱动伺服电动机，再由减速箱减速后带动指针顺时针偏转，同时带动 RP 的滑动臂移动，从而使 RP 阻值增大。当 RP 阻值达到一定值时，电桥

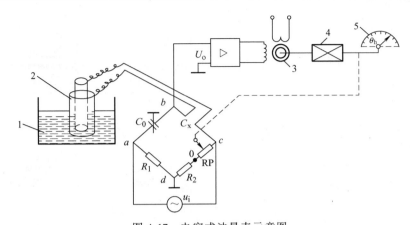

图 4-17　电容式油量表示意图
1—油料　2—电容器　3—伺服电动机　4—减速器　5—指示表盘

又达到新的平衡状态，$U_o=0$，于是伺服电动机停转，指针停留在转角为 θ_x 处。

由于指针及可变电阻的滑动臂同时为伺服电动机所带动，因此，RP 的阻值与 θ 间存在着确定的对应关系，即 θ 正比于 RP 的阻值，而 RP 的阻值又正比于液位高度 h，因此可直接从刻度盘上读得液位高度 h。

当油箱中的油位降低时，伺服电动机反转，指针逆时针偏转（示值减小），同时带动 RP 的滑动臂移动，使 RP 阻值减小。当 RP 阻值达到一定值时，电桥又达到新的平衡状态，$U_o=0$，于是伺服电动机再次停转，指针停留在与该液位相对应的转角口处。由此可判断油箱的油量。

4.4　电容式集成传感器

电容式集成传感器采用集成工艺制作，电容器尺寸很小，并将电容器与信号处理电路集成在一起，芯片内采用温度补偿技术解决半导体受温度影响的问题。

4.4.1　硅电容式集成传感器

1. 硅电容式集成传感器结构及工作原理

硅电容式集成传感器由压力敏感电容器、转换电路和辅助电路组成，其中压力敏感电容器是核心部件，它所传感的电容量信号经转换电路转换成电压信号，再由辅助（调理）电路处理后输出。

硅电容式集成传感器的核心部分是压力敏感电容器，其结构如图 4-18 所示，它是在玻璃基底上镀一层金属铝（Al）膜作为电容器的一个极板，在硅片上是电容器的另一个极板，硅（Si）膜厚几十微米。电容器的电容量由两个电容极板的面积和间距 d 决定，极板间介质为空气，当硅膜片因为受力而变形时，电容的变化量 ΔC 与压力差 ΔP 的大小有关。

实际的硅压力敏感电容传感器是在一个硅膜上制作两个尺寸相同的圆形电容器，分别为受力电容、参考电容，电容大小分别为 C_x、C_0。其中，C_x 是受力电容。C_0 为参考电容。两个电容的硅膜片半径均为 a，极板半径为 b，电容极板间距为 d。参考电容不受外力作用，只用于补偿温度影响。硅压力敏感电容传感器示意图如图 4-19 所示。

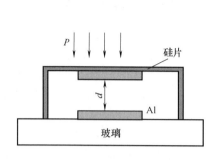
图 4-18 压力敏感电容器的结构

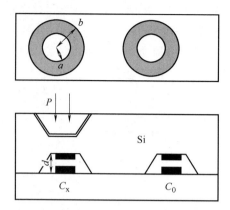
图 4-19 硅压力敏感电容传感器示意图

当硅膜片两侧因为压力差而存在受力变形时,电容两极间距的变化就会引起电容变化。理论证明,当硅膜片变形量小于两极板间距时,压力差与变形量呈线性关系。

2. 硅电容式集成传感器内部电路

硅电容式集成传感器内部电路采用二极管检波方式,电路原理如图4-20所示。由于扩散硅电容 C_x 小,压力作用产生的电容值变化 ΔC 很小,在 0.1~10pF 量级,因此需要测量电路有相当高的灵敏度和低零点漂移。因为分立元件的引线分布电容就有几十皮法,远大于传感器电容,所以不可能直接将电容接入测量电路,必须采用集成电路构成测量系统。

实际芯片是将 C_x、C_0 与二极管($VD_1 \sim VD_4$)集成在一起,构成理想

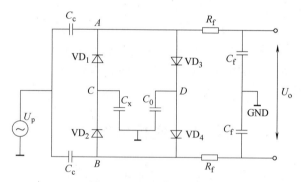
图 4-20 二极管检波电路

电容式压力传感器,电路将电容的变化转换为电压输出。电路由交流激励,输入是方波或正弦波,峰值电压为 U_p,电源交流激励通过耦合电容 C_c 提供电桥电压,再把压敏电容的变化转换成直流电压输出。压敏电容 C_x 由 4 个二极管隔离,使 4 个二极管之外的杂散电容不会对它产生影响。电路中 A 点和 B 点的信号是共模的(相差180°),耦合电容 $C_c \gg C_x$,若 C_c 较大,A 点和 B 点的信号幅值基本就是 U_p,C_f、R_f 分别是滤波电路的电容和电阻。无外力作用时 $C_x = C_0$,在交流激励的正半周期内,电荷从 B 点经 VD_2 对 C_x 充电,同时也有电荷从 A 点经 VD_3 对 C_0 充电;在交流激励的负半周期内,C_x 上电荷经 VD_1 向 A 点放电,同时 C_0 经 VD_4 向 B 点放电;在一个周期内无外力作用时,电荷 Q_{BA} 从 B 点经 C_x 转移到 A 点,同时 Q_{AB} 从 A 点经 C_0 转移到 B 点;因为 $C_x = C_0$,转移的电荷量相等,A、B 两处电位相等,输出为零。被测压力变化时,$C_x \neq C_0$,结果 $Q_{BA} \neq Q_{AB}$,使 A、B 两点有静电荷积累。另外,两点的直流电位一个升高,一个降低,这种变动又使电荷量的转移量一边减小,一边增加。经过若干周期后,A、B 两点的电势差平衡了电容的差别(即 $\Delta C = C_x - C_0$)引起的效应。当一个周期内 A、B 两点转移的电荷量相等时,电荷转移又达到动态平衡,电荷量 $Q = CU$ 达到

动态平衡后,设 A、B 两点的直流电位差为 U_o,A 点直流电位为 $U_o/2$,B 点直流电位为 $-U_o/2$(电流方向相反)。两个直流电位分别叠加有交流的激励信号。该信号由 R_f 和 C_f 构成的低通滤波器滤掉交流激励的高频信号,最后只留下一个直流信号分量 U_o。

若考虑 C、D 点寄生电容 C_p 的影响,通过适当选择 C_0 使压力为零时 C_0 与 C_x 值相等,可保证在初始状态的输出 $U_o = 0$。这种电路性能较优越,但二极管正向压降会影响灵敏度,实际解决办法是将 4 个二极管换成 4 个 MOS 晶体管,MOS 晶体管导通压降小于普通二极管。

3. 硅电容式集成传感器应用

硅电容式集成传感器广泛用于气体压力和加速度测量。图 4-21 是一款 MPXY8020A 胎压监测智能集成传感器的内部电路,它由一个变容压力传感器元件、一个温度传感元件和一个界面电路(具有唤醒功能)组成,所有这 3 个元件都集成在单块芯片中。MPXY8020A 可与遥控车门开关(RKE)系统结合使用,提供一个高度集成的低成本系统。

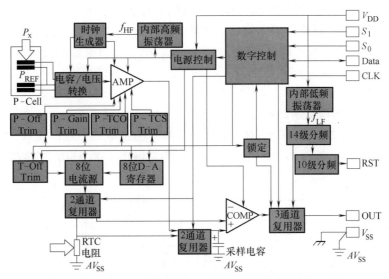

图 4-21 MPXY8020A 胎压监测智能集成传感器内部电路

4.4.2 电容式指纹传感器

每个人的十指指纹都不相同,每个指纹一般都有 70~150 个基本特征点,在两枚指纹中只要有 12~13 个特征点吻合,即可认定二者为同一指纹。而以此找出两枚完全一样的指纹需要 120 年,人类人口按 60 亿计算,大概需要 300 年才可能出现重复的指纹。因此,想找到两个完全相同的指纹几乎是不可能的。

指纹特征一般分为总体特征和局部特征。总体特征包括纹形、特征点的分类、方向、曲率、位置。由于每个特征点都有大约 7 个特征,因此 10 根手指具有最少 4900 个独立可测量的特征。基于指纹的多样性特征和不可复制性,每个指纹都具有唯一性,利用指纹进行身份认证,可完全杜绝钥匙和 IC 卡被盗用或密码被破解等导致他人非法进入的现象。

由于指纹具有唯一性,使其成为个人身份识别的一种有效手段,将人的指纹采集下来输入计算机进行自动指纹识别。

指纹图像的获取有两类方法,一是使用墨水和纸的传统方法;二是利用设备取像,这种方法又分为光学设备取像、晶体传感器取像和超声波取像。光学设备取像是指利用光的全反射原理并使用 CCD 器件来获得指纹的图像，其优点是图像效果较好，器件本身耐磨损，但缺点是成本高、体积大。晶体传感器分为电容式和压感式，用它可获取较好的图像质量，也可以采用自动获取控制技术和软件调整的方法来改善图像质量。晶体传感器的体积和功耗都比较小，成本也比光学设备低廉。

电容式指纹传感器芯片具有体积小、成本低、安全性高等优点，可广泛应用于任何需要安全性认证的领域，如银行、计算机网络、指纹门禁、指纹考勤等许多方面。

1. FPS 系列电容式指纹传感器

美国 Veridicom 公司开发生产了第一代 CMOS 固态指纹传感器 FPS100、FPS100A；第二代 CMOS 固态指纹传感器 FPS110、FPS110B；第三代 CMOS 固态指纹传感器 FPS200。该系列指纹传感器属于由敏感阵列构成的集成化接触式指纹传感器，可广泛用于便携式指纹识别仪、网络、数据库工作站的保护装置、自动柜员机、智能卡、手机、计算机等身份识别器。

现以 FPS110 为例，该器件表面集合了 300×300 个电容器，其外面是绝缘表面。当用户的手指放在上面时，由皮肤组成电容阵列的另一面，电容器的电容值会随导体间的距离而改变，这里指的是指纹脊（近）和谷（远）相对于另一极之间的距离，通过读取充放电之后的电容差值来获取指纹图像。

2. FPS110 内部结构与接口电路

FPS110 电容式指纹传感器提供 8bit 微处理器相连的接口，并且内置有 8bit 高速 A-D 转换器，可直接输出 8bit 灰度图像。芯片功耗小于 200mW。FPS110 内部功能结构框图如图 4-22 所示。

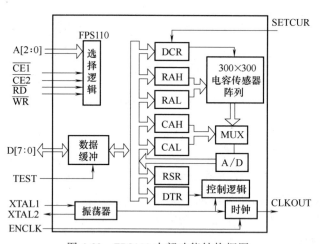

图 4-22 FPS110 内部功能结构框图

传感器的每一列都有两个采样-保持电路，一个用来存储放电前电容两端的电压，另一个用来存储放电后电容两端的电压。两个采样-保持电路的差值可以度量电容的变化，该传感器的灵敏度可以通过调整放电时间和放电电流来校正，而对放电时间和放电电流的修改又可以通过读写传感器内部的放电电流寄存器和放电时间寄存器来进行。传感器阵列数据读出是以行为单位的，一行 300 个图像数据被同时读出，也可以通过编程来修改行高阶地址寄存器和行低阶地址寄存器中的数据以指定待读取的行，一行的数据采集完毕，要对这些数据进行数-模转换。这就需要通过编程来改变列高阶地址寄存器和列低阶地址寄存器的值,以逐个读出每个单元的模拟量并送到内置的 8bit A-D 转换器进行处理。图 4-23 为 FPS110 电容式指纹传感器外形和采集的指纹图像。

3. 电容式指纹传感器的应用

指纹识别目前最常用的是电容式传感器,也称为第二代指纹识别系统,由于它的体积小、成本低、成像精度高、耗电量小等特点,因此非常适合在消费类电子产品中使用。

图 4-23　FPS110 电容式指纹传感器外形和采集的指纹图像

指纹识别主要分为四个阶段:读取指纹、提取特征、保存数据和比对确认。首先,通过指纹识别器的读取设备读取指纹图像。在获取指纹图像之后,识别芯片会对图像进行初步处理,使之更加清晰可辨。然后,指纹辨识软件将建立指纹的"数字表示特征"数据,从指纹转换成特征数据。两枚不同的指纹会产生不同的特征数据,基于每个人的指纹都具有唯一性,利用指纹可以进行身份认证。

4.5　实训

4.5.1　实训 1　电容式传感器特性测试

1. 实训目的

掌握差动变面积式电容传感器的原理及特性。

2. 实训器材

电容传感器、电压放大器、低通滤波器、电压表、示波器。

3. 原理与步骤

(1) 原理

电容式传感器有多种形式,差动变面积式传感器由两组定片和一组动片组成。当动片上下改变位置,与两组静片之间的重叠面积发生变化时,极间电容也会发生相应的变化,成为差动电容。两电容分别为电容 C_{x1} 和电容 C_{x2},将 C_{x1} 和 C_{x2} 接入桥路作为相邻两臂时,桥路的输出电压与电容的变化有关,即与动片和静片的位置有关。

(2) 步骤

1) 差动放大器调零。

2) 根据图 4-24 接线,开启电源,调节电容在两个定片中间位置(旋转测微头),使输出为零。

3) 以此为起点上下移动动片,通过位移变化测量由于电容的变化引起的电压输出变化,每次变化 1mm,直至电容动片与上(或下)静片重合面积为最大为止。

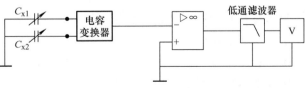

图 4-24　电容式传感器特性测试接线图

4）记下位移读数及电压表的读数填入表 4-1，计算系统灵敏度并做出 U–X 曲线。

表 4-1 电容式传感器特性测试数据记录表

X/mm	−5	−4	−3	−2	−1	0	1	2	3	4	5
U/mV											

4.5.2　实训 2　电容感应式控制电路的制作

1. 实训目的

1）掌握电容感应式控制电路的组成。

2）会调试电容感应式控制电路，能进行简单的故障处理。

2. 实训电路组成及原理

电容感应式控制电路如图 4-25 所示，集成电路 CD4093 内部由 4 个"与非"门电路组成。R_1、C_1 及 CD4093 的一个与非门（①、②、③脚）构成 400Hz 方波振荡器，振荡器输出的方波分成两路：一路直接送入一个与非门输入端（⑥脚；另一路经电容 C_2 送入另一个与非门输入端⑨脚。由于内部为与非门的形式，所以它的输入、输出端电位相差 180°，④输出的信号经 C_3、C_4 耦合至另一个与非门的输入端。由于两个输入端的电平相同，相位相反，因此只要振动器正常振荡，IC 的⑧、⑨两个输入端至少有一个为低电平，故输出端⑩为稳定的高电平，由于 C_6 的作用，VT_1 截止。但是如取消⑧、⑨任何一个输入端的输入信号或使该信号幅度降到低于门电路的输入阈值电平时，输出端⑩就会输出方波信号。

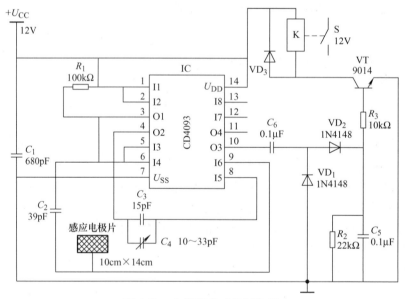

图 4-25　电容感应式控制电路

当有导体接近感应电极片时，就会使由 C_2 耦合到输入端⑨脚的部分信号被分流到地，若被分流后的信号幅度低于与非门输入端的阈值电平，输出端⑩就会输出方波信号，该信号经 VD_1、VD_2 整流后就会使晶体管 VT 导通，接通继电器的电源使之吸合。

3. 实训电路元器件

集成芯片 IC：CD4093。

二极管 VD_1、VD_2、VD_3：选用 1N4148。
晶体管 VT：选用 9014 晶体管。
继电器：选用 12VJQC—3FF 型。
感应电极片：10cm×14cm。
其他元件如图标示。

4. 实训电路制作

1）检查电路元器件正常后，按图 4-25 连接电路。
2）感应电极片可以用金属易拉罐剪制。
3）电容 C_4 是灵敏度调节电容，若需要该电路以最大灵敏度工作时，可以先调节 C_4 使继电器刚好吸合，再调节 C_4 使继电器刚好断开，然后用高频蜡或绝缘漆把 C_4 封牢即可。
4）电路所用 CD4093 为 CMOS 集成电路，很容易被电烙铁所带的静电击穿，在制作时，最好先焊一个集成电路插座，待电路经检查无误后再把 CD4093 插入插座。

4.6 习题

1. 填空题

(1) 改变电容器电容 C 的方法有改变介质的_____、改变形成电容的_____、改变两个极板间的_____。
(2) 变极距型电容传感器的灵敏度与_____成反比，_____越小，灵敏度越高。
(3) 变面积型电容传感器的输出特性是_____，适合测量较大的位移。
(4) 变介电常数型电容传感器的_____和_____不变，被测量的变化使其极板之间的_____发生变化。
(5) 电桥转换电路是将电容传感器的两个电容作为交流电桥的两个桥臂，通过电桥把_____转换成电桥_____的变化。
(6) 调频电路实际上是把电容式传感器作为振荡器_____的一部分，当输入量导致_____发生变化时，振荡器的_____就会发生变化。
(7) 变极距型电容传感器的电容与极距之间的关系为_____关系，利用反相比例运算放大器可以使转换电路的输出电压与极距之间的关系变为_____关系。

2. 根据电容式传感器工作原理，可将其分为几种类型？每种类型各有什么特点？
3. 如何改善单极式变极距电容传感器的非线性？
4. 常用的电容式传感器的测量转换电路有哪几种？各有什么特点？
5. 简述电容测厚传感器系统的工作原理？
6. 简述硅电容式集成传感器的结构及工作原理。
7. 已知平行板电容传感器的两极板间距离为 10mm，$\varepsilon = 50\mu F/m$，真空介电常数等于 $8.854×10^{-12} F/m$，两极板几何尺寸一样，为 30mm×20mm×5mm，在外力作用下，其中活动极板在原位置上向外移动了 10mm，试求 ΔC 和 K。
8. 一个用于位移测量的电容式传感器，两个极板是边长为 5cm 的正方形，间距为 1mm，气隙中恰好放置一个边长 5cm、厚度 1mm、相对介电常数为 4 的正方形介质板，该介质板可在气隙中自由滑动。试计算当输入位移（即介质板向某一方向移出极板相互覆盖部分的距离）分别为 0.0cm、2.5cm、5.0cm 时，该传感器的输出电容值。

第5章 压电式传感器

前面介绍的电阻式、电感式和电容式传感器都是无源元件，它们需要电源才能产生与被测量有关的电信号输出，而压电式传感器是一种典型的有源传感器，是基于某些介质材料的压电效应原理工作的，它是将被测量变化转换成材料受机械力产生静电电荷或电压变化的传感器。

压电式传感器的体积小、质量小、结构简单、工作可靠，适用于动态力学量的测量，目前多用于加速度和动态力或振动压力的测量。

5.1 压电效应与压电材料

5.1.1 压电效应

某些电介质物体在某方向受压力或拉力作用产生形变时，表面会产生电荷；外力撤销后，又回到不带电状态，这种现象称为压电效应。当作用力方向改变时，电荷极性随之改变，把这种机械能转化为电能的现象，称为"正压电效应"；反之，当在电介质极化方向施加电场，这些电介质会产生几何变形，这种现象称为"逆压电效应"。具有压电效应的物体称为压电材料，如天然的石英晶体、人造压电陶瓷等。

利用压电效应的可逆性，可以实现机-电能量的相互转换，如图5-1所示。

图 5-1 压电效应示意图

例如，石英晶体的压电效应。图5-2所示为天然结构的石英晶体外形，图5-2a是正六面体，用3根互相垂直的轴来表示，其中纵向轴 Z 称为光轴；经过正六面体棱线，并垂直于光轴的 X 轴称为电轴；与 X 轴和 Z 轴同时垂直的 Y 轴称为机械轴。通常把沿电轴 X 方向的力作用下产生电荷的压电效应称为纵向压电效应，把沿机械轴 Y 方向的力作用下产生电荷的压电效应称为横向压电效应，而沿光轴 Z 方向受力时不产生压电效应。

若从晶体上沿 Y 方向切下一块图5-2c所示的晶片，当沿电轴方向施加作用力 F_X 时，在与电轴 X 垂直的平面上将产生电荷，其电荷量为

$$Q_X = d_{11} F_X \tag{5-1}$$

式中，d_{11} 为 X 方向上受力的压电常数；一般 $d_{11} = 2.3 \times 10^{-12}$ C/N。

Q_X 的符号是由 F_X 是压力还是拉力决定的，从式（5-1）可以看出，当晶体切片受到 X 方向的压力作用时，Q_X 与作用力 F_X 成正比，而与晶体切片的几何尺寸无关。电荷的极性如图5-3a、b所示。

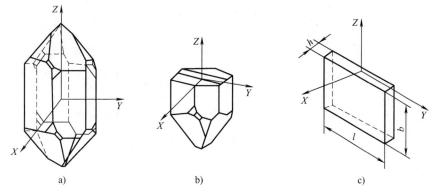

图 5-2 石英晶体外形

a）左旋石英晶体　b）石英晶体的晶轴　c）石英晶体切片

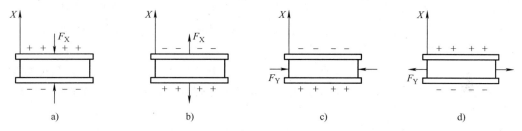

图 5-3 石英晶体切片受力后电荷的极性

a）X 方向受压　b）X 方向受拉　c）Y 方向受压　d）Y 方向受拉

如果作用力在同一个晶体切片上是沿着机械轴的方向，其电荷仍在与 X 轴垂直平面上出现，其极性如图 5-3c 所示，此时电荷量为

$$Q_Y = d_{12} \frac{l}{h} F_Y \tag{5-2}$$

式中，l 和 h 分别为晶体切片的长度和厚度；d_{12} 为石英晶体 Y 轴方向上受力的压电常数。

由式（5-2）可见，沿机械轴方向的力作用在晶体上时，产生的电荷与晶体切片的尺寸有关，而且沿 Y 轴的压缩力产生的电荷与沿 X 轴施加的压缩力所产生的电荷极性相反。

在片状压电材料的两个电极面上，如果加以交流电压，会在压电片上产生机械振动，使压电片在电极方向上有伸缩现象，将这种现象称为电致效应，也称逆压电效应。

具有压电效应的电介质物质称为压电材料。在自然界中，大多数晶体都具有压电效应。由于在压电材料上产生的电荷只有在无泄漏的情况下才能保存，因此压电式传感器不能用于静态测量。压电材料在交变力的作用下，电荷可以不断补充，以供给测量回路一定的电流，所以可适用于动态测量。

压电元件具有自发电和可逆两种重要性能，因此，压电式传感器是一种典型的"双向"传感器。它的主要缺点是无静态输出，阻抗高，需要低电容、低噪声的电缆。

5.1.2 压电材料

1. 压电材料的主要特性参数

能够明显呈现压电效应的敏感材料称为压电材料。它是物性型的，物性型传感器的性能随材料的不同而不同（这与结构型传感器不同），为了更好地了解各种压电材料的特性，以便选择合适的压电材料来制作传感器，必须了解压电材料的主要特性参数。

1) 压电常数。压电常数是衡量材料压电效应强弱的参数，它直接关系到压电输出的灵敏度。

2) 弹性常数。压电材料的弹性常数、刚度决定着压电器件的固有频率和动态特性。

3) 介电常数。对于一定形状、尺寸的压电元件，其固有电容与介电常数有关，而固有电容又影响着压电传感器的频率下限。

4) 机械耦合系数。在压电效应中，其值等于转换输出能量（如电能）与输入能量（如机械能）之比的平方根，它是衡量压电材料机电能量转换效率的一个重要参数。

5) 绝缘电阻。压电材料的绝缘电阻能减少电荷泄漏，从而改善压电传感器的低频特性。

6) 居里点。压电材料开始丧失压电特性的温度称为居里点。

制作压电式传感器时选择合适的压电材料是关键，所选用的压电材料应具有下列性能：①大的压电系数和压电常数，有较好的转换性能；②机械强度高，刚度大，有较高的固有振动频率；③高电阻率和大的介电常数，以减弱外部分布电容的影响，获得良好的低频特性；④高的居里点，以期得到较宽的工作温度范围；⑤温度、湿度和时间稳定性好，不随时间蜕变。

2. 压电材料的分类及特性

在自然界中，大多数晶体都具有压电效应，但压电效应十分微弱。应用于压电式传感器中的压电元件材料一般有三类：压电晶体、经过极化处理的压电陶瓷和高分子压电材料。

（1）压电晶体

1) 石英晶体。石英晶体是一种性能良好的压电材料，它的突出优点是性能非常稳定，介电常数与压电系数的温度稳定性特别好，且居里点高，可达到575℃。此外，它还具有很大的机械强度和稳定的机械性能、绝缘性能好、动态响应快、线性范围宽、迟滞小等优点。但石英晶体的压电常数小（$d_{11}=2.31\times10^{-12}$C/N），灵敏度低，且价格较贵，所以只在标准传感器、高精度传感器或高温环境下工作的传感器中作为压电元件使用。石英晶体分为天然晶体与人造晶体两种。天然石英晶体性能优于人造石英晶体，但天然石英晶体价格较贵。

2) 水溶性压电晶体。最早发现的是酒石酸钾钠（$NaKC_4H_4O_6\cdot4H_2O$），它有很大的压电灵敏度和很高的介电常数，压电常数 $d_{11}=3\times10^{-9}$C/N，但是它易于受潮，机械强度低，电阻率也低，因此只限于室温（低于45℃）且湿度低的环境下应用。

3) 铌酸锂（$LiNbO_3$）晶体。通过人工提拉制成，铌酸锂压电晶体与石英相似，也是一种单晶体，为无色或浅黄色。由于它是单晶，所以时间稳定性远比多晶体的压电陶瓷好，它的居里点为1200℃左右，远比石英和压电陶瓷的高，所以在耐高温的传感器上有广泛的应用前景。

（2）压电陶瓷

压电陶瓷是人工制造的多晶体压电材料。材料内部的晶粒有许多自发极化的电畴，它有一定的极化方向，从而存在电场。在无外电场作用时，电畴在晶体中杂乱分布，它们各自的极化效应被相互抵消，压电陶瓷内极化强度为零。因此原始的压电陶瓷呈中性，不具有压电性质，如图5-4a所示。

在压电陶瓷上施加外电场时，电畴的极化方向发生转动，趋向于按外电场方向的排列，从而使材料得到极化。外电场越强，就有越多的电畴完全地转向外电场方向。当外电场强度大到使材料的极化达到饱和的程度，即所有电畴极化方向都整齐地与外电场方向趋向一致时，在外电场去掉后，电畴的极化方向基本不变化，即剩余极化强度很大，这时的材料才具有压电特性，如图5-4b所示。

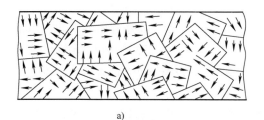 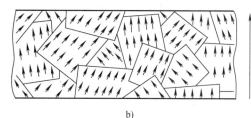

图 5-4 压电陶瓷的内部极化图
a) 未极化 b) 电极化

与石英晶体相比,压电陶瓷的压电常数很高,具有烧制方便、耐湿、耐高温、易于成型等特点,制造成本很低。因此,实际应用中的压电传感器,大多采用压电陶瓷材料。压电陶瓷的缺点是,居里点较石英晶体要低 200~400℃,性能没有石英晶体稳定。但随着材料科学的发展,压电陶瓷的性能正在逐步提高。

常用的压电陶瓷有钛酸钡压电陶瓷、锆钛酸铅系列压电陶瓷(PZT)、铌酸盐系列压电陶瓷和铌镁酸铅压电陶瓷四大类。

1)钛酸钡($BaTiO_3$)压电陶瓷。钛酸钡由 $BaCO_3$ 和 TiO_2 二者在高温下合成,具有较高的压电常数($107×10^{-12}$C/N)和相对介电常数(1000~5000),但居里点较低(约为 120℃),机械强度不如石英晶体,由于它的压电常数较高(约为石英的 50 倍),所以得到广泛应用。

2)锆钛酸铅系列压电陶瓷(PZT)。锆钛酸铅压电陶瓷是钛酸铅和锆酸铅材料组成的固熔体。它有较高的压电常数 [$d_{11}=(200~500)×10^{-12}$C/N] 和居里点(300℃ 以上),工作温度可达 250℃,是目前经常采用的一种压电材料。在上述材料中掺入微量的镧(La)、铌(Nb)或锑(Sb)等元素,可以得到不同性能的材料。PZT 是工业中应用较多的压电材料。

3)铌酸盐系列压电陶瓷。该系列是以铁电体铌酸钾($KNbO_3$)和铌酸铅($PbNbO_3$)为基础的,铌酸铅具有很高的居里点(570℃)和低的介电常数;铌酸钾是通过热压过程制成的,它的居里点也较高(435℃),特别适用于 10~40MHz 的高频换能器。

近年来,铌酸盐系压电陶瓷在水声传感器方面有了很好的应用,如深海水听器。

4)铌镁酸铅压电陶瓷(PMN)。铌镁酸铅具有较高的压电常数 [$d_{11}=(800~900)×10^{-12}$C/N] 和居里点(260℃),它能在压力大至 70MPa 时正常工作,因此可作为高压下的力传感器。

(3)高分子压电材料

某些合成高分子聚合物薄膜经延展拉伸和电场极化后,具有一定的压电性能,这类薄膜称为高分子压电薄膜。目前出现的压电薄膜有聚偏氟乙烯(PVDF)、聚氟乙烯(PVF)、聚氯乙烯(PVC)等。这些都是柔软的压电材料,不易破碎,可以大量生产和制成较大的面积。

5.2 压电式传感器概述

5.2.1 压电式传感器的连接

压电式传感器的基本原理就是利用压电材料的压电效应这个特性,即当有力作用在压电元件上时，传感器就有电荷（或电压）输出。

由于外力作用在压电材料上所产生的电荷只有在无泄漏的情况下才能保存，故需要测量回路具有无限大的输入阻抗，这实际上是不可能的，因此，压电式传感器不能用于静态测量。如果压电材料在交变力的作用下，电荷可以不断补充，以供给测量回路一定的电流，故适用于动态测量。

考虑到单片压电元件产生的电荷量甚微，输出电量很少，因此在实际使用中常采用两片（或两片以上）同型号的压电元件组合在一起。因为压电材料产生的电荷是有极性的，所以压电元件的接法有两种，如图5-5所示。图5-5a是两个压电片的负端粘接在一起，中间插入的金属电极成为压电片的负极，正电极在两边的电极上，从电路上看，这是并联接法，类似两个电容的并联，所以，电容量增加了1倍，外力作用下正负电极上的电荷量增加了1倍，输出电压与单片时相同。图5-5b是两压电片不同极性端粘接在一起，从电路上看是串联的，两压电片中间粘接

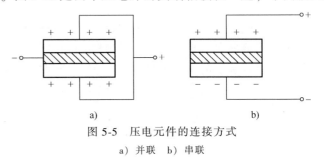

图 5-5　压电元件的连接方式
a）并联　b）串联

处正负电荷中和，上、下极板的电荷量与单片时相同，总电容为单片的1/2，输出电压增大了1倍。

由上可见，压电元件并联接法输出电荷多、本身电容大、时间常数大，适宜用在测量缓慢变化的信号并且以电荷作为输出量的场合；而压电元件串联接法输出电压高、本身电容小，适宜用于以电压作为输出信号，并且测量电路输入阻抗很高的场合。

压电元件作为压电式传感器的核心，在受外力作用时，其受力和变形方式大致有厚度变形、长度变形、体积变形和厚度剪切变形等几种形式，最常用的是厚度变形的压缩式和剪切变形的剪切式两种。

5.2.2　压电式传感器的等效电路

压电传感器的压电元件，在受到外力作用时，会在一个电极表面聚集正电荷，在另一表面聚集负电荷，因此，压电式传感器可以看成一个电荷发生器，或者看成一个电容器。若已知压电片面积为S，压电片厚度为b，压电材料的相对介电常数为ε，等效电容器的电容值为

$$C_a = \frac{\varepsilon S}{b} \tag{5-3}$$

压电元件两侧电荷Q的开路电压U可等效为电压源与电容串联，或等效为电荷源和电容并联。电容上的电压U、电荷量Q与等效电容C_a三者关系可表示为

$$U = \frac{Q}{C_a} \tag{5-4}$$

压电元件作为压力传感器使用时，有两种等效电路形式，如图5-6所示。图5-6a为电荷源等效电路，图5-6b是电压源等效电路，从等效电路可见，只有在外电路负载R_L无穷大

($R_L \to \infty$),且内部无漏电时,受力产生的电荷或电压才能长期保存下来,如果负载不是无穷大($R_L \neq \infty$),电路将按时间常数 $R_L C_a = \tau$ 以指数规律放电,而这种结果必然带来测量误差。

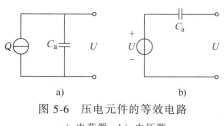

图 5-6 压电元件的等效电路
a)电荷源 b)电压源

实际上传感器内部不可能没有泄漏,负载也不可能无穷大,只有在工作频率较高时,传感器电荷才能得以补充。从这个意义上说,压电式传感器不适合做静态信号测量。压电元件只有在交变力的作用下,电荷才能源源不断地产生,可以供给测量回路以一定的电流,故只适用于动态测量。

实际应用中,压电式传感器在连接测量电路时,还要考虑连接电缆等效电容 C_c、前置放大器输入电阻 R_i、输入电容 C_i 以及传感器泄漏电阻 R_a 的影响。压电传感器泄漏电阻 R_a 与前置放大器输入电阻 R_i 并联,为保证传感器有一定的低频响应,要求传感器的泄漏电阻在 $10^{12}\Omega$ 以上,使 $R_L C_a$ 足够大。与此相适应,测试系统应有较大的时间常数,也就是要求前置放大器有相当高的输入阻抗。图 5-7 为压电元件实际等效电路。

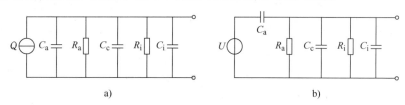

图 5-7 压电元件实际的等效电路图
a)电荷源实际等效电路 b)电压源实际等效电路

5.2.3 压电式传感器的测量电路

压电式传感器的内阻很高,而输出的信号微弱,因此一般不能直接显示和记录。它要求与高输入阻抗的前置放大电路配合,然后再与一般的放大、检波、显示、记录电路连接,这样,才能防止因电荷的迅速泄漏而使测量误差减少。

压电式传感器的前置放大器的作用有两个:一是把传感器的高阻抗输出变为低阻抗输出;二是把传感器的微弱信号进行放大。

根据压电式传感器的工作原理及等效电路,它的输出可以是电荷信号,也可以是电压信号,因此与之配套的前置放大器也有电荷放大器和电压放大器两种形式。由于电压前置放大器的输出电压与电缆电容有关,故目前多采用电荷放大器。

1. 电荷放大器

为解决压电传感器电缆分布电容对传感器灵敏度的影响和低频响应差的缺点,可采用电荷放大器与传感器连接,压电传感器与电荷放大器连接的等效电路如图 5-8 所示。

电荷放大器实际上是一个具有深度负反馈的,自增益运算放大器。图中 C_f、R_f 分别为电荷放大器的反馈电容和反馈电阻。在理

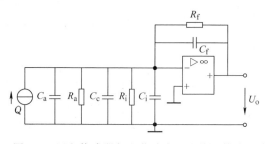

图 5-8 压电传感器与电荷放大器连接的等效电路

想情况下,放大器的输入电阻和反馈电阻都等于无穷大。因此可以忽略 R_a、R_i、R_f,电荷放大器输出电压近似为反馈电容上电压

$$U_o \approx U_{Cf} = -U_i A \tag{5-5}$$

而 C_f 的作用相当于改变了输入阻抗,根据密勒定理也可将反馈电容 C_f 折合到输入端,等效电容为 $(1+A)C_f$,该电容与 $(C_a+C_c+C_i)$ 相并联,可求得电荷放大器输出电压

$$U_o \approx -\frac{AQ}{C_a+C_c+C_i+(1+A)C_f} \tag{5-6}$$

通常放大器增益 A 足够大,则 $(1+A)C_f \gg (C_a+C_c+C_i)$,因此可认为电荷放大器输出电压近似为反馈电容上电压,即

$$U_o = -\frac{Q}{C_f} \tag{5-7}$$

上式说明,电荷放大器的输出电压与传感器电荷量 Q 成正比,与反馈电容 C_f 成反比。并且电缆电容等其他因素可以忽略不计。

2. 电压放大器(阻抗变换器)

串联输出型压电元件可以等效为电压源,但由于压电效应引起的电容 C_a 很小,因而其电压源等效内阻很大,在接成电压输出型测量电路时,要求前置放大器不仅有足够的放大倍数,而且应具有很高的输入阻抗,图5-9所示为电压放大器原理图。

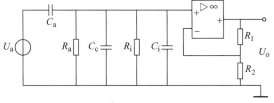

图 5-9 电压放大器原理图

如果压电元件上受到角频率为 ω 的力 F,则可写成 $F = F_m \sin\omega t$,假设压电元件的压电常数为 d,则在外力的作用下,压电元件产生的电压值为

$$U_a = \frac{dF_m}{C_m}\sin\omega t = U_m \sin\omega t \tag{5-8}$$

式中,U_m 为电压幅值,$U_m = \dfrac{dF_m}{C_m}$。

可见当作用于压电元件的力为静态力($\omega = 0$)时,前放大器的输出电压为零,因为电荷会通过放大器的输入电阻和传感器本身漏电阻漏掉,所以压电传感器不能用于静态力的测量。

另外,在改变连接传感器与前置放大器的电缆长度时,电缆电容 C_c 将改变,放大器的输入电压也会随之变化,从而使前置放大器的输出电压发生变化。因此,传感器与前置放大器的组合系统输出电压与电缆电容有关。在设计时,常常把电缆长度定为一个常值,使用时如果要改变电缆长度,必须重新校正灵敏度值,否则由于电缆电容的改变将会引入测量误差。

5.3 压电式传感器的应用

目前,压电式传感器应用最多的仍是测力,尤其是对冲击、振动加速度的测量。只要被测量能转换成力的其他被测量(如压力、加速度和位移等),就都可以测量。

1. **压电式力传感器**

图5-10是压电式单向测力传感器的结构图,主要由石英晶片、绝缘套、电极上盖及基座等组成。传感器的上盖为传力元件,它的外缘壁厚为0.1~0.5mm,当外力作用时,它将产生弹性变形,将力传递到石英晶片上,利用石英晶片的压电效应,实现力-电转换。该传感器的测力范围为0~50N,最小分辨率为0.01N,固有频率为50~60kHz,整个传感器的质量为10g,可用于机床动态切削力的测量。

2. **压电式加速度传感器**

压电式加速度传感器由于体积小、质量小、频带宽(零点几赫兹到数十千赫)、测量范围宽($10^{-5} \sim 10^4 \mathrm{m/s^2}$)、使用温区宽(400~700℃),因此广泛用于加速度、振动和冲击测量。

图5-11是一种压电式加速度传感器的结构图,它主要由压电元件、质量块、预压弹簧、基座及外壳等组成。整个部件装在外壳内,并由螺栓加以固定。质量块一般由体积质量较大的材料(如钨或重合金)制成。预压弹簧的作用是对质量块加载,产生预压力,以保证在作用力变化时晶片始终受到压缩。整个组件都装在基座上。为了防止被测件的任何应变传到压电晶片上而产生假信号,基座一般要求做得较厚。基座与被测物体刚性固定在一起。

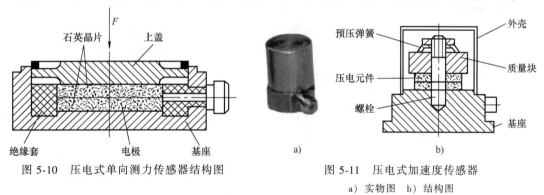

图5-10 压电式单向测力传感器结构图

图5-11 压电式加速度传感器
a)实物图 b)结构图

当加速度传感器和被测物一起受到冲击振动时,压电元件由于受质量块惯性力的作用,会在压电元件的两个表面上产生交变电压或电荷。当振动频率远低于传感器的固有频率时,传感器输出的电压或电荷与作用力成正比,从而可得知被测物体的加速度。

为了提高灵敏度,一般都采用把两片晶片重叠放置并按串联(对应于电压放大器)或并联(对应于电荷放大器)的方式连接。

3. **压电式玻璃破碎报警器**

BS-D2压电式玻璃破碎传感器的结构如图5-12a所示。BS-D2压电式传感器是专门用于检测玻璃破碎的一种传感器,它利用压电元件对振动敏感的特性来感知玻璃受撞击和破碎时产生的振动波。传感器的最小输出电压为100mV,最大输出电压为10V,内阻抗为15~20kΩ。压电式玻璃破碎报警器的电路原理框图如图5-12b所示,传感器把振动波转换为电压输出,输出电压经放大、滤波和比较等处理后提供给报警系统。

使用时传感器被安装在玻璃上,然后通过电缆和报警电路相连。为了提高报警器的灵敏度,信号经放大后需带通滤波器进行滤波,要求它对选定频带的衰减要小,而频带外衰减要尽量大。由于玻璃振动的波长在音频和超声波的范围内,这就使滤波器成为电路的关键。只

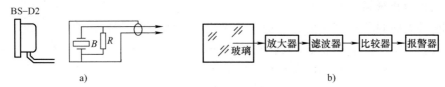

图 5-12 BS-D2 压电式玻璃破碎传感器结构及电路原理
a) 传感器结构 b) 应用电路原理框图

有当传感器输出信号高于设定的阈值时, 才会输出报警信号驱动报警执行机构工作。压电式玻璃破碎报警器可广泛用于文物保管、贵重商品保管及智能楼宇中的防盗报警装置。

5.4 实训 压电式传感器引线电容的影响

1. 实训目的

1) 了解压电式传感器的原理、结构及应用。
2) 验证引线电容对电压放大器、电荷放大器的影响。

2. 实训器材

低频振荡器、电荷放大器、电压放大器、低通滤波器、相敏检波器、单芯屏蔽线、压电传感器、差动放大器、双踪示波器、磁电传感器和电压表。

3. 实训步骤

1) 直流稳压电源输出置于 4V 档, 根据图 5-13 连接电路, 相敏检波器参考电压接直流输入信号, 差动放大器的增益旋钮调节到适中。

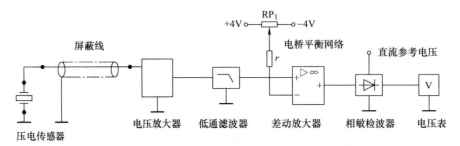

图 5-13 压电传感器实验电路接线图

2) 示波器的两个通道分别接到差动放大器和相敏检波器的输出端。
3) 将低频振荡器信号接入激振线圈, 开启电源, 使振动台随低频振荡信号振荡。
4) 观察显示的波形, 适当调整低频振荡器的频率、幅度旋钮, 可读出不同频率的电压输出的峰-峰值 (V_{p-p})。
5) 使差动放大器的输出波形较大且没有明显失真, 观察相敏检波器输出波形, 解释所看到的现象。调节电位器, 使差动放大器的直流成分减少到零, 示波器的另一通道观察磁电式传感器的输出波形, 并与压电波形相比较观察波形相位差。
6) 适当增大差动放大器的增益, 使电压表的指示值为某一整数值(如 1.5V)放大器与压电加速器之间的屏蔽线换成无屏蔽的实验短接线, 读出电压表的读数。
7) 将电压放大器换成电荷放大器, 重复 5)、6) 两步骤。

注意：低频振荡器的幅度要适当，以免引起波形失真。梁振动时不应发生碰撞，否则将引起波形畸变，输出不再是正弦波。由于梁的相频特性影响，压电式传感器的输出与激励信号一般不为180°，故表头有较大跳动，此时可以适当改变激励信号频率，使相敏检波输出的两个半波尽可能平衡，以减少电压表跳动。

5.5 习题

1. 填空题

（1）压电式传感器是一种典型的_____，是基于某些介质材料的_____原理工作的，它是将被测量变化转换成材料受机械力产生_____或_____的传感器。

（2）当作用力方向改变时，电荷_____随之改变，把这种机械能转化为_____的现象，称为_____；反之，当在电介质极化方向施加电场，这些电介质会产生_____，这种现象称为_____。

（3）在片状压电材料的两个电极面上，如果加以交流电压，会在压电片上产生_____，使压电片在电极方向上有_____，将这种现象称为_____。

（4）压电常数是衡量材料压电效应强弱的参数，它直接关系到压电输出的_____。

（5）压电材料的弹性常数、刚度决定着压电器件的_____和_____。

（6）压电材料开始丧失压电特性的温度称为_____。

（7）应用于压电式传感器中的压电元件材料一般有_____、_____和_____三类。

（8）在压电陶瓷上施加外电场时，电畴的极化方向发生转动，趋向于按_____的排列，从而使材料得到极化。外电场越强，就有_____完全地转向外电场方向。

（9）压电元件并联接法输出电荷_____、本身电容_____、时间常数_____，适宜用在测量_____的信号并且以_____作为输出量的场合。

（10）压电元件串联接法输出电压_____、本身电容_____，适宜用于以_____作为输出信号，并且测量电路输入阻抗_____的场合。

2. 什么叫正压电效应？什么是逆压电效应？

3. 什么是横向效应和纵向效应？

4. 画出压电元件的两种等效电路。

5. 压电元件在使用时常采用多片串接或并接的结构形式。试述在不同接法下输出电压、电荷、电容的关系，它们分别适用于何种应用场合？

6. 应用于压电式传感器中的压电材料常见的有哪些？

7. 为什么压电传感器通常都用来测量动态或瞬态参量？

8. 有一压电晶体，其面积 $S=3cm^2$，厚度 $t=0.3mm$。在零度，x 切型纵向石英晶体的压电常数 $d_{11}=2.31\times10^{-12}$ C/N。求受到10MPa的压力作用时所产生的电荷量 q 及输出电压 U。

第6章　热电式传感器

热电式传感器是将温度变化转换为电学量变化的装置，它是利用测温敏感元件的电参数随温度变化的特性，通过测量电学量变化来检测温度的。如将温度转化为电阻、电势或磁导等变化，再通过测量电路达到测量温度的目的。

6.1　温度传感器的分类及温标

6.1.1　温度与温标

1. 温度

温度是表征物体冷热程度的物理量。热力学理论认为，温度是物体内部分子无规则运动剧烈程度的标志，温度高的物体分子平均动能大，温度低的物体分子平均动能小。温度与自然界的各种物理和化学过程相联系。

温度的性质：当两个冷热程度不同的物体接触后就会产生热传导和热交换，使两个物体具有相同的温度，并处于热平衡状态；温度不具有叠加性，例如，两杯100℃的开水倒在一起温度仍是100℃，而不是200℃。热平衡是温度测量的基础。

另外，不同温度的物体会发出不同波长和不同强度的热辐射，通过对热辐射强度的测量也可以准确地获得物体的温度。

2. 温标

用来度量物体温度数值的标尺称为温标，它规定了温度的读数起点（零点）和测量温度的基本单位，是衡量温度高低的尺度。目前，常用的温标有华氏温标、摄氏温标、热力学温标和国际温标。

（1）华氏温标

1714年，德国物理学家华伦海特以水银为测温体，利用其体积随温度变化的特性制作了水银温度计，并提出了在标准大气压下的温度标定值。华氏温度规定：在标准大气压下，纯水的冰水融体为32°F，沸点为212°F，在此之间的温度分成180等份，每一等份为1华氏度，以°F表示，华氏温标在欧美国家广泛使用。

（2）摄氏温标

1742年，瑞典天文学家摄尔修斯制成了摄氏温度计。摄氏温标规定：标准大气压下纯水的冰水融体为0℃，沸点为100℃，在0~100℃之间分成100等份，每一等份为1摄氏度，符号为℃。

(3) 热力学温标

19世纪中叶，英国物理学家开尔文勋爵根据热力学中的卡诺循环理论，提出了热力学温标及绝对零度的概念。热力学温标规定：分子运动停止时的温度为绝对零度，从绝对零度算起，水的冰点为273.15K，沸点为373.15K。此外每度的大小仍是水的冰点至沸点之间的温度差的百分之一，热力学温标的单位为开尔文，符号为K。热力学温标又称开尔文温标，或绝对温标。

(4) 国际温标

以热力学温标为基础的国际温标（ITS—90）于1990年发布，记为T_{90}，单位是开尔文，符号为K，它与摄氏温度t_{90}的关系记为

$$t_{90}/℃ = T_{90}/K - 273.15$$

或者

$$t/℃ = T/K - 273.15 \tag{6-1}$$

6.1.2 分类方法

温度传感器按测温方法的不同，分为接触式和非接触式两种。根据所用测温物质和测温范围的不同，有各种不同的温度传感器，表6-1列出了不同温度传感器的测温方法及测量原理。

表6-1 温度传感器及测量方法

测温方法	测温原理	温度传感器
接触式	固体热膨胀 体积变化——液体热膨胀 气体热膨胀	双金属温度计 玻璃管液体温度计 气体温度计、压力温度计
	电阻变化	金属电阻温度传感器 半导体热敏电阻
	热电效应	贵金属热电偶 普通金属热电偶 非金属热电偶
	频率变化	石英晶体温度传感器
	光学特性	光纤传感器、液晶温度传感器
	声学特性	超声波温度传感器
非接触式	亮度法 热辐射——全辐射法 比色法 红外法	光学高温计 全辐射高温计 比色高温计 红外温度传感器
	气流变化	射流温度传感器

(1) 接触式温度传感器

接触式温度传感器的检测部分与被测对象有良好的接触，通过热传导或热对流达到热平衡，从而使传感器输出的电信号能直接表示被测对象的温度。其特点是测量精度高；在一定测温范围内，可测量物体内部的温度分布。但对于运动体、小目标或热容量很小的对象则会产生较大的测量误差。常用的温度计有双金属温度计、玻璃管液体温度计、压力式温度计、电阻温度计、热敏电阻温度计和温差电偶等。它们广泛应用于工业、农业、商业等部门，在

日常生活中人们也常常使用这些温度计。

(2) 非接触式温度传感器

非接触式温度传感器的敏感元件与被测对象互不接触，又称非接触式测温仪表。这种仪表可用来测量运动物体、小目标和热容小或温度变化迅速对象的表面温度，也可以用来测量温度场的温度分布。

非接触式温度传感器是利用光电传感器通过检测物体发出的红外线来测量物体的温度，可进行遥测。其制造成本较高，测量精度却较低。优点是：不从被测物体上吸收热量、不会干扰被测对象的温度场、连续测量不产生消耗、反应快等。被广泛应用在辐射温度计、报警装置、火警报警器和自动门等场合。

6.2 热电偶传感器

热电偶传感器是工业中使用最为普遍的接触式传感器，它能将温度量转换为电势量。热电偶具有结构简单、使用方便、精度高、热惯性小、可测局部温度和便于远程传送等优点。使用不同材质制成的热电偶系列，可以满足 $-200 \sim 3000\,^\circ\!C$ 温度测量的需要。

6.2 热电偶传感器

6.2.1 热电偶的工作原理

1. 热电效应

热电偶传感器的测温原理是基于热电效应。把两种不同的导体或半导体材料A、B连接成闭合回路，如图6-1所示。当它们的两个接点分别置于温度为 T 及 T_0（设 $T>T_0$）的热源中，则在该回路内就会产生热电动势（简称热电势），可用 $E_{AB}(T,T_0)$ 表示，这种现象称为热电效应。我们把两种不同导体或半导体的这种组合称为热电偶，A和B称为热电极，温度高的接点称为热端（或工作端），温度低的接点称为冷端（或自由端）。

在图6-1所示的热电偶回路中，热电势是由两种导体的接触电势和单一导体的温差电势所组成。

2. 接触电势和单一导体的温差电势

(1) 接触电势

所有金属中都有大量自由电子，而不同的金属材料其自由电子密度不同。当两种不同的金属导体接触时，在接触面上因自由电子密度不同而发生电子扩散，电子扩散速率与两导体的电子密度有关，并和接触区的温度成正比。设导体A和B的自由电子密度分别为 n_A 和 n_B，且有 $n_A>n_B$，则在接触面上由A扩散到B的电子必然比B扩散到A的电子数多。因此，导体A失去电子而带正电荷，导体B因获得电子而带负电荷，在A、B的接触面上便形成一个从A到B的静电场，如图6-2所示。这个电场阻碍了电子的继续扩散，当达到动态平衡时，在接触区形成一个稳定的电位差，即接触电势，其大小可以表示为

$$e_{AB}(T) = \frac{kT}{e}\ln\frac{n_A}{n_B} \tag{6-2}$$

式中，$e_{AB}(T)$ 为导体A、B的接点在温度 T 时形成的接触电势；e 为电子电荷，$e=1.6\times10^{-19}\mathrm{C}$；$k$ 为玻耳兹曼常数，$k=1.38\times10^{-23}\mathrm{J/K}$。

图 6-1 热电效应原理图　　　　图 6-2 接触电势

（2）温差电势

单一导体中，如果两端温度不同，在两端间会产生电势，即单一导体的温差电势。这是由于导体内自由电子在高温端具有较大的动能，因而向低温端扩散，结果高温端因失去电子而带正电荷，低温端因得到电子而带负电荷，从而形成一个静电场，如图 6-3 所示。该电场阻碍电子的继续扩散，当达到动态平衡时，在导体的两端便产生一个相应的电位差，该电位差称为温差电势。温差电势的大小可表示为

$$e_A(T,T_0)=\int_{T_0}^{T}\sigma\,\mathrm{d}T \tag{6-3}$$

式中，$e_A(T,T_0)$ 为导体 A 两端温度为 T、T_0 时形成的温差电势；σ 为汤姆孙系数，表示单一导体两端温度差为 1℃时所产生的温差电势，其值与材料性质及两端温度有关。

（3）热电偶回路热电势

对于由导体 A、B 组成的热电偶闭合回路，当温度 $T>T_0$，$n_A>n_B$ 时，闭合回路总的热电势为 $E_{AB}(T,T_0)$，如图 6-4 所示。并可用下式表示

$$E_{AB}(T,T_0)=[e_{AB}(T)-e_{AB}(T_0)]+[-e_A(T,T_0)+e_B(T,T_0)] \tag{6-4}$$

或者

$$E_{AB}(T,T_0)=\frac{kT}{e}\ln\frac{n_{AT}}{n_{BT}}-\frac{kT_0}{e}\ln\frac{n_{AT_0}}{n_{BT_0}}+\int_{T_0}^{T}(\sigma_B-\sigma_A)\mathrm{d}T \tag{6-5}$$

式中，n_{AT}、n_{AT_0} 分别为导体 A 在接点温度为 T 和 T_0 时的电子密度；n_{BT}、n_{BT_0} 为导体 B 在接点温度为 T 和 T_0 时的电子密度；σ_A、σ_B 为导体 A、B 的汤姆孙系数。

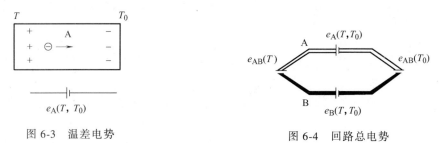

图 6-3 温差电势　　　　图 6-4 回路总电势

由此可以得出如下结论。

① 如果热电偶两电极材料相同，即 $n_A=n_B$，$\sigma_A=\sigma_B$，虽然两端温度不同，但闭合回路的总热电势仍为零，因此热电偶必须用两种不同材料作为热电极。

② 如果热电偶两电极材料不同，而热电偶两端的温度相同，即 $T=T_0$，闭合回路中也不会产生热电势。

应当指出的是，金属导体中的自由电子数目很多，以致温度不能显著地改变它的自由电

子浓度，所以，在同一种金属导体内，温差电势极小，可以忽略。因此，在一个热电偶回路中起决定作用的，是两个接点处产生的与材料性质和该点所处温度有关的接触电势。故式（6-4）可以近似改变为

$$E_{AB}(T,T_0) = e_{AB}(T) - e_{AB}(T_0) = e_{AB}(T) + e_{BA}(T_0) \tag{6-6}$$

在工程中，常用上式来表征热电偶回路的总热电势。从该式可以看出，回路的总电势是随 T 和 T_0 而变化的，即总电势为 T 和 T_0 的函数差，这在实际使用中很不方便。为此，在标定势电偶时，使 T_0 为常数，即

$$e_{AB}(T_0) = f(T_0) = c$$

则式（6-6）可以改写成

$$E_{AB}(T,T_0) = e_{AB}(T) - f(T_0) = f(T) - c \tag{6-7}$$

式（6-7）表示，当热电偶回路的一个端点保持温度不变时，则热电势 $E_{AB}(T,T_0)$ 只随另一个端点的温度变化而变化。两个端点温差越大，回路总热电势 $E_{AB}(T,T_0)$ 也就越大，这样回路总热电势就可以看成温度 T 的单值函数，这给工程中用热电偶测量温度带来了极大的方便。

3. 热电偶的基本定律

（1）均质导体定律

由两种均质导体组成的热电偶，其热电动势的大小只与两材料及两触点温度有关，与热电偶的大小、形状及沿电极各处的温度分布无关。

也就是说，由一种均质导体组成的闭合回路，不论导体的截面面积和长度如何，都不能产生热电势。反之，如果回路中有电势存在则材料必为非均质。这条规律要求组成热电偶的两种材料必须各自都是均质的，否则会由于温度梯度存在而产生附加电动势。

（2）中间导体定律

利用热电偶进行测温，只有在回路中接入仪表，才能测出热电势的值。所接入的仪表是另一种材质导体 C，则闭合回路里就出现除 A、B 以外的第三种导体 C，称导体 C 为中间导体。

中间导体定律：在热电偶测温回路中，接入第三种导体时，只要第三种导体的两端温度相同，则对回路的总热电势没有影响。

图 6-5 为包含 3 种导体的热电偶回路，如果将热电偶的 T_0 端断开，接入第三种导体 C，则回路中的电势为三个结点的热势之和，即

$$E_{ABC}(T,T_0) = E_{AB}(T) + E_{BC}(T_0) + E_{CA}(T_0)$$

假设 $T = T_0$，当 $E_{ABC}(T_0) = 0$ 时，则上式可表示为

$$E_{BC}(T_0) + E_{CA}(T_0) = -E_{AB}(T_0)$$

因此，有

$$E_{ABC}(T,T_0) = E_{AB}(T) - E_{AB}(T_0) = E_{AB}(T,T_0)$$

中间导体定律说明，当热电偶回路中接入第三种导体 C 时，只要导体 C 的两端温度相同，回路总电势就不变。根据这一定律，可将导体 C 作为测量仪器接入回路，由此可以由总电势求出工作端温度，而测量回路的接入对热电偶的热电势没有影响，前提是保证连接导线或显示仪表与热电偶两端温度保持一致。中间导体定律对热电偶的实际应用有十分重要的意义。

（3）连接导体定律和中间温度定律

在热电偶回路中，如果热电偶 A、B 分别与导线 A′、B′接，接点温度分别为 T、T_n、T_0，那么回路的热电势将等于热电偶的热电势 $E_{AB}(T,T_n)$ 与连接导线 A′、B′在温度 T_n、T_0 时热电势 $E_{A'B'}(T_n,T_0)$ 的代数和，如图 6-6 所示，即

$$E_{ABA'B'}(T,T_n,T_0) = E_{AB}(T,T_n) + E_{A'B'}(T_n,T_0) \tag{6-8}$$

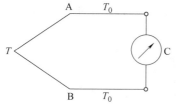
图 6-5 接入第 3 种导体的热电偶回路

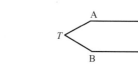
图 6-6 用连接导线热电偶回路

由式（6-8）可引出重要结论：当 A 与 A′、B 与 B′材料分别相同，且接点温度为 T、T_n、T_0 时，根据连接导体定律可得该回路的热电势为

$$E_{AB}(T,T_n,T_0) = E_{AB}(T,T_n) + E_{AB}(T_n,T_0) \tag{6-9}$$

式（6-9）表明，热电偶在接点温度为 T、T_n、T_0 时的热电势 $E_{AB}(T,T_0)$，等于热电偶在 (T,T_n) 和 (T_n,T_0) 时相应的热电势 $E_{AB}(T,T_n)$ 与 $E_{AB}(T_n,T_0)$ 的代数和，这就是中间温度定律。其中，T_n 称为中间温度。

中间温度定律为在工业测量温度中使用补偿导线提供了理论基础，只要选配与热电偶热电特性相同的补偿导线，便可使热电偶的参考端延长，使之远离热源到达一个温度相对稳定的地方而不会影响测温的准确性。

（4）标准电极定律（参考电极定律）

如图 6-7 所示，已知热电极 A、B 分别与标准电极 C 组成热电偶在结点温度为 (T,T_0) 时的热电动势分别为 $E_{AC}(T,T_0)$ 和 $E_{BC}(T,T_0)$，则在相同温度下，由 A、B 两种热电极配对后的热电动势为

$$E_{AB}(T,T_0) = E_{AC}(T,T_0) - E_{BC}(T,T_0) \tag{6-10}$$

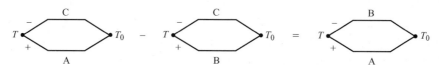
图 6-7 三种导体分别组成的热电偶

参考电极定律大大简化了热电偶的选配工作。只要获得有关热电极与参考电极配对的热电动势，那么任何两种热电极配对时的热电动势均可利用该定律计算，而不需要逐个进行测定。在实际应用中，由于纯铂丝的物理化学性能稳定、熔点高、易提纯，所以目前常用纯铂丝作为标准电极。确定出其他各种电极对铂电极的热电特性，便可以确定这些电极相互组成热电偶的热电势大小。

6.2.2 热电偶的材料及结构类型

1. 热电偶材料

组成热电偶的两根导体或半导体称为热电极，根据热电效应的原理，任意两种不同质的

导体或半导体都可作为热电极组成热电偶。但作为实用的测温元件，不是所有的材料都适用于制作热电偶，对它们必须经过严格的选择。对制作热电偶材料的基本要求如下。

① 热电特性稳定，即热电动势与温度的对应关系保持恒定。

② 两种材料组成的热电偶应输出较大的热电动势，以得到较高的灵敏度，且热电动势与温度间应尽可能呈线性关系，这样易于测量，且可得到较高的精确度。

③ 电阻温度系数和电阻率要小，否则热电偶的电阻将随工作端的温度不同而有较大的变化，从而影响测量结果的精确性。

④ 能应用于较宽的温度范围，热电特性、物理化学性能稳定。

⑤ 较好的工艺性能，便于成批生产，且复现性好，便于统一分度。

完全满足上述条件要求的材料很难找到。一般来说，纯金属的热电极容易复制，但其热电势小，平均约为 $20\mu V/℃$，非金属的电极的热电势较大，可达 $1000\mu V/℃$，且熔点高，但复制性和稳定性都较差；合金热电极的热电性能和工艺性介于前面两者之间，所以合金热电极用得较多。目前在国际上被公认为有代表性的或比较普遍采用的热电偶并不多，这些热电偶的热电极材料都是经过大量实验并分别被应用在各温度范围内，测量效果良好。

2. 国际标准热电偶及材料

1) 铂铑$_{10}$-铂热电偶（分度号为 S）。它是一种贵金属热电偶，其正极（Pt 90%＋Rh 10%）为铂铑丝，负极（Pt 100%）为纯铂丝。由于容易得到高纯度的铂和铂铑合金，故它的复制精度和测量精确度较高，可用于精密温度测量。测温上限最高可达 600℃，适于在氧化或中性气氛介质中使用。其主要缺点是金属材料的价格昂贵、热电动势小、灵敏度低，在高温还原介质中容易被侵蚀和污染，而失去测量精确度。

2) 铂铑$_{30}$-铂铑$_6$热电偶（分度号为 B）。它也是一种贵金属热电偶，其正极（Pt70%＋Rh 30%）为铂铑丝，负极（Pt 94%＋Rh 6%）为铂铑丝。它的优点是比铂铑$_{10}$-铂热电偶具有更高的测量上限，短期使用可达 1800℃，具有较高的稳定性和机械强度，抗污染能力强。其主要缺点是灵敏度低，室温下热电动势比较小，因此，许多情况下不需要参考端补偿和修正，可作为标准热电偶。

3) 镍铬-康铜热电偶（分度号为 E）。其正极（Ni 89%＋Cr 10%＋Fe 1%）为镍铬，负极（Cu 60%＋Ni 40%）为康铜。它的优点是热电动势较大，电阻率小，价格便宜。缺点是抗氧化及抗硫化介质的能力差，适用于还原性和中性气氛下测温，测量上限较低。

4) 镍铬-镍硅热电偶（分度号为 K）。它的正极（Ni 89%＋Cr 10%＋Fe 1%）为镍铬，负极（Ni 97%＋Si 2.5%＋Mn 0.5%）为镍硅。它的优点是热电动势较大，和温度的关系接近线性关系，有较强的抗氧化性和抗腐蚀性，化学稳定性好，复制性好，价格便宜，可选其中较好的作为标准热电偶。缺点是测量精度比铂铑$_{10}$-铂热电偶低，热电动势稳定性差。

5) 铂铑$_{13}$-铂热电偶（分度号为 R）。它也是一种贵金属热电偶。它的正极（Pt 87%＋Rh 13%）为铂铑丝，负极（Pt 100%）为纯铂丝。它的优点是精度高，物理化学性能稳定，测温上限高，最高可达 1600℃，适于在氧化或中性气氛介质中使用。但其热电动势小，灵敏度低，在高温还原介质中容易被侵蚀和污染，价格昂贵。

6) 铁-康铜热电偶（分度号为 J）。它的正极（Fe 100%）为铁，负极（Cu 60%＋Ni 40%）为康铜。它的优点是价格低廉，灵敏度高，易于在还原性气氛中使用。缺点是抗氧化能力差。

7）铜-康铜热电偶（分度号为 T）。它的正极（Cu 100%）为铜，负极（Cu 60% + Ni 40%）为康铜。它的优点是测量精度高，稳定性好，低温时灵敏度高，价格低廉。缺点是铜在高温下易氧化，故不宜在氧化气氛中工作，较适于低温和超低温测量。

3. 热电偶的基本结构类型

将两个热电极的一个端点紧密地焊接在一起组成接点就构成热电偶。焊接可采用直流电弧焊、直流氧弧焊、交流电弧焊、激光焊等方法。对接点焊接时要求焊点具有金属光泽，表面圆滑，无沾污、夹渣和裂纹；焊点的形状通常有对焊、点焊、绞纹焊等；焊点尺寸应尽量小，一般为偶丝直径的两倍。在热电偶的两电极之间应用耐高温材料绝缘。

工业用热电偶必须长期工作在恶劣环境下，根据被测对象不同，热电偶的结构形式是多种多样的，下面介绍几种比较典型的结构形式。

（1）普通型热电偶

工业上普通型热电偶使用最多，它一般由热电极、绝缘套管、保护管和接线盒组成，其结构如图 6-8 所示。普通型热电偶按其安装时的连接形式可分为固定螺纹连接、固定法兰连接、活动法兰连接、无固定装置等多种形式。这种热电偶在测量时将测量端插入被测对象的内部，主要用于测量容器或管道内气体、流体等介质的温度。

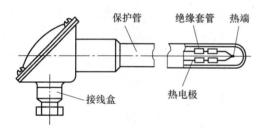

图 6-8 普通型热电偶结构图

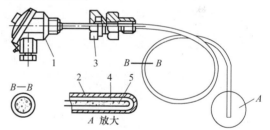

图 6-9 铠装型热电偶结构图
1—接线盒 2—金属套管 3—固定装置
4—绝缘材料 5—热电极

（2）铠装型热电偶

铠装型热电偶是由热电极、绝缘材料和金属套管组合加工而成的坚实组合体，它是将热电偶丝与绝缘物熔铸在一起，外表再套不锈钢管等，称为套管热电偶。它可以做得很细、很长，使用中能随需要任意弯曲。铠装型热电偶的主要优点是测温端热容小、动态响应快、机械强度高、挠性好、可安装在结构复杂的装置上，因此适于多种工作条件下使用，如图 6-9 所示。

（3）薄膜热电偶

用真空蒸镀（或真空溅射）、化学涂层等工艺，将热电极材料沉积在绝缘基板上形成一层金属薄膜。热电偶测量端既小又薄（厚度一般为 0.01~0.1m），因而热惯性小，反应快，可用于测量瞬变的表面温度和微小面积上的温度。如图 6-10 所示，其结构有片状、针状和把热电极材料直接蒸镀在被测表面上等 3 种。所用的电极类型有铁-康铜、铁-镍、铜-康铜、镍铬-镍硅等。测温范围为 -200~300℃。

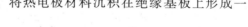

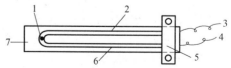

图 6-10 铁-镍薄膜热电偶结构
1—测量接点 2—铁膜 3—铁丝 4—镍丝
5—接头夹具 6—镍膜 7—衬架

(4) 表面热电偶

表面热电偶是用来测量各种状态下固体表面温度的，如测量轧辊、金属块、炉壁、橡胶筒和涡轮叶片等表面温度。

此外，还有测量气流温度的热电偶、浸入式热电偶等。

6.2.3 热电偶测温线路与温度补偿

热电偶测温时，它可以直接与显示仪表（如电子电位差计、数字表等）配套使用，也可与温度变送器配套，转换成标准电流信号。合理安排热电偶测温线路，对提高测温精度和维修等都具有十分重要的意义。

1. 热电偶测温线路

（1）测量某点温度的基本线路

基本测量线路包括热电偶、补偿导线、冷端补偿器、连接用铜线、动圈式显示仪表。图 6-11 所示是一支热电偶配一台仪表的测量线路。显示仪表如果是电位差计，则不必考虑线路电阻对测温精度的影响；如果是动圈式仪表，就必须考虑测量线路电阻对测温精度的影响。

（2）测量温度之和——热电偶串联测量线路

将 N 支相同型号的热电偶正负极依次相连接，如图 6-12 所示。若 N 支热电偶的各热电势分别为 E_1，E_2，E_3，$\cdots$，E_N，则总电势为

$$E_{串} = E_1 + E_2 + \cdots + E_N = NE \qquad (6-11)$$

式中，E 为 N 支热电偶的平均热电势。

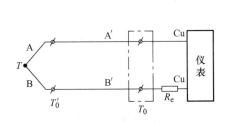

图 6-11 热电偶基本测量线路

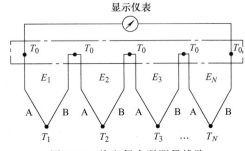

图 6-12 热电偶串联测量线路

串联线路的总热电势为 E 的 N 倍，$E_{串}$ 所对应的温度可由式（6-11）关系求得也可根据平均热电势 E 在相应的分度表上查对。串联线路的主要优点是热电势大，精度比单支高；主要缺点是只要有一支热电偶断开，整个线路就不能工作，个别短路会引起示值显著偏低。

（3）测量平均温度——热电偶并联测量线路

将 N 支相同型号热电偶的正负极分别连在一起，如图 6-13 所示。

如果 N 支热电偶的电阻值相等，则并联电路总热电势等于 N 支热电偶的平均值，即

$$E_{并} = (E_1 + E_2 + E_3 + \cdots + E_N)/N \qquad (6-12)$$

（4）测量两点之间的温度差

实际工作中常需要测量两处的温差，可选用两种方法测温差，一种方法是两支热电偶分别测量两处的温度，然后求算温差；另一种方法是将两支同型号的热电偶反串连接，直接测量温差电势，然后求算温差，如图 6-14 所示。前一种测量较后一种测量精度差，对于要求

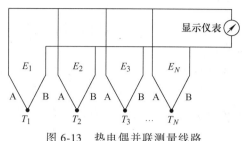

图 6-13 热电偶并联测量线路

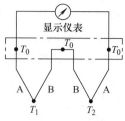

图 6-14 温差测量线路

精确的小温差测量,应采用后一种测量方法。

2. 热电偶的温度补偿

从热电效应的原理可知,热电偶产生的热电势与两端温度有关。只有将冷端的温度恒定,热电势才是热端温度的单值函数。由于热电偶分度表是在冷端温度为 0℃ 时做出的,因此在使用时要想正确反映热端温度,最好设法使冷端温度恒为 0℃。但实际应用中,热电偶的冷端通常靠近被测对象,且受到周围环境温度的影响,其温度不是恒定不变的。为此,必须采取一些相应的措施进行补偿或修正,常用的方法有以下几种。

(1) 补偿导线法

在实际工作中,随着工业生产过程自动化程度的提高,通常要求把温度测量信号从现场传送到集中控制室里,或者由于显示仪表不能安装在被测对象的附近,而需要通过连接导线将热电偶延伸到温度恒定的场所。并且由于组成热电偶的材料通常是贵金属,直接连到远处显示仪表上很不经济,常用廉价的补偿导线来完成这种远距离的连接。一般采用一种导线(或称补偿导线)将热电偶的冷端延伸出来,这种导线采用廉价金属,在一定温度范围内(0~100℃)具有和所连接的热电偶相同的热电性能,如图 6-15 所示。

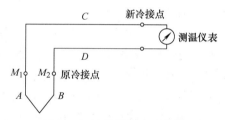

图 6-15 补偿导线法示意图

常用热电偶的补偿导线如表 6-2 所示。根据中间导体定律,只要热电偶和补偿导线的两个结点温度一致,是不会影响热电势输出的。

表 6-2 常用热电偶的补偿导线

补偿导线型号	配用热电偶型号	补偿导线		绝缘层颜色	
		正极	负极	正极	负极
SC	S	SPC(铜)	SNC(铜镍)	红	绿
KC	K	KPC(铜)	KNC(廉铜)	红	蓝
KX	K	KPX(镍铬)	KNX(镍硅)	红	黑
EX	E	EPX(镍铬)	ENX(铜镍)	红	棕

使用补偿导线必须注意以下几个问题。

① 两根补偿导线与两个热电极的结点必须具有相同的温度。

② 只能与相应型号的热电偶配用,而且必须满足工作范围。

③ 极性切勿接反。

(2) 冷端恒温法

1) 0℃恒温法。在实验室及精密测量中,通常把参考端放入装满冰水混合物的容器中,以便参考端温度保持0℃,这种方法又称为冰浴法。

2) 其他恒温法。将热电偶的冷端置于各种恒温器内,使之保持恒定温度,避免由于环境温度的波动而引入误差。这类恒温器可以是盛有变压器油的容器,利用变压器油的热惯性恒温,也可以是电加热的恒温器,这类恒温器的温度不为0℃,故最后还需对热电偶进行冷端修正。

(3) 热电势修正法

上述两种方法解决了一个问题,即设法使热电偶的冷端温度恒定。但是,冷端温度并非一定为0℃,所以测出的热电势还是不能正确反映热端的实际温度。为此,必须对温度进行修正。修正公式如下

$$E_{AB}(T,T_0) = E_{AB}(T,T_1) - E_{AB}(T_1,T_0) \tag{6-13}$$

式中,$E_{AB}(T,T_0)$ 为热电偶热端温度为 T、冷端温度为0℃时的热电势;

$E_{AB}(T,T_1)$ 为热电偶热端温度为 T、冷端温度为 T_1 时的热电势;

$E_{AB}(T_1,T_0)$ 为热电偶热端温度为 T_1、冷端温度为0℃时的热电势。

(4) 电桥补偿法

计算修正法虽然很精确,但不适合连续测温。为此,有些仪表的测温线路中带有补偿电桥,利用不平衡电桥产生的电势补偿热电偶因冷端温度波动引起的热电势的变化,如图6-16所示。

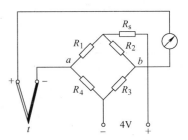

图6-16 电桥补偿法示意图

电桥的4个桥臂由 R_1、R_2、R_3、R_4 组成,其中 $R_1 = R_2 = R_3$,为锰铜线绕制电阻,R_4 为铜导线绕制的补偿电阻,并且电桥的4个桥臂与冷端处于同一温度,R_S 为限流电阻,它的材料取决于热电偶的材料,U 为电桥的电源。

使用时,选择 R_4 的阻值,使电桥处于平衡状态,当冷端温度升高时,由于 R_4 的阻值随环境温度变化而变化,使电桥产生的不平衡电压的大小和极性,随着环境温度的变化而变化,从而达到自动补偿的目的。

3. 显示仪表零位调整法

当热电偶通过补偿导线连接显示仪表时,如果热电偶冷端温度已知且恒定,可预先将有零位调整器的显示仪表的指针从刻度的初始值调至已知的冷端温度值上,这时显示仪表的示值即为被测量的实际值。

4. 软件处理法

对于计算机系统,不必全靠硬件进行热电偶冷端处理。例如,冷端温度恒定但不为0℃的情况,只需在采样后加一个与冷端温度对应的常数即可。

对于 T_0 经常波动的情况,可利用热敏电阻或其他传感器把 T_0 信号输入计算机,按照运算公式设计一些程序,便能自动修正。

6.2.4 热电偶的应用

1. 金属表面温度的测量

对于机械、冶金、能源和国防等部门来说,金属表面温度的测量是非常普遍而又比较复

杂的问题。例如，热处理工作中锻件、铸件以及各种余热利用的热交换器表面、气体蒸气管道、炉壁面等表面温度的测量。根据对象特点，测温范围从几百摄氏度到一千多摄氏度，而测量方法通常采用直接接触测温法。

直接接触测温法是指采用各种型号及规格的热电偶（视温度范围而定），用黏合剂或焊接的方法，将热电偶与被测金属表面（或去掉表面后的浅槽）直接接触，然后把热电偶接到显示仪表上组成测温系统。

图 6-17 所示的是适合不同壁面的热电偶使用方式。如果金属壁比较薄，那么一般可用胶合物将热偶丝粘贴在被测元件表面，如图 6-17a 所示。为减少误差，在紧靠测量端的地方应加足够长的保温材料保温。

如果金属壁比较厚，且机械强度又允许，则对于不同壁面，测量端的插入方式有：从斜孔内插入如图 6-17b 所示。如图 6-17c 所示，给出了利用电动机起吊螺孔，将热电偶从孔槽内插入的方法。

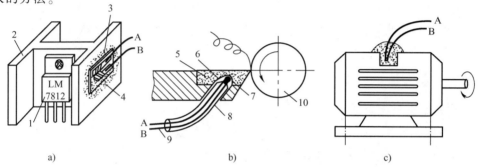

图 6-17　不同壁面的热电偶使用方式
a）粘贴在被测元件表面　b）从斜孔内插入　c）从孔槽内插入
1—功率元件　2—散热元件　3—薄膜热电偶　4—绝热保护层　5—车刀　6—激光加工的斜孔
7—铠装热电偶测量端　8—金属保护套管　9—冷端　10—工件

2. 利用热电偶监测燃气热水器的火焰

燃气热水器的使用安全性至关重要。在燃气热水器中设置有防止熄火装置、防止缺氧不完全燃烧装置、防缺水空烧安全装置及过热安全装置等，涉及多种传感器。防熄火、防缺氧不完全燃烧的安全装置中使用了热电偶，如图 6-18 所示。

当使用者打开热水龙头时，自来水压力使燃气分配器中的引火管输气孔在较短的一段时间里与燃气管道接通，喷射出燃气。与此同时高压点火电路发出 10~20kV 的高电压，通过放电针点燃主燃烧室火焰。热电偶 1 被烧红，产生正的热电势，使电磁阀线圈（该电磁阀的电动力由极性电磁铁产生，对正向电压有

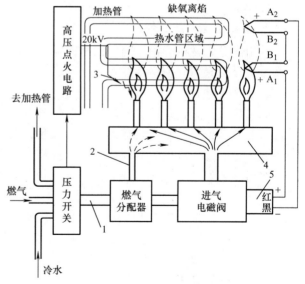

图 6-18　燃气热水器防熄火、防缺氧示意图
1—燃气进气管　2—引火管　3—高压放电针
4—主燃烧器　5—电磁阀线圈

很高的灵敏度）得电，燃气改由电磁阀进入主燃烧室。

当外界氧气不足时，主燃烧室不能充分燃烧（此时将产生大量有毒的一氧化碳），火焰变红且上升，在远离火孔的地方燃烧（称为离焰）。热电偶1的温度必然降低，热电势减小，而热电偶2被拉长的火焰加热，产生的热电势与热电偶1产生的热电势反向串联，相互抵消，流过电磁阀线圈的电流小于额定电流，甚至产生反向电流，使电磁阀关闭，起到缺氧保护作用。

当启动燃气热水器时，若某种原因无法点燃主燃烧室火焰，由于电磁阀线圈得不到热电偶1提供的电流，处于关闭状态，从而避免了煤气的大量溢出。煤气灶熄火保护装置也采用相似的原理。

6.3 热电阻传感器

热电阻是利用物质的电阻率随温度变化的特性制成的电阻式测温系统，由纯金属热敏组件制作的热电阻称为金属热电阻，由半导体材料制作的热电阻称为半导体热敏电阻。

6.3 热电阻传感器

6.3.1 金属热电阻传感器

1. 金属热电阻工作原理

金属热电阻是利用电阻与温度呈一定函数关系的特性，由金属材料制成的感温元件。当被测温度变化时，导体的电阻随温度变化而变化，通过测量电阻值变化的大小而得出温度变化的情况及数值大小，这就是热电阻测温的基本工作原理。

作为测温的热电阻应具有下列基本要求：电阻温度系数（即温度每升高一摄氏度时电阻增大的百分数，常用 α 表示）要大，以获得较高的灵敏度；电阻率 ρ 要高，以便使元件尺寸小；电阻值随温度变化应尽量呈线性关系，以减小非线性误差；在测量范围内，物理、化学性能稳定；材料工艺性好、价格便宜等。

2. 常用热电阻及特性

常用热电阻材料有铂、铜、铁和镍等，它们的电阻温度系数在 $(3 \sim 6) \times 10^{-3}/℃$ 范围内，下面分别介绍它们的使用特性。

（1）铂热电阻

铂又称为白金，是目前公认的制造热电阻的最好材料，它性能稳定，重复性好，测量精度高，其电阻值与温度之间有很近似的线性关系。缺点是电阻温度系数小，价格较高。铂电阻主要用于制成标准电阻温度计，其测量范围一般为 $-200 \sim +850℃$。

当温度 t 在 $-200 \sim 0℃$ 范围内时，铂的电阻值与温度的关系可表示为

$$R_t = R_0 [1 + At + Bt^2 + C(t-100)t^3] \tag{6-14}$$

当温度 t 在 $0 \sim 850℃$ 范围内时，铂的电阻值与温度的关系为

$$R_t = R_0 (1 + At + Bt^2) \tag{6-15}$$

式中　R_0——温度为 $0℃$ 时的电阻值；

　　　R_t——温度为 $t℃$ 时的电阻值；

　　　A——常数（$A = 3.96847 \times 10^{-3}$）；

　　　B——常数（$B = -5.847 \times 10^{-7}$）；

C——常数（$C=-4.22\times10^{-12}$）。

由式（6-14）和式（6-15）可知，热电阻 R_t 不仅与 t 有关，还与其在 0℃ 时的电阻值 R_0 有关，即在同样温度下，R_0 取值不同，R_t 的值也不同。

目前，国内统一设计的工业用铂电阻的 R_0 值有 46Ω 和 100Ω 等几种，并将 R_0 与 t 相应关系列成表格形式，称为分度表。使用分度表时，只要知道热电阻的 R_t 值，便可查得对应温度值。目前工业用铂电阻分度号为 Pt10 和 Pt100，后者更常用。

（2）铜热电阻

铜热电阻和铂热电阻相比具有电阻温度系数大、价格低，而且易于提纯等优点，但存在电阻率小、体积较大、热惯性也大、机械强度差等缺点。铜热电阻在 100℃ 以上易氧化，因此只能用在低温及无侵蚀性的介质中，在测量精度要求不高，且测温范围比较小的情况下，可采用铜作为热电阻材料代替铂电阻。在 -50~100℃ 的使用范围内其电阻值与温度的关系几乎是线性的，可表示为

$$R_t = R_0(1+\alpha t) \tag{6-16}$$

式中　R_0——温度为 0℃ 时的电阻值；

　　　R_t——温度为 t℃ 时的电阻值；

　　　α——铜热电阻的电阻温度系数，$\alpha=(4.25\times10^{-3}\sim4.28\times10^{-3})/℃$。

铜热电阻的 R_0 值有 50Ω 和 100Ω 两种，分度号分别为 Cu50、Cu100。

（3）其他热电阻

除了铂和铜热电阻外，还有镍和铁材料的热电阻。镍和铁的电阻温度系数大，电阻率高，可用于制成体积大、灵敏度高的热电阻。但由于容易氧化，化学稳定性差，不易提纯，重复性和线性度差，目前应用还不多。

3. 热电阻的结构

热电阻主要由电阻体、绝缘管和接线盒等组成。其中电阻体为主要组成部分，它又由电阻丝、引出线和骨架等部分构成。图 6-19 所示为工业用铂热电阻的结构。电阻丝采用双线无感绕法绕制在具有一定形状的云母、石英或陶瓷塑料骨架上，引出线通常采用 1mm 的银丝或镀银铜丝，它与接线盒柱相接，以便与外接线路相连而显示温度。

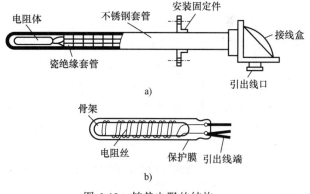

图 6-19　铂热电阻的结构

a）热电阻的结构　b）电阻体结构

4. 热电阻的特点

热电阻与热电偶相比有以下特点。

① 同样温度下输出信号较大，易于测量。以 0~100℃ 为例，如用 K 型热电偶，输出为 4.095mV；用 S 型热电偶输出只有 0.064mV；但铂热电阻测量 0℃ 时阻值为 100Ω，则 100℃ 时为 139.1Ω，电阻增量为 39.1Ω。如用铜热电阻增量可达 42.8Ω，测量毫伏级电动势，显然不如测几十欧姆电阻增量容易。

② 测电阻必须借助外加电源。热电偶只要热端和冷端有温差，就会产生电动势，是不需要电源的发电式传感器；热电阻却必须通过电流才能体现出电阻变化，无电源就不能工作。

③ 热电阻感温部分尺寸较大，而热电偶工作端是很小的焊点，因而热电阻测温的反应速度比热电偶慢。

④ 同类材料制成的热电阻不如热电偶测温上限高。由于热电阻必须用细导线绕在绝缘支架上，支架材质在高温下的物理性质限制了温度上限范围。

6.3.2 热电阻的测量电路

工业用热电阻安装在生产现场，离控制室较远，而其指示或记录仪表安装在控制室，它们之间的引线很长，那么热电阻的引出线会对测量结果有较大影响，且由于连接导线随环境温度变化而变化，也会给测量结果带来误差。为了减小引出线电阻的影响，常采用三线或四线连接方法。

1. 三线制

为避免或减小导线电阻对测温的影响，工业热电阻多半采用三线制接法，即热电阻的一端与一根导线相接，另一端同时接两根导线。当热电阻与电桥配合时，三线制的优越性可用图 6-20 说明。

图中连接热电阻 R_t 的三根导线，直径和长度均相同，阻值都是 r。其中一根串联在电桥的电源上，对电桥的平衡与否毫无影响，另外两根分别串联在电桥的相邻两臂上，则相邻两臂的阻值都增加相同的阻值 r。

当电桥平衡时，可写出下列关系式，即

$$(R_t+r)R_2 = (R_3+r)R_1$$

由此可以得出

$$R_t = \frac{R_3 R_1}{R_2} + \left(\frac{R_1}{R_2} - 1\right)r \tag{6-17}$$

设计电桥时如满足 $R_1 = R_2$，则式（6-17）中右边含有 r 的项将完全消去，这种情况下连线电阻 r 对桥路平衡毫无影响，即可以消除热电阻测量过程中 r 的影响。但必须注意，只有在对称电桥（$R_1 = R_2$ 的电桥），且只有在平衡状态下才如此。

工业热电阻有时用不平衡电桥指示温度，例如动圈仪表是采用不平衡电桥原理指示温度的。在这种情况下，虽然不能完全消除连接导线电阻 r 对测温的影响，但采用三线制接法肯定会减少它的影响。

2. 四线制

四线制就是热电阻两端各用两根导线连到仪表上，一般是用直流电位差计作为指示或记录仪表，其接线方式如图 6-21 所示。

由恒流源供给已知电流 I 流过热电阻 R_t，使其产生压降 U，再用电位差计测出 U，便可利用欧姆定律得

$$R_t = \frac{U}{I} \tag{6-18}$$

此处供给电流和测量电压分别使用热电阻上四根导线，尽管导线有电阻 r，但电流在导线上形成的压降不在测量范围之内。电压导线上虽有电阻但无电流，因为电位差计测量时不取电流，所以四根导线的电阻 r 对测量均无影响。四线制和电位差计配合使用来测量热电阻是一种比较完善的方法，它不受任何条件的约束，总能消除连接导线电阻对测量的影响，当然

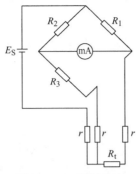
图 6-20 三线制接法

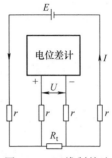
图 6-21 四线制接法

恒流源必须保证电流 I 的稳定不变,而且其值的精确度应该和 R_t 的测量精度相适应。

6.3.3 金属热电阻的应用

在工业上广泛应用金属热电阻传感器进行-200~+500℃范围内的温度测量,在特殊情况下,测量的低温端可达 3.4K(-269.75℃),甚至 1K(-272.15℃),高温端可达 1000℃,甚至更高,并且测量电路也较为简单。金属热电阻传感器进行温度测量的主要特点是精度高,适用于测低温(测高温时常用热电偶传感器),便于远距离、多点、集中测量和自动控制。

(1) 温度测量

利用热电阻的高灵敏度进行液体、气体、固体、固熔体等方面的温度测量,是热电阻的主要应用。工业测量中常用三线制接法,标准或实验室精密测量中常用四线制。这样不仅可以消除连接导线电阻的影响,而且还可以消除测量电路中寄生电势引起的误差。在测量过程中需要注意的是,流过热电阻丝的电流不宜过大,否则会产生过大的热量,影响测量精度。图 6-22 为热电阻的测量电路图。

(2) 流量测量

利用热电阻上的热量消耗和介质流速的关系还可以测量流量、流速、风速等。图 6-23 就是利用铂热电阻测量气体流量的一个例子。图中热电阻探头 R_{t1} 放置在气体流路中央位置,它所耗散的热量与被测介质的平均流速成正比,另一热电阻 R_{t2} 放置在不受流动气体干扰的平静小室中,它们分别接在电桥的两个相邻桥臂上。测量电路在流体静止时处于平衡状

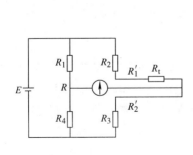

图 6-22 热电阻的测量电路图

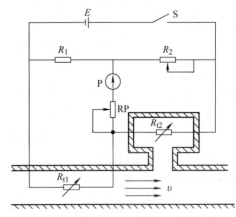

图 6-23 热电阻式流量计电路原理图

态，桥路输出为零。当气体流动时，介质会将热量带走，从而使 R_{t1} 和 R_{t2} 的散热情况不一样，致使 R_{t1} 的阻值发生相应的变化，使电桥失去平衡，产生一个与流量变化相对应的不平衡信号，并由检流计 P 显示出来，检流计的刻度值可以指示出气体流量的相应数值。

6.4 热敏电阻和集成温度传感器

6.4.1 热敏电阻传感器

热敏电阻温度传感器就是利用半导体的电阻值随温度变化的特性，对温度和温度有关的参数进行检测的装置。

热敏电阻用途很广。近年来，几乎所有的家用电器产品都装有微处理器，温度控制完全智能化，这些温度传感器几乎都使用热敏电阻。

1. 结构与材料和特性

（1）热敏电阻结构

大部分半导体热敏电阻是由各种氧化物按一定比例混合，经高温烧结而成，如图 6-24 所示，多数热敏电阻具有负的温度系数，即当温度升高时，其电阻值下降，同时灵敏度也下降。这个原因限制了它在高温下的使用。

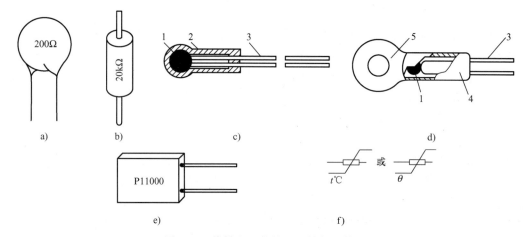

图 6-24 热敏电阻的外形、结构及符号
a）圆片形热敏电阻 b）柱形热敏电阻 c）珠形热敏电阻 d）铠装型热敏电阻 e）厚膜热敏电阻 f）热敏电阻符号
1—热敏电阻 2—玻璃外壳 3—引出线 4—紫铜外壳 5—热安装孔

（2）热敏电阻的热电特性

热敏电阻按温度系数不同可分为正温度系数热敏电阻（PTC）和负温度系数热敏电阻（NTC）两种。NTC 又可分为两大类：第一类电阻值与温度之间呈严格的负指数关系；第二类为突变型（CTR），当温度上升到某临界点时，其电阻值会突然下降。热敏电阻的阻值与温度关系特性曲线如图 6-25 所示。

2. 热敏电阻的应用

由于热敏电阻具有许多优点，所以应用范围很广，可用于温度测量、温度控制、温度补偿、稳压稳幅、自动增益调整、气体和液体分析、火灾报警和过热保护等方面。下面介绍几种主要应用。

（1）热敏电阻用于温度控制

图6-26是用热敏电阻实现的恒温电路，图中A为比较器。当环境温度达到T℃时，可由输出信号实现自动调温控制。电路工作原理是，比较器A的同相输入端由RP_1、R_2、R_3分压比确定。RP_1调节比较器的比较电平，从而调节所需控制的温度。当温度T升高时，负温度系数热敏电阻及R_t阻值下降，比较器反相输入端U_a下降，当U_a下降至小于等于同相端U_b电位时，比较器输出电压U_o翻转为高电平。比较器将输出至驱动电路，控制开关继电器打开降温设备；当温度下降时热敏电阻R_t阻值上升，U_a上升到某一值时比较器再次跳变为低电平，关闭降温设备。

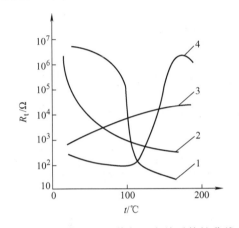

图6-25 热敏电阻阻值与温度关系特性曲线
1—突变型（NTC） 2—负指数型（NTC）
3—正指数型（PTC） 4—突变型（PTC）

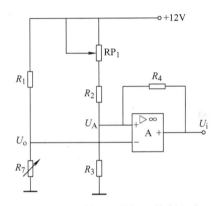

图6-26 热敏电阻的恒温控制电路

比较器将输出至驱动电路，可控制开关继电器等。RP_1可调节比较器的比较电平，从而调节所需控制的温度。

（2）热敏电阻作温度补偿用

如图6-27所示，根据晶体管特性，当环境温度升高时，其集电极电流I_c上升，这等效于晶体管等效电阻下降，U_{sc}会增大。若要使U_{sc}维持不变，则需提高基极b点电位，减少晶体管基流。为此选择负温度系数的热敏电阻R_t，从而使基极电位提高，达到补偿目的。

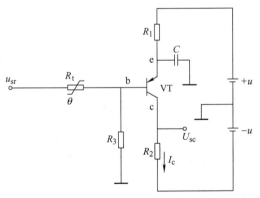

图6-27 热敏电阻用于晶体管的温度补偿电路

6.4.2 集成温度传感器

集成温度传感器是利用晶体管PN结的电流和电压特性与温度的关系，把敏感元件、放大电路和补偿电路等部分集成化，并把它们封装在同一壳体里的一种一体化温度检测元件。它除了与半导体热敏电阻一样具有体积小、反应快的优点外，还有线性好、性能高、价格低、抗干扰能力强等特点。

虽然由于PN结受耐热性能和特性范围的限制，只能用来测量150℃以下的温度，但在许多领域还是得到了广泛应用。目前，集成温度传感器主要分为三大类：一类为电压型集成温度传感器；另一类为电流型集成温度传感器；还有一类是数字输出型集成温度传感器。

电压型集成温度传感器是将温度传感器基准电压、缓冲放大器集成在同一芯片上，制成一个两端器件。因器件有放大器，故输出电压高，线性输出为10mV/℃；另外，由于其具有输出阻抗低的特性，抗干扰能力强，故不适合长线传输。这类集成温度传感器特别适合于工业现场测量。

电流型集成温度传感器是把线性集成电路和与之相容的薄膜工艺元件集成在一块芯片上，再通过激光修版微加工技术，制造出性能优良的测温传感器。这种传感器的输出电流正比于热力学温度，即1μA/K；其次，因电流型输出恒流，所以传感器具有高输出阻抗，其值可达10MΩ，这为远距离传输深井测温提供了一种新型器件。

1. 集成温度传感器的测温原理

集成温度传感器把热敏晶体管和外围电路、放大器、偏置电路及线性电路制作在同一芯片上。集成温度传感器多采用匹配的差分对管作为温度敏感元件，根据绝对温度比例关系，利用两个晶体管发射极的电流密度在恒定比率下工作时，一对晶体管的基极与发射极之间电压差ΔU_{be}与温度呈线性关系进行温度测量。

图6-28是绝对温度比例电路，VT_1、VT_2是两只互相匹配的温敏晶体管，I_1、I_2是集电极电流，由恒流源提供，电阻R_1上的电压就是两个晶体管的发射极和基极之间的电压差ΔU_{be}。由晶体管伏安特性方程可得

$$\Delta U_{be} = U_{be1} - U_{be2} = \frac{kT}{e}\ln\left(\frac{I_1}{I_2}\gamma\right) \tag{6-19}$$

式中　　k——为玻耳兹曼常数；

e——为电子电荷量；T为绝对温度；

γ——为VT_1、VT_2发射极面积比。

由式（6-19）可见，ΔU_{be}正比于绝对温度T，只要I_1/I_2为一恒定值，就可以使ΔU_{be}与温度T满足单值线性函数关系，因此称为绝对温度比例电路。这也是集成温度传感器的基本工作原理。

因为集电极电流比可以等于集电极电流密度比，那么只要保证两只晶体管的集电极电流密度比不变，电压ΔU_{BE}就可以正比于热力学温度T。

（1）电压输出型

电压输出型电路原理如图6-29所示，电路特点是输出电压U_o正比于绝对温度T_0，VT_1、VT_2为差分对管，调节电阻R_1，可使$I_1=I_2$，当对管VT_1、VT_2的β值大于等于1时，电路输出电压U_o为

$$U_o = I_2 R_2 = \frac{\Delta U_{be}}{R_1} R_2$$

由此可得

$$\Delta U_{be} = \frac{U_o R_1}{R_2} = \frac{kT}{e}\ln\gamma \tag{6-20}$$

可见输出电压U_o大小与绝对温度T成正比关系，与R_1、R_2电阻比有关。

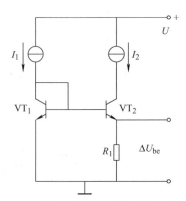
图 6-28　集成温度传感器的基本工作原理

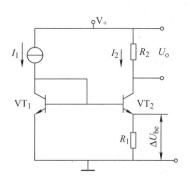
图 6-29　电压输出型原理电路图

(2) 电流输出型

电流输出型电路原理如图 6-30 所示，图中 VT_1、VT_2 是结构对称的晶体管作为恒流源负载，VT_3、VT_4 作为感温元件，VT_3、VT_4 发射结面积之比为 γ，此时电流源总电流 I_T 为

$$I_T = 2I_1 = \frac{2\Delta U_{be}}{R} = \frac{2kT}{eR}\ln\gamma \tag{6-21}$$

由式 (6-21) 可得，当 R、γ 为恒定量时，I_T 与 T 呈线性关系。若 $R = 358\Omega$，$\gamma = 8$，则电路输出温度系数为 $1\mu A/K$。

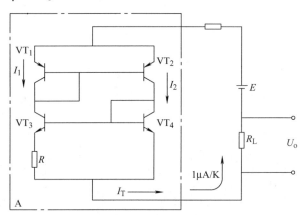
图 6-30　电流输出型原理电路图

2. 集成温度传感器介绍

(1) AD590 系列集成温度传感器

AD590（美国 AD 公司生产）是电流输出型集成温度传感器，其结构外形如图 6-31 所示。器件电源电压 4～30V，测温范围 -55～150℃，输出电流 223 (-50℃) ～423μA (150℃)，灵敏度为 $1\mu A/℃$。

AD590 输出电流信号传输距离可达 1km 以上，适用于多点温度测量和远距离温度测量的控制。

(2) 电流型集成温度传感器 AD590 的应用

1) 温度测量。图 6-32 是应用 AD590 测量绝对温度最简单的例子，如果 $R = 1k\Omega$，U_T 满足 1mV/K 关系，则可由输出电压 U_T 读出 AD590 所处的热力学温度。

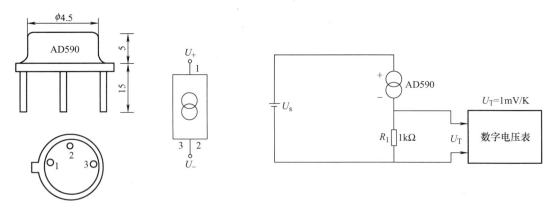

图 6-31　AD590 外形和电路符号　　　　　图 6-32　绝对温度测量

2）温度控制。图 6-33 是 AD590 应用于简单温度控制的电路。AD311 为比较器,它的输出可控制加热器电流,调节 R_1 可改变比较电压,从而改变控制温度。AD581 是稳压器,为 AD590 提供一个合理的稳定电压。

（3）AD22100 集成温度传感器

AD22100 是美国 AD 公司生产的一种电压型单片式温度传感器,如图 6-34 所示。U_+ 为电源输入端,一般为+5V；GND 为接地端；NC 引脚在使用时连接在一起,并悬空；U_o 为电压输出端。

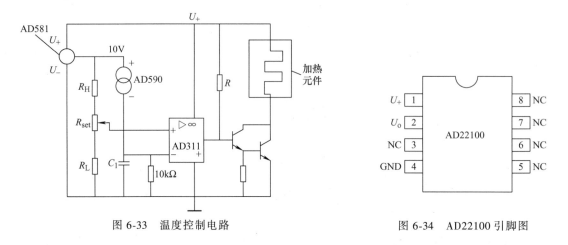

图 6-33　温度控制电路　　　　　　　图 6-34　AD22100 引脚图

图 6-35 为 AD22100 的应用电路。这种温度传感器的特点是灵敏度高、响应快、线性度好,工作温度范围为 -50~150℃。

此外还一些其他类型的国产集成温度传感器,如 SL134M 集成温度传感器,是一种电流型三端器件,它是利用晶体管的电流密度差来工作的；SL616ET 集成温度传感器,是一种电压输出型四端器件,由基准电压、温度传感器、运算放大器三部分电路组成,整个电路可在 7V 以上的电源电压范围内工作。

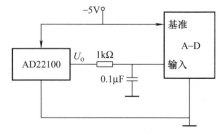

图 6-35　AD22100 应用电路

6.5 实训

6.5.1 实训1 热电偶传感器测温度

1. 实训目的

1) 掌握热电偶测温系统的组成。
2) 熟悉热电偶的工作原理及现象。

2. 实训器材

热电偶、温控电加热器、差动放大器、F/V 表。

3. 测量原理与步骤

(1) 热电偶原理

热电偶是一种感温元件,热电偶由两种不同成分的均质金属导体组成,形成两个热电极端。温度较高的一端为工作端或热端,温度较低的一端为自由端或冷端,自由端通常处于某个恒定的温度下。当两端存在温度梯度时,回路中就会有电流通过,此时两端之间就存在热电动势。测得热电动势后,即可知道被测介质的温度。

(2) 测量步骤

1) 观察热电偶结构(可旋开热电偶保护外套),了解温控电加热器工作原理。
2) 按图 6-36 连接测量电路。

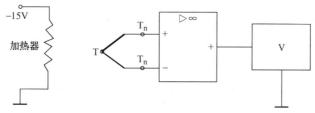

图 6-36 热电偶测量电路

3) 接通电源,调节差动放大电路调零旋钮,使 F/V 表显示为零,记录下室温。
4) 将温度设定在 50℃左右,打开温控电加热器加热开关,观察 F/V 表显示值的变化,待数值稳定不变时记录下 F/V 表的读数。
5) 继续将炉温提高到 70℃、90℃、110℃和 130℃,重复上述实验,观察热电偶的测温性能。

6.5.2 实训2 电冰箱温度超标指示器

1. 实训目的

1) 熟悉电冰箱温度超标指示器电路的工作原理。
2) 掌握电冰箱温度超标指示器的制作与调试方法。

2. 制作要求

电冰箱冷藏室的温度一般都设置在 8℃以下,利用负温度系数热敏电阻制成的电冰箱温度超标指示器,可以在温度超过 8℃时,提醒用户及时采取措施。

3. 电路原理

电冰箱温度超标指示器电路如图 6-37 所示。电路由热敏电阻 R_T 和做比较器用的运放 IC 等元件组成。运放 IC 反相输入端加有 R_1 和热敏电阻 R_T 的分压电压。该电压随电冰箱冷藏室温度的变化而变化。运放 IC 同相输入端加有基准电压，此基准电压的数值对应于电冰箱冷藏室最高温度的预定值，可以通过调节电位器 RP 来设定电冰箱冷藏室最高温度的预定值。

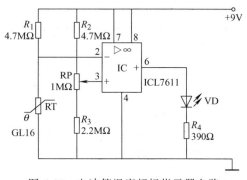

图 6-37 电冰箱温度超标指示器电路

当电冰箱冷藏室的温度上升时，负温度系数热敏电阻 R_T 的阻值变小，加于运放 IC 反向输入端的分压电压随之减小。当分压电压减小到设定的基准电压时，运放 IC 端呈现高电平，使二极管 VD 指示灯点亮报警，表示电冰箱冷藏室温度已经超过上限值，不利于食物保鲜。

4. 元件选择

本电路比较简单，所用元器件不多，$R_1 \sim R_3$ 选择 RTX-1/4W 碳膜电阻，热敏电阻 RT 选择负温度系数 MF58 玻璃封装型，运放选择 CMOS 型低电压、低功耗的 ICL7611，电位器 RP 选择 WS 型精密电位器，R_4 选择精密 1/2W 金属膜电阻，VL 选择高亮度的发光二极管。

5. 制作与调试

制作印制电路板或利用面包板装调该电路，过程如下。

1) 准备电路板和元器件。
2) 合理布局，电路装配、焊接调试。
3) 电路各点电压测量。
4) 记录实验过程和结果。
5) 调节电位器 RP 于不同的值，观察和记录报警温度，进行电路参数和实训结果分析。

6.6 习题

1. 填空题

（1）热电式传感器是将温度变化转换为_____的装置，它是利用测温敏感元件的_____的特性，通过测量_____来检测温度的。

（2）温度是物体内部分子无规则运动剧烈程度的标志，温度高的物体分子平均动能_____，温度低的物体分子平均动能_____。

（3）当两个冷热程度不同物体接触后就会产生_____和_____，使两个物体具有_____，并处于_____。

（4）接触式温度传感器的检测部分与被测对象有良好的接触，通过_____达到热平衡，从而使传感器输出的_____能直接表示被测对象的温度。

（5）非接触式温度传感器是利用光电传感器通过检测物体发出的_____来测量物体的温度，可进行遥测。

（6）当两种不同的金属导体接触时，在接触面上因自由电子_____不同而发生电子扩散，电子扩散速率与两导体的_____有关，并和接触区的_____成正比。

（7）热电阻是利用物质的_____随温度变化的特性制成的电阻式测温系统，由纯金属热敏组件制作的热电阻称为_____，由半导体材料制作的热电阻称为_____。

（8）热敏电阻按温度系数不同可分为_____和_____两种。

（9）集成温度传感器是利用晶体管_____与温度的关系，把_____、_____和_____等部分集成化，并把它们封装在同一壳体里的一种一体化温度检测元件。

2. 什么是温标？常用的温标有哪几种？

3. 什么是热电效应和热电动势？什么叫接触电动势？什么叫温差电动势？

4. 什么是热电偶的中间导体定律？中间导体定律有什么意义？

5. 热电偶串联测温线路和并联测温线路主要用于什么场合，并简述各自的优缺点。

6. 热电偶冷端温度对热电偶的热电势有什么影响？为消除冷端温度影响可采用哪些措施？

第7章　磁电式传感器

本章介绍的磁电式传感器主要有两类：一类是利用电磁感应原理的磁电感应式传感器，将运动速度、位移转换成线圈中的感应电动势输出；另一类是利用某些材料的磁电效应做成的对磁场敏感的传感器，如霍尔元件、磁阻元件、磁敏二极管、磁敏晶体管等，这类传感器除用于测量和感受磁场外，还广泛用于位移、振动、速度、转速和压力等多种非电学量的测量。

7.1　磁电感应式传感器

7.1　磁电感应式传感器

磁电感应式传感器简称为感应式传感器，它是利用电磁感应原理，将运动速度、位移转换成线圈中的感应电动势输出。磁电感应式传感器工作时不需要外加电源，可直接将被测物体的机械能转换为电能，是一种机-电能量变换型传感器，其特点是输出功率大、稳定可靠、结构简单，输出阻抗小，工作频率范围为 10~1000Hz，但传感器尺寸大、较重，频率响应低。适用于转速、振动、位移和扭矩等非电学量的测量。

7.1.1　工作原理和结构形式

磁电感应式传感器利用导体和磁场发生相对运动时会在导体两端输出感应电动势。根据法拉第电磁感应定律可知，导体在磁场中运动切割磁力线，或者通过闭合线圈的磁通发生变化时，在导体两端或线圈内将产生感应电动势，电动势的大小与穿过线圈的磁通变化率有关。当导体在均匀磁场中，沿垂直磁场方向运动时，导体内产生的感应电动势为

$$e = -N\frac{\mathrm{d}\varPhi}{\mathrm{d}t} \qquad (7-1)$$

这就是磁电感应式传感器的基本工作原理。根据这一原理，磁电感应式传感器有恒磁通式和变磁通式两种结构形式。

1. 恒磁通式

图 7-1 为恒磁通式磁电感应传感器结构示意图。磁路系统产生恒定的磁场，工作间隙中的磁通也恒定不变，感应电动势是由线圈相对永久磁铁运动时切割磁力线而产生

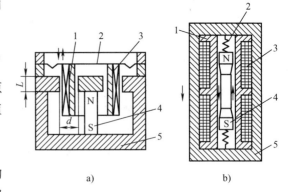

图 7-1　恒磁通式磁电感应传感器结构示意图
a) 动圈式　b) 动钢式
1—金属骨架　2—弹簧　3—线圈　4—永久磁铁　5—壳体

的。运动部件可以是线圈或是磁铁,因此结构上又分为动圈式和动钢式两种。

图7-1a中,永久磁铁与传感器壳体固定,线圈相对于传感器壳体运动,称为动圈式。图7-1b中,线圈组件与传感器壳体固定,永久磁铁相对于传感器壳体运动,称为动钢式。

动圈式和动钢式的工作原理相同,感应电动势大小与磁感应强度、线圈匝数以及相对运动速度有关,若线圈和磁铁有相对运动,则线圈中产生的感应电动势与磁感应强度、线圈导体长度、线圈匝数以及线圈切割磁力线的速度成比例关系为

$$e = -NBlv \tag{7-2}$$

式中,B为磁感应强度;N为线圈匝数,l是每匝线圈长度;v为运动速度。

2. 变磁通式

变磁通式磁电感应传感器结构及原理如图7-2所示,线圈和磁铁都静止不动,感应电动势是由变化的磁通产生的。由导磁材料组件构成的被测体运动时,如转动物体引起磁阻变化,使穿过线圈的磁通量变化,从而在线圈中产生感应电动势,所以这种传感器也称为变磁阻式。根据磁路系统的结构不同又分为开磁路和闭磁路两种。

图7-2a是开磁路变磁通式转速传感器,安装在被测转轴上的齿轮旋转时与软铁的间隙发生变化,引起间隙磁阻和穿过间隙的磁通发生变化,使线圈中产生感应电动势。感应电动势的频率取决于齿轮的齿数Z和转速n,测出频率f就可求得转速,即$f=Zn$。

图7-2b是闭磁路变磁通式转速传感器,其中内齿数和外齿数相同。当转轴连接到被测转轴上时,外齿轮不动,内齿轮转动,由于内外齿轮的相对运动使磁路间隙发生变化,在线圈中产生交变的感应电动势。

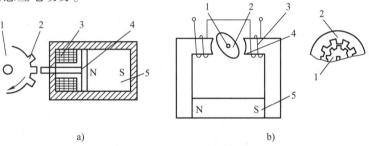

图7-2 变磁通式磁电感应传感器结构
a) 开磁路变磁通式转速传感器 b) 闭磁路变磁通式转速传感器
1—被测转轴 2—铁齿轮 3—线圈 4—软铁 5—永久磁铁

7.1.2 磁电感应式传感器的测量电路

磁电感应式传感器可直接输出感应电动势,而且具有较高的灵敏度,对测量电路无特殊要求。用于测量振动速度时,能量全被弹簧吸收,磁铁与线圈之间相对运动速度接近于振动速度,磁路间隙中的线圈切割磁力线时,产生正比于振动速度的感应电动势,直接输出速度信号。如果要进一步获得振动位移、振动加速度等,可分别接入积分电路或微分电路,将速度信号转换成与位移或加速度有关的电信号输出。

图7-3是磁电感应式传感器测量电路原理框图,为便于阻抗匹配,将积分电路和微分电路置于两级放大器之间,磁电感应式传感器的输出信号直接经主放大器输出,该信号与速度成比例。前置放大器分别接积分电路或微分电路,接入积分电路时,感应电动势输出正比于

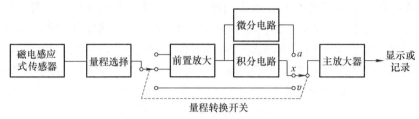

图 7-3 磁电感应式传感器测量电路原理框图

位移信号；接入微分电路时，感应电动势输出正比于加速度信号。

1. 积分电路

已知速度和位移、时间的关系为

$$v = dx/dt \text{ 或者 } dx = vdt$$

设传感器输出电压为积分放大器输入电压：$U_i = e = sv$，通过积分电路（见图7-4a）输出电压为

$$U_o(t) = -\frac{1}{C}\int \frac{U_i}{R}dt = -\frac{1}{RC}\int U_i dt \tag{7-3}$$

式中，RC 为积分时间常数。

式（7-3）结果表示积分电路的输出电压 U_o 正比于输入信号 U_i 对时间的积分值，即正比于位移 x 的大小。

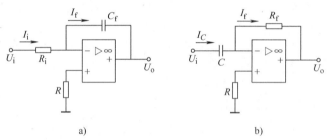

图 7-4 磁电感应式传感器测量电路
a）积分电路 b）微分电路

2. 微分电路

已知加速度和速度、时间的关系为 $a = dv/dt$。

同样设传感器输出电压为微分放大器输入电压 $U_i = e = sv$，通过微分电路（见图7-4b）输出电压为

$$U_o(t) = -Ri = -RC\frac{dU_i(t)}{dt} \tag{7-4}$$

式（7-4）结果表示微分电路的输出电压 U_o 正比于输入信号 U_i 对时间的微分值，即正比于加速度 a。

7.1.3 磁电感应式传感器的应用

1. 磁电感应式振动传感器

图 7-5 所示是磁电感应式振动传感器的结构示意图。图中永磁体 3 通过铝架 4 和圆筒形

导磁材料制成的壳体7固定在一起,形成磁路系统,壳体还起屏蔽作用。磁路中有两个环形气隙,右气隙中放有工作线圈6,左气隙中放有用铜或铝制成的圆环形阻尼器2,工作线圈和圆环形阻尼器用同心轴5连接在一起组成质量块,用圆形弹簧片1和8支承在壳体上。使用时,将传感器固定在被测振动体上,永磁体、铝架、壳体一起随被测体振动,由于质量块的惯性,产生惯性力,而弹簧片又非常柔软,因此,当振动频率远大于传感器的固定频率时,线圈在磁路系统的环形气隙中相对永磁体运动,以振动体的振动速度切割磁力线,产生感应电动势,并通过引线输出到测量电路。同时两导体阻尼器也在磁路系统气隙中运动,感应产生涡流,形成系统的阻尼力,起衰减固有振动和扩展频率响应范围的作用。

2. 磁电感应式转速传感器

图7-6所示是一种磁电感应式转速传感器的结构示意图。图中齿形圆盘与转轴1固紧。转子2和软铁4、定子5均用软铁制成,它们和永磁体3组成磁路系统。转子2和定子5的环形端面上都均匀地分布着齿和槽,两者的齿、槽数对应相等。测量转速时,传感器的转轴1与被测物体转轴相连接,因而带动转子2转动。当转子2的齿与定子5的齿相对时,气隙最小,磁路系统中的磁通最大。而齿与槽相对时,气隙最大,磁通最小。因此当转子2转动时,磁通就周期性地变化,从而在线圈中感应出近似正弦波的电压信号,其频率与转速成正比例关系。

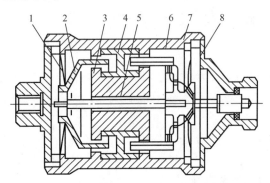
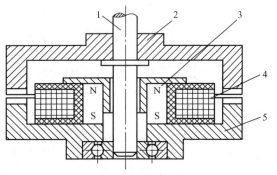

图 7-5 磁电感应式振动传感器结构示意图
1、8—弹簧片 2—阻尼器 3—永磁体 4—铝架
5—同心轴 6—线圈 7—壳体

图 7-6 磁电感应式转速传感器结构示意图
1—转轴 2—转子 3—永磁体 4—软铁 5—定子

3. 磁电感应式扭矩传感器

图7-7所示是磁电感应式扭矩传感器的工作原理图。在驱动源和负载之间的扭转轴的两

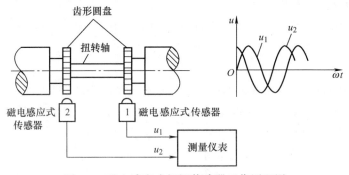

图 7-7 磁电感应式扭矩传感器工作原理图

侧安装有齿形圆盘，它们旁边装有相应的两个磁电感应式传感器。磁电感应式传感器的永磁体产生的磁通与齿形圆盘交链，当齿形圆盘旋转时，圆盘齿凸凹引起磁路气隙的变化，于是磁通量也发生变化，在线圈中产生出交流电压，其频率等于圆盘上齿数与转速的乘积，即

$$f = Zn \tag{7-5}$$

式中，Z 为传感器定子、转子的齿数。

当被测转轴有扭矩作用时，轴的两端产生扭转角，两个传感器就输出一定附加相位差的感应电压 u_1 和 u_2，这个相位差与扭转角成正比。这样传感器就把扭矩引起的扭转角转换成相应变化的电信号。

7.2 霍尔传感器

霍尔传感器是基于霍尔效应的一种传感器。1879年，美国物理学家霍尔首先在金属材料中发现了霍尔效应，但由于金属材料的霍尔效应太弱而没有得到应用。随着半导体技术的发展，人们开始用半导体材料制成霍尔元件，由于它的霍尔效应显著而得到应用和发展。

霍尔传感器具有体积小、成本低、灵敏度高、性能可靠、频率响应宽和动态范围大的特点，并可采用集成电路工艺，因此被广泛用于电磁测量、压力、加速度和振动等方面的测量。

7.2.1 霍尔传感器的工作原理

置于磁场中的导体或半导体内通入电流，如电流与磁场垂直，则在与磁场和电流都垂直的方向上会出现一个电势差，这种现象称为霍尔效应。利用霍尔效应制成的传感器称为霍尔传感器。

如图7-8所示，将N型半导体薄片置于磁感应强度为 B 的磁场中，在薄片左右两端通以电流 I，电流与磁场垂直，那么半导体中的载流子（电子）将沿着与电流 I 相反的方向运动。由于外磁场 B 的作用，使电子受到磁场力 F_L（洛伦兹力）而发生偏转，结果在半导体的前端面上电子积累带负电，而后端面缺少电子带正电，在前后断面间形成电场。该电场产生的电场力 F_E 阻止电子继续偏转。当 F_E 和 F_L 相等时，电子积累达到动态平衡。这时在半导体前后两端面之间（即垂直于电流和磁场方向）建立电场，称为霍尔电场 E_H，相应的电势 U_H 称为霍尔电势。

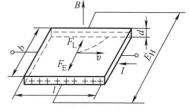

图 7-8 霍尔效应

N型半导体中的多数载流子电子的运动方向与电流方向相反。在磁感应强度为 B 的磁场中，导体自由电子在磁场的作用下做定向运动，每个电子受洛伦兹力 F_L 作用

$$F_L = Bev \tag{7-6}$$

式中，e 为电子的电荷量，$e = 1.602 \times 10^{-19}$ C，v 为半导体电子的运动速度，其方向与外电路 I 的方向相反，在讨论霍尔效应时，假设所有电子载流子的运动速度相同。

在力 F_L 的作用下，电子向半导体片的一个侧面偏转，在该侧面上形成电子的积累，而在相对的另一侧面上因缺少电子而出现等量的正电荷。在这两个侧面上产生霍尔电场 E_H，半导体片两侧面间出现电位差 U_H，称为霍尔电势，该电场使运动电子受到霍尔电场力 F_E，

F_E 阻止电子偏转,其大小与霍尔电势 U_H 有关。

$$F_E = eE_H = e\frac{U_H}{b} \tag{7-7}$$

电场力阻止电子继续向原侧面积累,当电子所受电场力和洛伦兹力相等时,电荷的积累达到动态平衡,即 $F_L = F_E$,有

$$F_L = Bev = eE_H = e\frac{U_H}{b}$$

$$E_H = Bv$$

$$U_H = Bvb \tag{7-8}$$

设(半)导体薄片的电流为 I,载流子浓度为 n(金属代表电子浓度),电子运动速度为 v,薄片横截面面积为 db,则有电流关系式 $I = -nevbd$,其中

$$v = -\frac{I}{nebd}$$

所以

$$U_H = Bvb = -\frac{IB}{ned} = R_H \frac{IB}{d} = K_H IB \tag{7-9}$$

式中,R_H 为霍尔系数;K_H 为霍尔元件的灵敏度(也叫霍尔灵敏度或霍尔灵敏系数)。

由式(7-9)可见,霍尔电势正比于激励电流及磁感应强度,其灵敏度与霍尔系数 R_H 成正比,而与霍尔片厚度 d 成反比。为了提高灵敏度,霍尔元件常制成薄片形状。

如果磁场与薄片法线夹角为 θ,那么

$$U_H = K_H IB \cos\theta \tag{7-10}$$

又因 $R_H = \mu\rho$,即霍尔系数等于霍尔片材料的电阻率 ρ 与电子迁移率 μ 的乘积。一般金属材料载流子迁移率很高,但电阻率很小,而绝缘材料电阻率极高,但载流子迁移率极低,故只有半导体材料适于制造霍尔片。目前常用的霍尔元件材料有锗、硅、砷化铟、锑化铟等半导体材料。

其中,N 型锗容易加工制造,其霍尔系数、温度性能和线性度都较好。N 型硅的线性度最好,其霍尔系数、温度性能同 N 型锗相近。锑化铟对温度最敏感,尤其在低温范围内温度系数大,但在室温时其霍尔系数较大。砷化铟的霍尔系数较小,温度系数也较小,输出特性线性度好。

7.2.2 霍尔元件的结构及技术参数

1. 霍尔元件的结构

霍尔元件的结构很简单,它由霍尔片、引线和壳体组成,如图 7-9a 所示。霍尔片是一块矩形半导体单晶薄片,引出 4 个引线。a、b 两根引线加激励电压或电流,称为激励电极;c、d 引线为霍尔电势输出引线,称为霍尔电极,如图 7-9b 所示。霍尔元件壳体由非导磁金属、陶瓷或环氧树脂封装而成。在电路中霍尔元件的图形符号如图 7-9c 所示。

2. 霍尔元件主要特性参数

霍尔元件主要特性参数如下。

(1)霍尔灵敏度 K_H

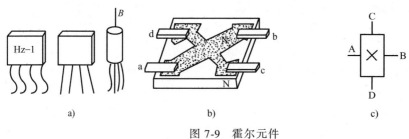

图 7-9 霍尔元件
a) 实物图　b) 结构图　c) 图形符号

在单位控制电流和单位磁感应强度作用下,霍尔元件输出端的开路电压,称为霍尔灵敏度 K_H,单位为 $V/(A \cdot T)$。

(2) 额定激励电流 I_N 和最大允许激励电流 I_{max}

霍尔元件在空气中产生的温升为 10℃ 时,所对应的激励电流称为额定激励电流 I_N。以元件允许的最大温升为限制,所对应的激励电流称为最大允许激励电流 I_{max}。

(3) 输入电阻 R_i 和输出电阻 R_o

R_i 为霍尔元件两个激励电极之间的电阻,R_o 为两个霍尔电极之间的电阻。

(4) 不等位电势 U_o 和不等位电阻 R_o

当霍尔元件的激励电流为额定值 I_N 时,若元件所处位置的磁感应强度为零,则它的霍尔电势应该为零,但实际不为零,这时测得的空载霍尔电势称为不等位电势。不等位电势主要是由霍尔电极安装不对称造成的,由于半导体材料的电阻率不均匀、基片的厚度和宽度不一致、霍尔电极与基片的接触不良(部分接触)等原因,即使霍尔电极的装配绝对对称,也会产生不等位电势。不等位电阻定义为 $R_o = U_o/I_N$,R_o 越小越好。

(5) 寄生直流电势 U_{oD}

当不加磁场,元件通以交流控制电流,这时元件输出端除出现交流不等位电势以外,如果还有直流电势,则此直流电势称为寄生直流电势 U_{oD}。

产生交流不等位电势的原因与直流不等位电势相同。产生 U_{oD} 的原因主要是元件本身的 4 个电极没有形成欧姆接触,有整流效应。

(6) 霍尔电势温度系数 α

在一定磁感应强度和激励电流下,温度每变化 1℃ 时,霍尔电势变化的百分率,称为霍尔电势温度系数 α,α 越小越好。

7.2.3 霍尔传感器测量电路

1. 基本电路及原理

霍尔元件的基本电路如图 7-10 所示。控制电流由电源 E 供给,RP 为调节电阻,调节控制电流的大小。霍尔输出端接负载 R_L,R_L 可以是一般电阻,也可以是放大器的输入电阻或指示器内阻。在磁场与控制电流的作用下,负载上就有电压输出。在实际使用时,I 或 B 或两者同时作为信号输入,而输出信号则正比于 I 或 B 或两者的乘积。

由于建立霍尔效应所需的时间很短($10^{-14} \sim 10^{-12}$ s),因此,控制电流为交流时,频率可以很高(几千兆赫)。

2. 温度误差及其补偿

（1）温度误差

霍尔元件测量的关键是霍尔效应，而霍尔元件是由半导体制成的，因半导体对温度很敏感，霍尔元件的载流子迁移率、电阻率和霍尔系数都随温度而变化，因而使霍尔元件的特性参数（如霍尔电势和输入、输出电阻等）成为温度的函数，导致霍尔传感器产生温度误差。

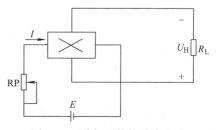

图 7-10　霍尔元件的基本电路

（2）温度误差的补偿

为了减小霍尔元件的温度误差，需要对基本测量电路进行温度补偿的改进，可以采用的补偿方法有许多种，常用的有以下方法：采用恒流源提供控制电流，选择合理的负载电阻进行补偿，利用霍尔元件回路的串联或并联电阻进行补偿，也可以在输入回路或输出回路中加入热敏电阻进行温度误差的补偿。

采用温度补偿元件是一种最常见的补偿方法。图 7-11 所示为采用热敏电阻进行补偿的几种补偿方法。图 7-11a 所示为输入回路补偿电路，锑化铟元件的霍尔输出随温度升高而减小的因素，被控制电流的增加（热敏电阻的阻值随温度升高而减小）所补偿。

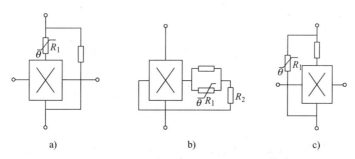

图 7-11　采用热敏电阻的温度补偿回路

a) 输入回路补偿　b) 输出回路补偿　c) 正温度系数热敏电阻的补偿电路

图 7-11b 所示为输出回路补偿电路，负载上得到的霍尔电势随温度升高而减小的因素，被热敏电阻阻值减小所补偿。图 7-11c 所示为用正温度系数的热敏电阻进行补偿的电路。在使用时，温度补偿元件最好和霍尔元件封在一起或靠近，使它们温度变化一致。

7.2.4　集成霍尔元件

随着微电子技术的发展，目前霍尔元件多已集成化。集成霍尔元件有许多优点，如体积小、灵敏度高、输出幅度大、温漂小且对电流稳定性要求低等。

集成霍尔传感器是利用硅集成电路工艺将霍尔元件、放大器、施密特触发器以及输出电路等集成在一起的一种传感器。它取消了传感器和测量电路之间的界限，实现了材料、元件、电路三位一体。集成霍尔传感器与分立元件相比，由于减少了焊点，因此可靠性得到了显著提高。按照输出信号的形式，可以分为线性集成霍尔传感器和开关集成霍尔传感器两种类型。

1. 线性集成霍尔传感器

线性集成霍尔传感器的特点是输出电压与外加磁感应强度 B 呈线性关系，内部框图和输出特性如图 7-12 所示，由霍尔元件 HG、放大器 A、差动输出电路 D 和稳压电源 R 等组成。图 7-12c 为其输出特性，在一定范围内输出特性为线性，线性中的平衡点相当于 N 和 S 磁极的平衡点。较典型的线性集成霍尔传感器如 UGN3501 等。

2. 开关集成霍尔传感器

图 7-13 是开关集成霍尔传感器。它由霍尔元件 HG、放大器 A、输出晶体管 VT、施密特电路 C 和稳压电源 R 等组成，与线性集成霍尔传感器不同之处是增设了施密特电路 C，通过晶体管 VT 的集电极输出。图 7-13c 为输出特性，是一种开关特性。开关集成霍尔传感器只有一个输出端，而且是以一定磁场电平值进行开关工作的。由于内设有施密特电路，开关特性具有时滞性，因此有较好的抗噪声效果。集成霍尔传感器一般内有稳压电源，工作电源的电压范围较宽，为 3~16V。较典型的开关集成霍尔传感器如 UGN3020 等。

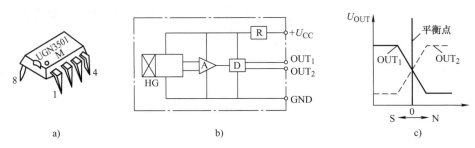

图 7-12　线性集成霍尔传感器
a）UGN3501　b）内部框图　c）输出特性

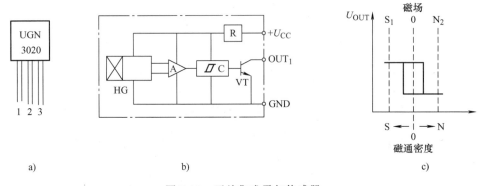

图 7-13　开关集成霍尔传感器
a）UGN3020　b）内部框图　c）输出特性

7.2.5　霍尔传感器的应用

霍尔元件具有体积小、外围电路简单、动态特性好、灵敏度高和频带宽等许多优点，因此广泛应用于工业测量、自动控制等领域。

在霍尔元件确定后，霍尔灵敏度 K_H 为一定值，对于 U_H、I、B 这三个变量，控制其中之一就可以通过测量电压、电流、磁感应强度来测量非电学量，如力、压力、应变、振动、加速度等。所以霍尔元件的应用有三种方式。

1）激励电流不变，霍尔电势正比于磁感应强度，可进行位移、加速度、转速测量。

2)激励电流与磁感应强度都为变量,传感器输出与两者乘积成正比,可测量乘法运算的物理量,如功率。

3)磁感应强度不变时,传感器输出正比于激励电流,可检测与电流有关的物理量,并可直接测量电流。

1. 霍尔元件测压力、压差

图 7-14 为霍尔压力传感器的结构原理图。霍尔压力传感器或压差传感器一般由两部分组成:一部分是弹性元件,用来感受压力,并把压力转换成为位移量;另一部分是霍尔元件和磁路系统,通常把霍尔元件固定在弹性元件上,当弹性元件产生位移时,将会带动霍尔元件在具有均匀梯度的磁场中移动,从而产生霍尔电势的变化,完成将压力(或压差)变换成电学量的转换过程。

2. 霍尔转速表

图 7-15 所示为霍尔转速表结构示意图。在被测转速的转轴上安装一个齿盘,也可选取机械系统中的一个齿轮,将霍尔元件及磁路系统靠近齿盘,随着齿盘的转动,磁路的磁阻也会周期性地变化,测量霍尔元件输出的脉冲频率就可以确定被测物的转速。

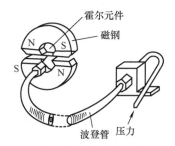

图 7-14 霍尔压力传感器结构原理图

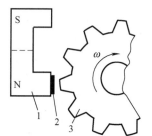

图 7-15 霍尔转速表结构示意图
1—磁铁 2—霍尔元件 3—齿盘

3. 霍尔计数装置

霍尔开关传感器 SL3501 是具有较高灵敏度的集成霍尔元件,能感受到很小的磁场变化,因而可对黑色金属零件进行计数检测。图 7-16 是对钢球进行计数的工作示意图和电路图。当钢球通过霍尔开关传感器时,传感器可输出峰值为 20mV 的脉冲电压,该电压经运算放大器 A(型号:μA741)放大后,驱动半导体晶体管 VT(型号:2N5812)工作,VT 输出端便可接计数器进行计数,并由显示器显示检测数值。

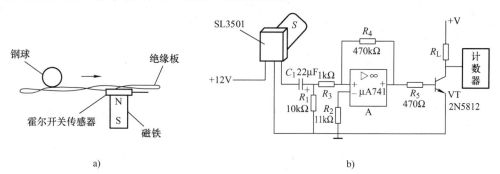

图 7-16 钢球计数的工作示意图和电路图
a)计数的工作示意图 b)计数的工作电路图

4. 霍尔无刷电动机

传统的直流电动机通过换向器来改变转子（或定子）电枢电流的方向，以维持电动机的持续运转。霍尔无刷电动机取消了换向器和电刷，而采用霍尔元件来检测转子和定子之间的相对位置，其输出信号经放大、整形后触发电子电路，从而控制电枢电流的换向，维持电动机的正常运转。图7-17是霍尔无刷电动机的结构示意图。

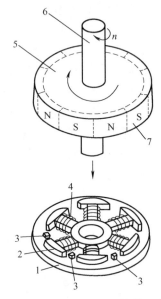

图7-17 霍尔无刷电动机结构示意图
1—定子底座 2—定子铁心 3—霍尔元件
4—线圈 5—外转子 6—转轴 7—磁极

由于无刷电动机不产生电火花及电刷磨损等问题，所以它在CD唱机和光盘驱动器等家用电器中得到越来越广泛的应用。

7.3 磁敏元件

磁敏元件与霍尔元件类似，也是基于磁-电转换原理。20世纪60年代，西门子公司研制了第一个磁敏元件；1968年，索尼公司研制成磁敏二极管，目前磁敏元件已获得广泛应用。磁敏传感器主要有磁敏电阻、磁敏二极管和磁敏晶体管等。

7.3.1 磁敏电阻器

1. 磁阻效应

磁敏电阻器是基于磁阻效应的磁敏元件。磁敏电阻与普通电阻不同，它的电阻值随磁场的变化而变化。

当长方形半导体片受到与电流方向垂直的磁场作用时，不但产生霍尔效应，而且还会出现电流密度下降、电阻率增大的现象。若适当地选几何尺寸，还会出现电阻值增大的现象。前一种现象称为物理磁阻效应，后一种现象称为几何磁阻效应。半导体磁阻元件就是综合利用这样两种效应制成的磁敏元件。

影响半导体电阻改变的原因首先是载流子在磁场中运动受到洛伦兹力作用,另一个作用是霍尔电场,由于霍尔电场作用会抵消电子运动时受到的洛伦兹力作用,磁阻效应被大大减弱,但仍然存在。磁敏电阻的磁阻效应可表示为

$$\rho_B = \rho_0(1+0.273\mu^2 B^2) \tag{7-11}$$

式中,ρ_0 为零磁场电阻率;μ 为磁导率;B 为磁感应强度。式(7-11)表示磁导率为 μ 的磁敏电阻,其电阻率 ρ_B 具有随磁感应强度变化而变化的特性。

2. 磁敏电阻结构

磁阻元件的阻值与制作材料的几何形状有关。

1)长方形样品,如图 7-18a 所示,由于电子运动的路程较远,霍尔电场对电子的作用力部分(或全部)抵消了洛伦兹力作用,即抵消磁场作用,电子行进路线基本为直线,电阻率变化很小,磁阻效应不明显。

2)扁条状长方形,如图 7-18b 所示,因为是扁条形状,其电子运动的路程较短,霍尔电场 E_H 作用很小,洛伦兹力引起的电流磁场作用使电子经过的路径发生显著偏转,磁阻效应显著。

3)圆盘样品,如图 7-18c 所示。这种结构与以上两种不同,它将一个电极焊在圆盘中央,另一个电极焊在外圆,无磁场时电流向外围电极辐射,外加磁场时中央流出的电流以螺旋形路径指向外电极,使电子经过的路径增大,电阻增加。这种结构的样品在圆盘中任何地方都不会积累电荷,因此不会产生霍尔电场,磁阻效应明显。

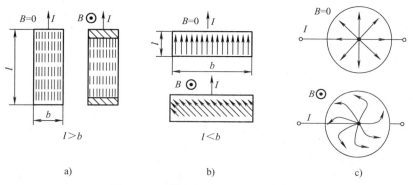

图 7-18 磁敏电阻的形状与磁阻效应
a)长方形样品 b)扁条状长方形 c)圆盘样品

为了消除霍尔电场影响并获得大的磁阻效应,通常将磁敏电阻制成圆形或扁条状长方形,实用价值较大的是扁条状长方形元件,当样品几何尺寸为 $l<b$ 时,磁阻效应较明显。

磁阻元件主要有两种材料:一种是半导体磁阻元件,如锑化铟(InSb);另一种是强磁性金属薄膜磁阻元件。图 7-19 为几种 InSb 磁敏电阻的结构及等效电路。

3. 磁敏电阻的输出特性

磁敏电阻与霍尔元件属于同一类,都是磁-电转换元件,不同的是磁敏电阻没有判断极性的能力,只有在与辅助材料(磁钢)并用时才具有识别磁极的能力。

磁敏电阻在无偏置磁场情况下检测磁场时与磁极性无关,磁敏电阻只有大小的变化,不能判别磁极性,无偏置磁场时磁敏电阻的磁感应强度与磁阻的关系为

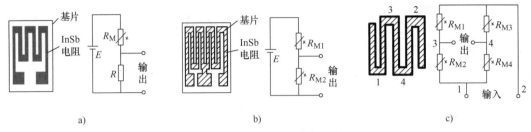

图 7-19 InSb 磁敏电阻结构及等效电路
a) 两端型　b) 三端差分型　c) 四端桥型

$$R_B = R_0(1+MB^2) \tag{7-12}$$

式中，R_0 为零磁场内阻；M 为零磁场时的系数；B 为磁感应强度。

无偏置磁场时磁敏电阻的输出特性如图 7-20 所示。

磁敏电阻在外加偏置磁场时，相当于在检测磁场中外加了偏置磁场，其输出特性如图 7-21 所示。由于偏置磁场的作用，工作点移到线性区，这时磁场灵敏度提高，磁极性也作为电阻值的变化表现出来。磁敏电阻在附加偏置磁场时的阻值变化可表示为

$$R = R_B(1+MB) \tag{7-13}$$

式中，R_B 为加入偏置磁场时电阻值；M 为加偏置磁场时的系数。

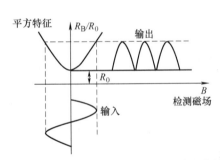

图 7-20　无偏置磁场时磁敏电阻的输出特性

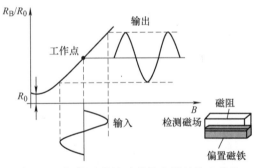

图 7-21　加偏置磁场时磁敏电阻的输出特性

4. 磁敏电阻的应用

磁阻式传感器可由磁阻元件、磁钢及放大整形电路构成。可作为转速测量传感器、线位移测量传感器，加入偏置磁场可用于磁场强度测量。

磁敏电阻应用时一般采用恒压源驱动，分压输出。三端差分型磁敏电阻有较好的温度特性，其内部结构如图 7-22 所示。磁敏电阻由磁场改变阻值的特性可应用于无触点开关、磁通计、编码器、计数器、电流计、电子水表、流量计和可变电阻图形识别等领域。

在自动检测技术中有许多微小磁信号需要测量，如录音机、录像机的磁带，防伪纸币，票据，信用（磁）卡上用的磁性油墨等。利用三端差分型磁敏电阻做成磁头来检测微弱信号，又称为图形识别器。

图 7-23 所示为磁迹信号阅读电路，磁图形识别传感器由磁敏元件 R_{M1}、R_{M2} 和放大器组成。TL072 是两级高增益放大整形检测电

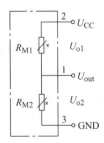

图 7-22　三端差分型磁敏电阻内部结构

路，7805 为三端稳压器，可以为传感器提供高稳定度的 5V 直流电压源。磁敏电阻的工作电压为 5V，输出为 0.3~0.8V，被检测物体的距离为 3mm。可测磁性齿轮、磁性墨水、磁性条形码、磁带，可识别有机磁性（自动售货机）等。

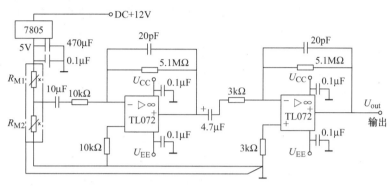

图 7-23 磁迹信号阅读电路

7.3.2 磁敏二极管与磁敏晶体管

磁敏二极管和磁敏晶体管是在霍尔元件和磁敏电阻之后发展起来的磁-电转换器件，具有很高的磁灵敏度，灵敏度量级比霍尔元件高出数百甚至数千倍，可在弱磁场条件下获得较大的输出，这是霍尔元件和磁敏电阻所不及的。它们不仅能够测出磁场大小，还能测出磁场方向，目前已在许多方面获得应用。

1. 磁敏二极管

磁敏二极管与普通晶体二极管相似，也有锗管（2ACM）和硅管（2DCM），它们都是长"基区"（I 区）的 P^+-I-N^+ 型二极管结构。由于注入形式是双注入的，所以也称双注入长基区二极管，特点是 P-N 为掺杂区，本征区（I 区）为高纯度锗，长度较长，构成高阻半导体。磁敏二极管的工作原理如图 7-24 所示，磁敏二极管的结构特征是，在长"基区"的一个侧面用打磨的方法设置了复合区 r 面，r 面是个粗糙面，载流子复合速度非常高，r 区对面是复合率很小的光滑面，一般基区长度要比载流子的扩散长度大 5 倍以上。

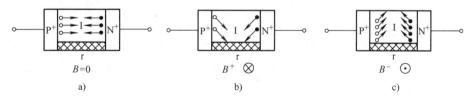

图 7-24 磁敏二极管工作原理
a) 无磁场 b) 正向磁场 c) 反向磁场

磁敏二极管的工作过程叙述如下：无外加磁场情况下，当磁敏二极管接入正向电压时，如图 7-24a 所示。P 区的空穴，N 区的电子同时注入 I 区，大部分空穴跑向 N 区，电子跑向 P 区，从而形成电流，只有少部分电子和空穴在 I 区复合。

当外加一个正向磁场时（见图 7-24b），磁敏二极管受 B^+ 磁场作用。由于洛伦兹力作用，使空穴、电子偏向高复合区（r 区），并在 r 区很快复合，导致本征区（I 区）载流子减少，相当于 I 区电阻增加，电流减少。结果外加电压在 I 区的压降增加了，而在 P-I 和 N-I

结的电压却减小了。所以载流子注入效率减少，进一步使 I 区的电阻增加，一直达到某种稳定状态。

当外加一个反向磁场时，如图 7-24c 所示，磁敏二极管受 B^- 磁场作用，空穴和电子受洛伦兹力作用向 r 区对面的光滑面偏转，于是电子和空穴复合明显减少，I 区载流子密度增加，电阻减少，电流增加，结果使 I 区电压降减少，而加在 P-I 和 N-I 结的电压却增加了，促使载流子进一步向 I 区注入，直到电阻减小到某一稳定状态为止。磁敏二极管反向偏置时，流过的电流很小，几乎与磁场无关。

上述原理说明，在正向磁场作用下，电阻增大，电流减小；在反向磁场作用下，电阻减小，电流增大，通过二极管的电流越大，灵敏度越高。磁敏二极管在弱磁场情况下可获得较大的输出电压，这是它与霍尔元件和磁敏电阻的不同之处。在一定条件下，磁敏二极管的输出电压与外加磁场的关系叫作磁敏二极管的磁电特性，如图 7-25 所示。

在磁场作用下，磁敏二极管灵敏度大大提高，并具有正、反磁灵敏度，这是磁阻元件所欠缺的。单个使用时，正向磁灵敏度大于反向磁灵敏度，互补使用时，正反向特征曲线可基本对称。

磁敏二极管温度特性较差，使用时一般要进行补偿。温度补偿电路中的磁敏二极管磁敏感面相对，按反磁性组合。图 7-26 为互补电路。电路除进行温度补偿外还可提高灵敏度。图 7-26a 为差分式温度补偿电路，若输出电压不对称可适当调节 R_1、R_2。图 7-26b 为全桥温度补偿电路，具有更高的磁灵敏度。其工作点选择在小电流区，有负阻现象的磁敏二极管不采用这种电路。

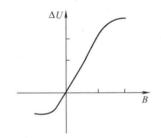

图 7-25 磁敏二极管的磁电特性

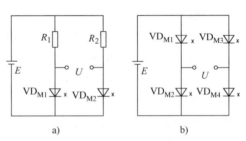

图 7-26 磁敏二极管温度补偿电路
a) 差分补偿 b) 全桥补偿

磁敏二极管可用来检测交直流磁场，特别是弱磁场，可用作无触点开关，作为箝位电流计，对高压线不断线测电流，还可用作小量程高斯计、漏磁仪和磁力探伤仪等设备装置。

2. 磁敏晶体管

磁敏晶体管可分为硅磁敏晶体管和锗磁敏晶体管。也可分为 NPN 型和 PNP 型，这里以 NPN 型锗磁敏晶体管为例加以讨论。普通晶体管基区很薄，磁敏晶体管的基区则长得多，它也是以长基区为特征，有两个 PN 结，发射极与基极之间的 PN 结由长基区二极管构成，有一个复合基区。磁敏晶体管的工作原理如图 7-27 所示，集电极的电流大小与磁场有关。

无磁场作用时（见图 7-27a），从发射结 e 注入的载流子除少部分输入到集电极形成集电极电流 I_c 外，大部分受横向电场的作用，通过"e-I-b"形成基极电流 I_b。显然，磁敏晶体管的基极电流大于集电极电流，所以发射极的电流放大系数 $\beta<1$。

当受到正向磁场 B^+ 作用时（见图 7-27b），由于洛伦兹力的作用，载流子偏向基极结的

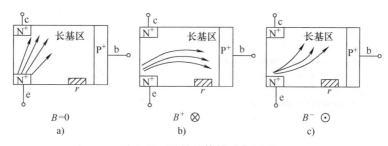

图 7-27 磁敏晶体管工作原理
a) 无磁场 b) 正向磁场 c) 反向磁场

高复合区,使集电极电流 I_c 明显下降,电流减小,基极电流增加。另一部分电子在高复合区与空穴复合,不能达到基极,又使基极电流减小。基极电流既有增加又有减小的趋势,平衡后基本不变,但集电极电流下降了许多。

当受到反向磁场 B^- 作用时(见图 7-27c),由于洛伦兹力的作用,载流子背向高复合区,向集电结一侧偏转,使集电极电流 I_c 增加。

可见当基极电流 I_b 恒定时,靠外加磁场同样可以改变集电极电流 I_c,这是磁敏晶体管与普通晶体管的不同之处。由于基区长度大于扩散长度,而集电极电流有很高的磁灵敏度,所以电流放大系数 $\beta<1$。普通晶体管通过 I_b 改变集电极电流 I_c,而磁敏晶体管则主要通过磁场来改变集电极电流 I_c。

磁敏晶体管主要应用于以下几个方面:①磁场测量,特别适于 10^6T 以下的弱磁场测量,不仅可测量磁场的大小,还可测出磁场方向;②电流测量,特别是大电流不断线检测和保护;③制作无触点开关和电位器,如计算机无触点电键、机床接近开关等;④漏磁探伤及位移、转速、流量、压力和速度等各种工业控制中的参数测量。

3. 磁敏二极管和磁敏晶体管的应用

(1) 测位移

图 7-28 为磁敏二极管位移测量原理示意图,其中四只磁敏二极管 $VD_{M1} \sim VD_{M4}$ 组成电桥,磁铁处于磁敏二极管之间。假设磁敏二极管为理想二极管,有结电阻 $R_{M1}=R_{M2}=R_{M3}=R_{M4}$,电桥平衡时输出 $U_o=0$。当位移变化 Δx 时,磁敏二极管感受磁感应强度不同,结电阻及 $R_{M1} \sim R_{M4}$ 的阻值发生变化,流过二极管的电流不同,使

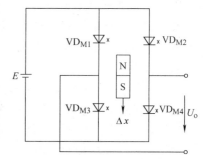

图 7-28 磁敏二极管测量位移

电桥失去平衡,在磁场作用下输出与位移的大小和方向有关,位移方向相反时,输出的极性发生变化,可判别位移方向。

(2) 涡流流量计

图 7-29a 为磁敏晶体管涡流流量计结构原理图,传感器安装在齿轮上方,齿轮必须采用磁性齿轮,液体流动时涡轮转动,流速与涡轮转速成正比。磁敏晶体管感受磁铁周期性远近变化时输出电流大小变化,输出波形近似正弦信号,经整形输出为方波,输出波形如图 7-29b 所示,其信号频率与齿轮的转速成正比。因转速正比于流量,频率正比于转速,即频率正比于流量。经电路整形放大、计算后将计数转换成流量。

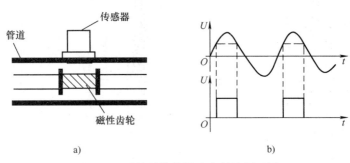

图 7-29 磁敏晶体管涡流流量计原理图
a) 涡流流量计结构 b) 输出波形

7.4 实训 霍尔传感器实验

1. 实训目的

了解霍尔传感器的基本工作原理与特性。

2. 实训器材

霍尔传感器、电桥、差动放大器、直流稳压电源和电压表。

3. 原理与步骤

（1）原理

霍尔元件的结构中，矩形薄片状的立方体称为基片，在它的两侧各装有一对电极。一个电极用以加激励电压或激励电流，故称为激励电极，另一个电极作为霍尔电势的输出，故称霍尔电极。在实际应用中，当磁感应强度 B 和激励电流 I 中的一个量为常量，而另一个作为输入变量时，则输出霍尔电势 U 与磁感应强度 B 或激励电流 I 成比例关系。当输入量是 B 或 I 时，则输出霍尔电势 U 正比于 B 与 I 的乘积。

（2）步骤

1）将差动放大器增益旋至最小，电压表量程置 2V 档，直流稳压电源放在 2V 档。

2）开启电源、差动放大器调零。

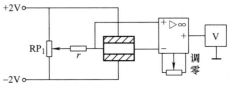

图 7-30 霍尔传感器实验电路

3）按图 7-30 连接测量电路。调整平衡网络电位器 RP_1 使电压表指示为零。

4）上下移动霍尔元件（旋动测微头），每隔 0.2mm 由电压表读取一个数据并记录。

5）根据测量结果作 U-x 曲线，指出线性范围，求出灵敏度 $k = \Delta U / \Delta x$。

注意：霍尔元件上所加电压不得超过 2V，以免损坏霍尔元件，在开启电源之前仔细检查直流稳压电源旋钮位置，一旦调整好测量系统，实验过程中不能再移动磁路系统。

7.5 习题

1. 填空题

（1）磁电感应式传感器是利用电磁感应原理，将运动速度、位移转换成线圈中的

_____输出。

（2）磁电感应式传感器有_____和_____两种结构形式。

（3）霍尔电势正比于_____和_____，其灵敏度与霍尔系数成_____，而与霍尔片厚度成_____。

（4）在单位控制电流和单位磁感应强度作用下，霍尔元件输出端的开路电压，称为_____。

（5）霍尔效应是导体中的载流子在磁场中受_____作用发生_____的结果。

（6）集成霍尔传感器按照输出信号的形式不同可以分为_____和_____两种类型。

（7）影响半导体电阻改变的原因，一是载流子在磁场中运动受到_____的作用，另一个是_____的作用。

（8）磁敏二极管在正向磁场作用下，电阻_____，电流_____；在反向磁场作用下，电阻_____，电流_____，通过二极管的电流越大，灵敏度_____。

（9）磁敏晶体管主要通过_____改变集电极电流I_c，电流放大系数β_____。

2. 简述恒磁通式和变磁通式磁电感应传感器的工作原理。

3. 什么是霍尔效应？霍尔电势与哪些因素有关？

4. 霍尔传感器温度误差产生的原因及补偿方法有哪些？

5. 霍尔传感器可能的应用场合是什么？

6. 什么是磁阻效应？

7. 磁敏晶体管的主要应用有哪些？

8. 某霍尔元件的l、b、d尺寸分别是1.0cm、0.35cm、0.1cm，沿l方向通以电流$I=1.0$mA，在垂直lb面的方向上加有$B=0.3$T的均匀磁场，传感器的灵敏度系数为22V/(A·T)，试求其输出的霍尔电动势及载流子浓度。

第8章 光电式传感器

光电式传感器是以光电器件作为转换元件的传感器。光电传感器将被测量的变化通过光信号（如光强、光频率等）变化转换成电信号。

图8-1为光电式传感器原理图。光电式传感器一般由辐射源、光学通路和光电器件三部分组成。被测量通过对辐射源或光学通路的影响，将被测信息调制到光波上，通常改变光波的强度、相位、空间分布和频谱分布等，光电器件将光信号转化为电信号。电信号经后续电路的解调分离出被测信息，从而实现对被测量的测量。

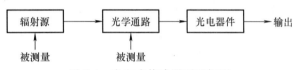

图 8-1 光电式传感器原理框图

光电式传感器具有非接触、快速、结构简单和性能可靠等优点，广泛应用于自动控制、智能设备、导航系统和广播电视等各个领域。近年来，半导体光敏传感器由于体积小、重量轻、低功耗、灵敏度高和便于集成等特点，越来越受到重视。

光电式传感器

8.1 光电效应

光电式传感器的作用原理是基于一些物质的光电效应。光照射在某些物质上，使该物质吸收光能后电子的能量和电特性发生变化，这种现象称为光电效应。光电效应可分为两大类，即外光电效应和内光电效应，内光电效应又分为光电导效应和光生伏特效应两种，具有检测光信号功能的材料称为光敏材料，利用这种材料制成的器件称为光敏器件。

8.1 光电效应

8.1.1 外光电效应

在光线照射下，物体内的电子逸出物体表面向外发射的现象称为外光电效应。向外发射的电子叫作光电子。光子是具有能量的基本粒子，光照射物体时，可以看成具有一定能量的光子束轰击这些物体。每个光子具有的能量可由下式确定：

$$E = h\nu \tag{8-1}$$

式中，$h = 6.626 \times 10^{-34} \mathrm{J \cdot s}$ 是普朗克常数；ν 是光的频率。

根据爱因斯坦假设：一个光子的能量只能给一个电子，要使电子逸出物体表面，需对其做功以克服对电子的约束。设电子质量为 m，电子逸出物体表面时的速度为 v，一个光电子逸出物体表面时具有的初始动能为 $mv^2/2$。根据能量守恒定律，光子能量与电子的动能有如下关系：

$$E = h\nu = \frac{1}{2}mv^2 + A_0 \tag{8-2}$$

式中，A_0 为电子的逸出功。

如果光子的能量大于电子的逸出功 A_0，超出的能量部分则表现为电子逸出的动能。电子逸出物体表面时产生光电子发射，并且光的波长越短，频率越高，能量也就越大。光电子能否逸出物体表面产生光电效应，取决于光子的能量是否大于该物体表面的电子逸出功。

不同的物质具有不同的逸出功，这表示每一种物质都有一个对应的光频阈值，称为红限频率或长波限。光线频率如果低于红限频率，其能量不足以使电子逸出，光强再大也不会产生光电子发射；反之，入射光频率如果高于红限频率，即使光线很微弱也会有光电子射出。当入射光的频谱成分不变时，产生的光电流与光强成正比，光强越强，入射光子的数目越多，逸出的电子数目也就越多。由于光电子逸出物体表面具有初始动能，因此光电管（外光电器件）在不加阳极电压时也会有光电流产生，为使光电流为零，必须给器件加反向的或负的截止电压。

8.1.2 内光电效应

光在半导体中传播时具有衰减现象，即产生光吸收。理想半导体在绝对温度时，价带完全被电子占满，价带的电子不能被激发到更高的能级，电子能级示意图如图 8-2 所示。当一定波长的光照射到半导体时，电子吸收足够能量的光子，从价带跃迁到导带形成电子-空穴对。

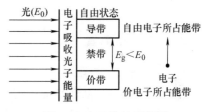

图 8-2 电子能级示意图

当光线照在物体上，使物体的电导率发生变化或产生光生电动势的现象叫作内光电效应，所以内光电效应又分为光电导效应和光生伏特效应。

1. 光电导效应

入射光强改变物质电导率的现象称为光电导效应。几乎所有高电阻率半导体都有光电导效应，这是由于在入射光线作用下，电子吸收光子能量，电子从价带被激发到导带上，过渡到自由状态，同时价带也因此形成自由空穴，使导带的电子和价带的空穴浓度增大，电阻率减少。为使电子从价带激发到导带，入射光子的能量 E_0 应大于禁带宽度 E_g。基于光电导效应的光电器件有光敏电阻。

2. 光生伏特效应

光照时物体中能产生一定方向电动势的现象称为光生伏特效应。光生伏特效应是半导体材料吸收光能后，在 PN 结上产生电动势的效应。PN 结因光照产生光生伏特效应分为以下两种情况。

（1）不加偏压的 PN 结

如图 8-3 所示，当 PN 结不加偏压，光照射在 PN 结时，如果入射光子的能量大于半导体禁带宽度，使价带中电子跃迁到导带，可激发出光生的电子-空穴对，在 PN 结阻挡层的内电场作用下被光激发的空穴移向 P 区，电子移向 N 区，结果使得 P 区带正电，N 区带负电，形成一定强度的电场，这个电场产生的电压就是光生伏特效应产生的光生电动势。基于这种效应的器件有光电池。

（2）处于反向偏压的 PN 结

如图 8-4 所示，PN 结处于反向偏压。无光照时，P 区电子和 N 区空穴都很少，反向电阻很大，反向电流很小；当有光照时，光生电子-空穴对在 PN 结内电场的作用下，P 区电子穿过 PN 结会移向 N 区，N 区空穴穿过 PN 结进入 P 区，各自向反方向运动，光生的载流子在外电场作用下形成光电流，电流方向与反向电流一致，并且光照越强光电流越大。具有这种性能的器件有光电二极管、光电晶体管。

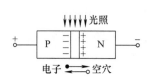
图 8-3 不加偏压的 PN 结

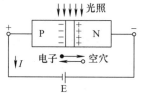
图 8-4 处于反向偏压的 PN 结

8.2 光电器件

光电器件工作原理主要基于外光电效应、光电导效应和光生伏特效应。基于光电效应可以制作成各种光电器件，即光电式传感器。

8.2 光电器件

8.2.1 光电管

1. 结构与工作原理

光电管有真空光电管和充气光电管两类，两者结构相似，它们由一个涂有光电材料的阴极 K 和一个阳极 A 封装在玻璃壳内，如图 8-5a 所示。当入射光照射在阴极上时，阴极就会发射电子，由于阳极的电位高于阴极，在电场力的作用下，阳极便收集到由阴极发射出来的电子，因此，在光电管组成的回路中形成了光电流 I_Φ，并在负载电阻 R_L 上输出电压 U_o，如图 8-5b 所示。在入射光的频谱成分和光电管电压不变的条件下，输出电压 U_o 与入射光通量成正比。

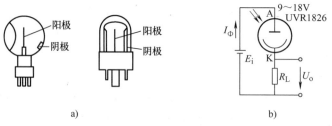

图 8-5 光电管的结构、符号及测量电路
a）光电管的结构 b）光电管测量电路

2. 光电管特性

光电管的性能指标主要有光电特性、伏安特性、光谱特性、响应特性、响应时间、峰值探测率和温度特性等。下面仅对其中的主要性能指标做简单介绍。

（1）光电特性

光电特性表示当阳极电压一定时，阳极电流 I 与入射在光电管阴极上光通量 Φ 之间的关系，如图 8-6 所示。光电特性的斜率（光电流与入射光光通量之比）称为光电管的灵敏度。

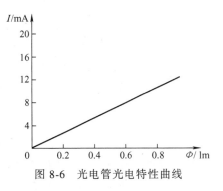

图 8-6　光电管光电特性曲线

（2）伏安特性

当入射光的频谱及光通量一定时，阳极电流与阳极电压之间的关系叫伏安特性，如图 8-7 所示。当阳极电压比较低时，阴极所发射的电子只有一部分到达阳极，其余部分受光电子在真空中运动时所形成的负电场作用回到光电阴极。随着阳极电压的增高，光电流随之增大。当阴极发射的电子全部到达阳极时，阳极电流便很稳定，称为饱和状态。当达到饱和时，即使阳极电压再升高，光电流 I 也不会增加。

（3）光谱特性

光电管的光谱特性通常是指阳极和阴极之间所加电压不变时，入射光的波长（或频率）与其绝对灵敏度的关系。它主要取决于阴极材料，不同阴极材料的光电管适用于不同的光谱范围，另一方面，不同光电管对于不同频率（即使光强度相同）的入射光，其灵敏度也不同。图 8-8 中曲线Ⅰ、Ⅱ分别为常用的银氧铯光电阴极和锑铯光电阴极。此外，光电管还有温度特性、疲劳特性、惯性特性、暗电流和衰老特性等，使用时应根据产品说明书和有关手册合理选用。

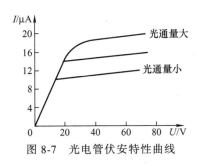

图 8-7　光电管伏安特性曲线

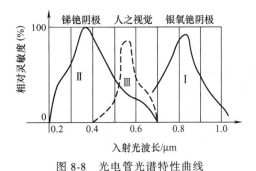

图 8-8　光电管光谱特性曲线

8.2.2　光电倍增管及基本测量电路

1. 结构与工作原理

光电倍增管能把微弱的光输入转换成电子，并使电子获得倍增的电真空器件。它有放大光电流的作用，灵敏度非常高，信噪比大，线性好，多用于微光测量。光电倍增管由两个主要部分构成：阴极室和若干光电倍增极组成的二次发射倍增系统，结构示意图如图 8-9 所示。

从图中可以看到光电倍增管也有一个阴极 K、一个阳极 A。与光电管不同的是，在它的阴极与阳极之间设置了许多二次倍增极 D_1、D_2、…、D_n，它们又称为第一倍增极、第二倍增极、…、第 n 倍增极，相邻电极之间通常加上 100V 左右的电压，其电位逐级提高，阴极电位最低，阳极电位最高，两者之差一般在 600~1200V。

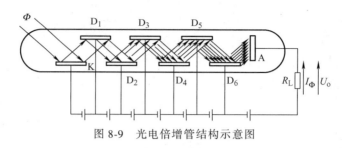

图 8-9 光电倍增管结构示意图

当微光照射阴极 K 时，从阴极 K 上逸出的光电子在 D_1 的作用下，以高速向倍增极 D_1 射去，产生二次发射，于是更多的二次发射的电子又在 D_2 电场作用下，射向第二倍增极，激发更多的二次发射电子，如此下去，一个光电子将激发更多的二次发射电子，最后被阳极所收集。若每级的二次发射倍增率为 δ，共有 n 级（通常 9~11 级），则光电倍增管阳极得到的光电流比普通光电管大 δ^n 倍，因此光电管倍增管的灵敏度极高。其光特性基本上是一条直线。

2. 光电倍增管的主要参数和特性

（1）光电倍增管的倍增系数 M 与工作电压的关系

倍增系数 M 等于 n 个倍增电极的二次电子发射系数 δ 的乘积。如果 n 个倍增电极的 δ 都相同，则 $M=\delta_i^n$，因此，阳极电流 I 为

$$I = i\delta_i^n \tag{8-3}$$

式中，i 为光电阴极的光电流。

光电倍增系数 M 与工作电压 U 的关系是光电倍增管的重要特性。随着工作电压的增加，倍增系数也会相应增加，如图 8-10 所示。M 与所加电压有关，M 在 $10^5 \sim 10^8$ 之间，稳定性为 1% 左右，加速电压稳定性要在 0.1% 以内。如果有波动，倍增系数也要波动，因此 M 具有一定的统计涨落。一般阳极和阴极之间的电压为 1000~2500V，两个相邻的倍增电极的电位差为 50~100V。对所加电压越稳越好，这样可以减小统计涨落，从而减小测量误差。

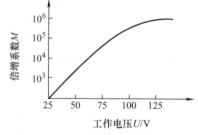

图 8-10 光电倍增管的特性曲线

（2）光电倍增管的伏安特性

光电倍增管的伏安特性也叫阳极特性，它是指在阴极与各倍增极之间电压保持恒定的条件下，阳极电流 I_A（光电流）与最后一级倍增极和阳极间电压 U_{AD} 的关系，典型光电倍增管的伏安特性如图 8-11 所示。这是在不同光通量下的一组曲线。像光电管一样，光电倍增管的伏安特性曲线也有饱和区，照射在光电阴极上的光通量越大，饱和阳极电压越高，当阳极电压非常大时，由于阳极电位过高，使倒数第二级倍增极发出的电子直接奔向阳极，造成最后一级倍增极的入射电子数减少，影响了光电倍增管的倍增系数，因此，伏安特性曲线经过饱和区段后会略有降低。

（3）光电倍增管的光电特性

光电倍增管的光电特性是指阳极电流（光电流）与光电阴极接收到的光通量之间的关系。典型光电倍增管的光电特性如图 8-12 所示。图中当光通量 Φ 在 $10^{-4} \sim 10^{-3}$ lm（流明）之间时，光电特性曲线具有较好的线性关系。当光通量超过 10^{-4} lm 时曲线就会明显向下弯

曲，其主要原因是强光照射下，较大的光电流使后几级倍增极疲劳，灵敏度下降，因此，使用时光电流不要超过 1mA。

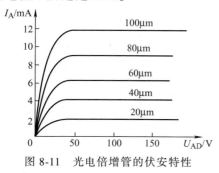
图 8-11　光电倍增管的伏安特性

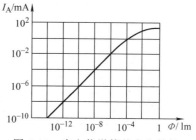
图 8-12　光电倍增管的光电特性

8.2.3　光敏电阻

光敏电阻又称为光导管，是一种均质半导体光电元件。光敏电阻的结构很简单，在半导体光敏材料的两端装上电极引线，将其封装在带透明窗的管壳内就构成光敏电阻，如图 8-13a 所示。为了增加灵敏度，常将两电极做成梳状，如图 8-13b 所示，图形符号如图 8-13c 所示。

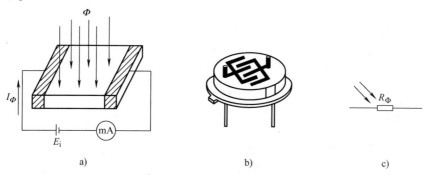

图 8-13　光敏电阻
a）原理图　b）外形图　c）图形符号

光敏电阻的工作原理是基于光电导效应。在无光照时，光敏电阻具有很高的阻值，在有光照时，当光子的能量大于材料禁带宽度，价带中的电子吸收光子能量后跃迁到导带，激发出可以导电的电子-空穴对，使电阻降低。光线越强，激发出的电子-空穴对越多，电阻值越低；光照停止后，自由电子与空穴复合，导电性能下降，电阻恢复原值。制作光敏电阻的材料常用硫化镉（CdS）、硒化镉（CdSe）、硫化铅（PbS）、硒化铅（PbSe）和锑化铟（InSb）等。

为了避免外来干扰，光敏电阻外壳的入射孔用一种能透过所要求光谱范围的透明材料（例如玻璃）来作为保护窗，有时用专门的滤光片作为保护窗。为了避免灵敏度受潮湿的影响，故将电导体严密封装在壳体中。

光敏电阻的基本特性和主要参数

（1）暗电阻和暗电流

置于室温、全暗条件下测得的稳定电阻值称为暗电阻，此时流过电阻的电流称为暗电流。这些是光敏电阻的重要特性指标。

（2）亮电阻和亮电流

置于室温、在一定光照条件下测得的稳定电阻值称为亮电阻，此时流过电阻的电流称为亮电流。

（3）伏安特性

光照度不变时，光敏电阻两端所加电压与流过电阻的光电流关系称为光敏电阻的伏安特性，如图8-14所示。从图中可知，伏安特性近似直线，但使用时应限制光敏电阻两端的电压，以免超过虚线所示的功耗区。因为光敏电阻都有最大额定功率、最高工作电压和最大额定电流，超过额定值可能导致光敏电阻的永久性损坏。

（4）光电特性

当光敏电阻两极间的电压固定不变时，光通量与亮电流间的关系称为光电特性，如图8-15所示。光敏电阻的光电特性呈非线性，这是光敏电阻的主要缺点之一。

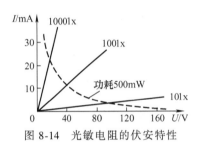

图8-14 光敏电阻的伏安特性　　　　图8-15 硒光敏电阻的光电特性

（5）光谱特性

如图8-16所示，光敏电阻对不同波长的入射光，其对应光谱灵敏度不相同，而且各种光敏电阻的光谱响应峰值波长也不相同，所以在选用光敏电阻时，把元件和入射光的光谱特性结合起来考虑，才能得到比较满意的效果。

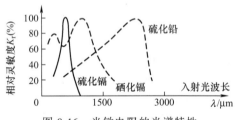

图8-16 光敏电阻的光谱特性

（6）响应时间

光敏电阻受光照后，光电流并不会立刻上升到最大值，而要经历一段时间（上升时间）才能达到最大值。同样，光照停止后，光电流也需要经过一段时间（下降时间）才能恢复到其暗电流值，这段时间称为响应时间。光敏电阻的上升响应时间和下降响应时间为 $10^{-3} \sim 10^{-1}$ s，故光敏电阻不适用于要求快速响应的场合。

（7）温度特性

光敏电阻和其他半导体器件一样，受温度影响较大。随着温度的升高，光敏电阻的暗电流上升，但是亮电流增加不多，因此，它的光电流下降。即光电灵敏度下降。不同材料的光敏电阻、温度特性互不相同，一般硫化镉的温度特性比硒化镉好、硫化铅的温度特性比硒化铅好。

光敏电阻具有很高的灵敏度，很好的光谱特性，光谱响应范围可从紫外区到红外区，而且体积小、质量小、机械强度高、耐冲击、抗过载能力强、寿命长、价格低，因此，光敏电阻广泛应用于光电耦合器、光电自动开关、测量仪表、电声电视感测、摄影曝光、通信设备和工业电子设备中。

8.2.4 光电池

光电池是一种利用光生伏特效应把光直接转换成电能的半导体光电器件。光电池在有光线作用时其实质就是电源，电路中有了这种器件就不需要外加电源。由于光电池广泛用于把太阳能直接变成电能，因此又称为太阳能电池。通常，把光电池的半导体材料的名称放在光电池（或太阳能电池）名称之前以示区别，例如硒光电池、砷化镓光电池、硅光电池、锗光电池等。

1. 光电池的结构及工作原理

图 8-17a、b 所示为光电池结构示意图与图形符号。通常是在 N 型衬底上渗入 P 型杂质形成一个大面积的 PN 结，作为光照敏感面。当入射光子的能量足够大，即光子能量 $h\nu$ 大于硅的禁带宽度时，P 型区每吸收一个光子就产生一对光生电子-空穴对，光生电子-空穴对的浓度从表面向内部迅速下降，形成由表及里扩散的自然趋势。由于 PN 结内电场的方向是由 N 区指向 P 区，它使扩散到 PN 结附近的电子-空穴对分离，光生电子被推向 N 区，光生空穴被留在 P 区，从而使 N 区带负电，P 区带正电，形成光生电动势。若用导线连接 P 区和 N 区，电路中就有电流流过。

2. 光电池的基本特性

(1) 光谱特性

光电池对不同波长的光有不同的灵敏度。图 8-18 是硅光电池和硒光电池的光谱特性曲线。从图中可知，不同材料的光电池对各种波长的光波灵敏度不同。硅光电池的适用范围宽，对应的入射光波长可为 $0.45 \sim 1.1 \mu m$，而硒光电池只能在 $0.34 \sim 0.57 \mu m$ 的波长范围内，适用于可见光检测。

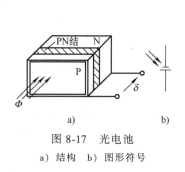

图 8-17 光电池
a) 结构 b) 图形符号

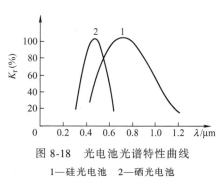

图 8-18 光电池光谱特性曲线
1—硅光电池 2—硒光电池

在实际使用中可根据光源光谱特性选择光电池，也可根据光电池的光谱特性，确定应该使用的光源。

(2) 光照特性

光照特性表示当电压一定时，光电流 I 与光照度 E 之间的对应关系。硅光电池的负载电阻不同，输出电压和电流也不同。图 8-19 中的曲线 1 是负载开路时的开路电压特性曲线（光生电动势 U 与光照度 E 之间的特性曲线），曲线 2 是负载短路时的短路电流特性曲线（光电流密度 J 与光照度 E 之间的特性曲线）。开路电压与光照度的关系是非线性的，并且在光照度为 2000lx 以上时趋于饱和，而短路电流在很大范围内与光照度呈线性关系，负载电阻越小，线性关系越好，而且线性范围越宽。当负载电阻短路时，光电流在很大程度上与光照度呈线性关系，因此在测量与光照度成正比的其他非电学量时，应把光电池作为电流源来使用；而在被测非电学量是开关量时，可以把光电池作为电压源来使用。

（3）温度特性

光电池的开路电压和短路电流随温度变化的关系称为温度特性，如图8-20所示，从图中可以看出，光电池的光电压随温度变化有较大变化，温度越高，电压越低，而光电流随温度变化很小。当仪器设备中的光电池作为检测元件时，应考虑温度漂移的影响，要采用各种温度补偿措施。

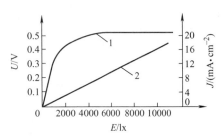

图 8-19 硅光电池的光照特性
1—开路电压特性曲线 2—短路电流特性曲线

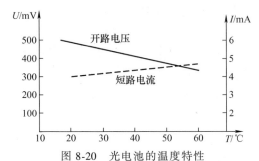

图 8-20 光电池的温度特性

（4）频率特性

频率特性是指相对输出电流 I_r（高频输出电流/低频输出电流）与入射光的调制频率之间的关系。当光电池受到入射光照射时，产生电子-空穴对需要一定时间，入射光消失，电子-空穴对的复合也需要一定时间，因此，当入射光的调制频率太高时，它的输出光电流将下降。

如图 8-21 所示，硅光电池的频率特性较好，工作调制频率可达数十千赫至数兆赫。而硒光电池的频率特性较差，目前已很少使用。

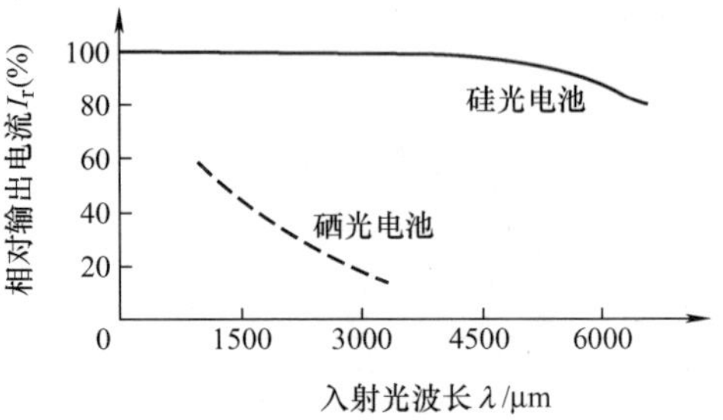

（5）稳定性

当光电池密封良好，电极引线可靠、应用合理时，它的性能是相当稳定的，使用寿命也很长。硅光电池的性能比硒光电池更稳定。光电池的性能和寿命除了与光电池的材料及制造工艺有

图 8-21 光电池的频率特性

关外，在很大程度上还与使用条件密切相关。如在高温和强光条件下，会使光电池的性能变坏，而且使用寿命缩短，使用中要加以注意。

光电池是形式最简单的光电器件，它能在几伏的偏置电压下工作，具有稳定性好、光谱范围宽、频率特性好、换能效率高、耐高温、耐辐射等优点。

光电池种类虽多，但主要的是硅光电池。国产系列产品有方形和圆形 ZCR 系列硅光电池、特殊 ZCR 系列硅光电池等。其中，方形、圆形及特殊规格硅光电池适用于光电探测、近红外探测、光电读出、光电耦合、光电开关等。硅蓝光电池对紫蓝光有较高灵敏度，适用于紫蓝光和可见光的接收，可做成色探测器。

8.2.5 光电二极管和光电晶体管

光电二极管和光电晶体管的工作原理主要基于光生伏特效应，是重要的光敏器件。与光敏电阻相比有许多优点，尤其是光电二极管，响应速度快、频率响应好、灵敏度高、可靠性高，广泛应用于可见光和远红外探测以及自动控制、自动报警、自动计数装置等。

1. 光电二极管

光电二极管实物外形、图形符号、基本电路如图 8-22 所示。光电二极管结构与一般二极管相似，它们都有一个 PN 结，并且都是单向导电的非线性器件。但是，作为光敏器件，光电二极管在结构上有特殊之处，一般光电二极管封装在透明玻璃外壳中，PN 结在管子的顶部，可以直接受到光的照射。为了提高转换效率，PN 结的面积比一般二极管大。

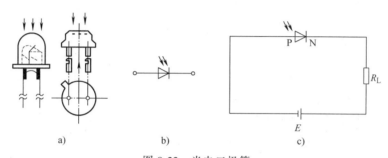

图 8-22　光电二极管
a) 实物外形　b) 图形符号　c) 基本电路

光电二极管在电路中一般处于反向偏置状态，无光照时反向电阻很大，反向电流很小，此反向电流称为暗电流。当有光照在 PN 结时，PN 结处产生光生电子-空穴对，光生电子-空穴对在反向偏压和 PN 结内电场作用下做定向运动，形成光电流，光电流随入射光强度变化相应变化，光照越强光电流越大。因此，光电二极管在不受光照射时，处于截止状态。受光照射时，光电流方向与反向电流一致。光电二极管的性能与基本特性有关。

2. 光电晶体管

光电晶体管与一般晶体管很相似，具有两个 PN 结，只是它的发射极一边做得很大，以扩大光的照射面积。因此它具有比光电二极管更高的灵敏度，其结构、等效电路、图形符号及基本电路分别如图 8-23a~d 所示。

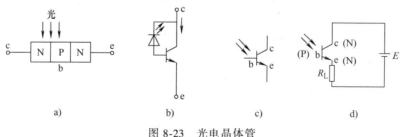

图 8-23　光电晶体管
a) 结构　b) 等效电路　c) 图形符号　d) 基本电路

大多数光电晶体管的基极无引出线，当集电极加上相对于发射极为正的电压而不接基极时，集电结就是反向偏压。当光照射在集电结时，就会在附近产生电子-空穴对，光生电子被拉到集电极，基区留下空穴，被正向偏置的发射结发出的自由电子填充，形成光电流 I_b，同时空穴使基极与发射极间的电压升高，这样便会有大量发射区的电子流向集电极，形成输出电流 I_c，且集电极电流为光电流的 β 倍，所以光电晶体管有放大作用。

3. 光电二极管、光电晶体管的基本特性

光电二极管、光电晶体管的基本特性包括光谱特性、伏安特性、光照特性、温度特性、响应时间和频率特性等。

（1）光谱特性

光电晶体管在入射光照度一定时，输出的光电流（或相对灵敏度）随光波波长的变化而变化。一种晶体管只对一定波长的入射光敏感，这就是它的光谱特性，如图 8-24 所示。从图中可以看出，不管是硅管还是锗管，当入射光波长超过一定值时，波长增加，相对灵敏度下降。

这是因为光子能量太小，不足以激发电子-空穴对，当入射光波长太短时，由于光波穿透能力下降，光子只在晶体管表面激发电子-空穴对，而不能达到 PN 结，因此相对灵敏度下降。从曲线还可以看出，不同材料的光电晶体管，其光谱响应峰值波长也不相同。硅管的峰值波长为 1.0μm 左右，锗管为 1.5μm 左右，由此可以确定光源与光电器件的最佳配合。由于锗管的暗电流比硅管大，因此锗管性能较差。故在探测可见光或炽热物体时，都用硅管，而在对红外线进行探测时，采用锗管较为合适。

（2）伏安特性

光电晶体管在不同光照度下的伏安特性，就像普通晶体管在不同基极电流下的输出特性一样，如图 8-25 所示。在这里改变光照度就相当于改变普通晶体管的基极电流，从而得到这样一簇曲线。

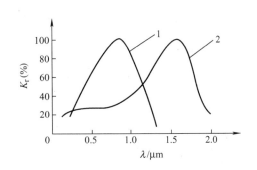

图 8-24 光电晶体管的光谱特性
1—硅管　2—锗管

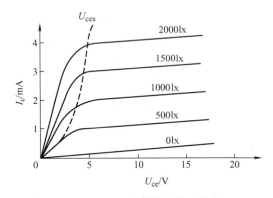

图 8-25 光电晶体管的伏安特性

（3）光照特性

它指外加偏置电压一定时，光电二极管、光电晶体管的输出电流和光照度的关系。一般来说，光电二极管光照特性的线性较好，而光电晶体管在照度较小时，光电流随照度增加较小，并且在照度足够大时，输出电流有饱和现象。这是由于光电晶体管的电流放大倍数在小电流和大电流时都会下降的缘故。图 8-26 中曲线 1、曲线 2 分别是某种型号的光电二极管和光电晶体管的光照特性。

温度变化对亮电流的影响较小,但对暗电流的影响相当大,并且是非线性的,这将给微光测量带来误差。为此,在外电路中可以采取温度补偿方法,如果采用调制光信号交流放大,由于隔直电容的作用,可使暗电流隔断,消除温度影响。

(4) 频率特性

光电晶体管受调制光照射时,相对灵敏度与调制频率的关系称为频率特性,如图 8-27 所示。减少负载电阻能提高响应频率,但输出降低。一般来说,光电晶体管的频率响应比光电二极管差得多,锗光电晶体管的频率响应比硅管小一个数量级。

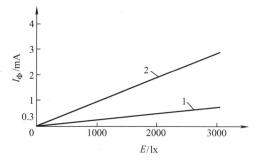

图 8-26 光电晶体管的光照特性
1—光电二极管 2—光电晶体管

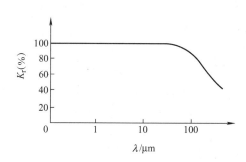

图 8-27 光电晶体管频率特性

(5) 响应时间

工业用的硅光电二极管的响应时间为 $10^{-7} \sim 10^{-5}$ s,光电晶体管的响应时间比相应的二极管慢了约一个数量级,因此在要求快速响应或入射光调制频率比较高时应选用硅光电二极管。

8.2.6 光电器件的应用

1. 灯光亮度自动控制器

灯光亮度自动控制器可按照环境光照强度自动调节白炽灯或荧光灯的亮度,从而使室内的照明自动保持在最佳状态,避免人们产生视觉疲劳。

控制器主要由环境光照检测电桥、放大器 A、积分器、比较器、过零检测器、锯齿波形成电路、双向晶闸管 V 等组成,电路框图如图 8-28 所示。过零检测器对 50Hz 市电电压的每次过零点进行检测,并控制锯齿波形成电路使其产生与市电同步的锯齿波电压,该电压加在比较器的同相输入端。另外,由光敏电阻与电阻组成的电桥将环境光照的变化转换成直流电压的变化,该电压经放大并由积分电路积分后加到比较器的反相输入端,其数值随环境光照的变化而缓慢地成正比例变化。

两个电压的比较结果,便可从比较器输出端得到随环境光照强度变化而脉冲宽度发生变化的控制信号,该控制信号的频率与市电频率同步,其脉冲宽度反比于环境光照,利用这个控制信号触

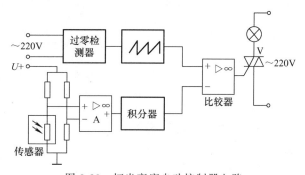

图 8-28 灯光亮度自动控制器电路

发双向晶闸管，改变其导通角，便可使灯光的亮度随环境光照做相反的变化，从而达到自动控制环境光照不变的目的。

2. 测光文具盒

学生在学习时，如果不注意学习环境光线的强弱，很容易损害视力。测光文具盒是在文具盒上加装测光电路组成的，它不但有文具盒的功能，而且能显示光线的强弱，这样可指导学生在合适的光线下学习，以保护视力。

图 8-29 是测光文具盒的测光电路。电路中采用 2CR11 硅光电池作为测光传感器，它被安装在文具盒的表面，直接感受光的强弱。采用两个发光二极管作为光照强弱的指示。当光照度小于 100lx 时，光电池产生的电压较小，半导体管压降较大或处于截止状态，两个发光二极管都不亮；当光照度在 100~200lx 时，发光二极管 VL_2 点亮，表示光照度适中；

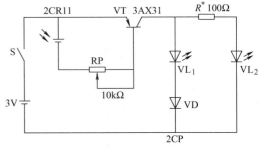

图 8-29 测光文具盒测光电路

当光照度大于 200lx 时，光电池产生的电压较高，半导体管压降较小，此时两个发光二极管均点亮，表示光照太强了。借助测光表调节电位器 RP 和 R^* 可使电路满足上述要求。

3. 光控闪光标志灯

光控闪光标志灯电路原理图如图 8-30 所示。电路主要由 M5332L 通用 IC、光电晶体管 VT_1 及外围元件等组成。白天，光电晶体管 VT_1 受到光照，内阻很小，使 IC 的输入电压高于基准电压，于是 IC 的 6 脚输出为高电平，标志灯 EL 不亮；夜晚，无光照射光电晶体管 VT_1，内阻增大，使 IC 的输入电压低于基准电压，于是 IC 内部振荡器开始振荡，其频率为 1.8Hz，与此同时，IC 内部的驱动器也开始工作，使 IC 的 6 脚输出为低电平，在振荡器的控制下，标志灯 EL 以 1.8Hz 频率闪烁发光，以警示有路障存在。

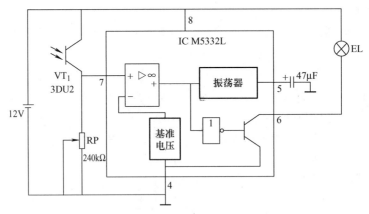

图 8-30 光控闪光标志灯电路

8.3 图像传感器

图像传感器是指在同一半导体衬底上布设的若干光敏单元与移位寄存器构成的集成化、

功能化的光电器件。光敏单元简称为"像素"或"像点",它们本身在空间上、电气上是彼此独立的。它利用光敏单元的光电转换功能将投射到光敏单元上的光学图像转换成电信号"图像",即将光强的空间分布转换为与光强成比例的、大小不等的电荷包空间分布,然后利用移位寄存器的移位功能将这些电荷包在时钟脉冲控制下实现读取与输出,形成一系列幅值不等的时序脉冲序列。

图像传感器具有体积小、重量轻、功耗低和可低电压驱动等优点。目前已经广泛应用于电视、图像处理、测量、自动控制和机器人等领域。

8.3.1 CCD图像传感器

电荷耦合器件(Charge Coupled Device,CCD)具有光电转换、信息存储、延时和将电信号按顺序传送等功能,并且集成度高、功耗低,因此随后得到飞速发展,是图像采集及数字化处理必不可少的关键器件,广泛应用于科学、教育、医学、商业、工业、军事等领域。

1. CCD图像传感器的结构

CCD图像传感器是按一定规律排列的MOS(金属-氧化物-半导体)电容器组成的阵列,它由衬底、氧化层和金属电极构成,其结构如图8-31所示。

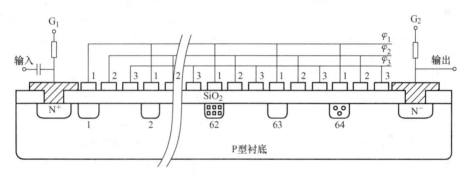

图8-31 CCD图像传感器的结构

由于P型硅的电子迁移率高于N型硅,所以衬底通常选用P型单晶硅。衬底上生长的氧化层(SiO_2)厚度为1200~1500Å(1Å=0.1nm),氧化层上按一定次序沉积若干金属电极作为栅极,形成规则的MOS电容器阵列,再加上两端的输入及输出二极管就构成了CCD芯片。

2. CCD图像传感器的工作原理

CCD图像传感器的最大特点是它以电荷为信号,而不同于其他大多数器件是以电压或电流为信号。CCD的基本功能是电荷存储与电荷转移。因此对于CCD来说,其工作过程中的主要问题是信号电荷的产生、存储、传输和输出。

下面说明电荷是如何实现转移和输出的。实现转移的方法是依次对3个转移栅φ_1、φ_2和φ_3分别施加3个相差120°的前沿陡峭、后沿倾斜的脉冲。

φ_1、φ_2和φ_3的脉冲时序如图8-32所示。

当$t=t_1$时,即$\varphi_1=U$,$\varphi_2=0$,$\varphi_3=0$,此时半导体硅片上的势阱分布及形状如图8-33a所示,此时只有φ_1极下形成势阱(假设此时势阱中各自有若干个电荷)。

当$t=t_2$时,即$\varphi_1=0.5U$,$\varphi_2=U$,$\varphi_3=0$,此时半导体硅片上的势阱分布及形状如

图 8-33b 所示,此时 φ_1 极下的势阱变浅,φ_2 极下的势阱变深,φ_3 极下没有势阱。根据势能原理,原先在 φ_1 极下的电荷就逐渐向 φ_2 极下转移。

当 $t=t_3$ 时,如图 8-33c 所示,即经过 1/3 时钟周期,φ_1 极下的电荷向 φ_2 极下转移完毕。

当 $t=t_4$ 时,如图 8-33d 所示,φ_2 极下的电荷向 φ_3 极下转移。经过 2/3 时钟周期,φ_2 极下的电荷向 φ_3 极下转移完毕。

经过 1 个时钟周期,φ_3 的极下电荷向下一级的 φ_1 极下转移完毕。每 3 个电极构成 CCD 的一个级,每经历一个时钟脉冲周期,电荷就向右转移三极即转移一个级。以上过程重复下去,就可使电荷逐级向右进行转移。

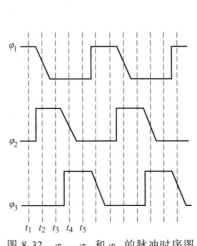

图 8-32　φ_1、φ_2 和 φ_3 的脉冲时序图

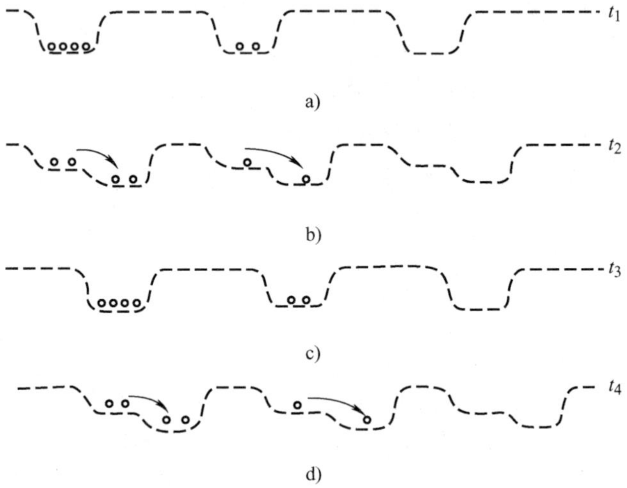

图 8-33　图像传感器的转移过程
a) $t=t_1$　b) $t=t_2$　c) $t=t_3$　d) $t=t_4$

3. CCD 图像传感器的分类

根据光敏元件排列形式的不同,CCD 图像传感器可分为线阵 CCD 图像传感器和面阵 CCD 图像传感器。

(1) 线阵 CCD 图像传感器

线阵 CCD 图像传感器由排成直线的 MOS 光敏元阵列、转移栅和读出移位寄存器三部分组成,转移栅的作用是将光敏元中的光生电荷并行地转移到对应位的读出移位寄存器中去,以便将光生电荷逐位转移输出。线阵 CCD 图像传感器主要用于测试、传真、文字识别等方面。

(2) 面阵 CCD 图像传感器

线阵 CCD 图像传感器只能在一个方向上实现电子自扫描,为获得二维图像,人们研制出了在 z、v 两个方向上都能实现电子自扫描的面阵 CCD 图像传感器。面阵 CCD 图像传感器由感光区、信号存储区和输出转移部分组成,并有多种结构形式。面阵 CCD 图像传感器主要用于摄像机及测试技术。

8.3.2　图像传感器的应用

CCD 图像传感器具有高分辨率和高灵敏度以及较宽的动态范围。所以它可广泛用于自动控制和自动测量，尤其适用于图像识别技术。CCD图像传感器在检测物体的位置、工件尺寸的精确测量及工件缺陷的检测方面有独到之处。

1. **微小尺寸的检测**

在自动化生产线上，经常需要进行物体尺寸的在线检测。例如，零件的尺寸检验、轧钢厂钢板宽度的在线检测和控制等。利用CCD图像传感器，即可实现物体尺寸的高精度非接触检测。

微小尺寸的检测通常用于对微隙、细丝或小孔的尺寸进行检测。例如，在游丝轧制的精密机械加工中，要求对游丝的厚度进行精密的在线检测和控制。而游丝的厚度通常只有$10\sim20\mu m$。

对微小尺寸的检测一般采用激光衍射的方法。当激光照射游丝或小孔时，会产生衍射图像，用阵列光电器件对衍射图像进行接收，测出暗纹的间距，即可计算出细丝或小孔的尺寸。

2. **物体轮廓尺寸的检测**

光电精密测径系统采用新型的光电器件——CCD传感器检测技术，可以对工件进行高精度的自动检测，可用数字显示测量结果和对不合格工件进行自动筛选。其测量精度可达±0.003mm。光电精密测径系统主要由CCD传感器、测量电路系统和光学系统组成，光电精密测径系统工作原理框图如图8-34所示。

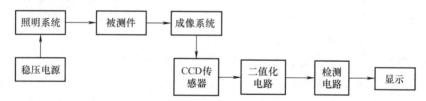

图8-34 光电精密测径系统工作原理框图

被测件被均匀照明后，经成像系统按一定倍率准确地成像在CCD传感器的光敏面上，则在CCD传感器光敏面上形成了被测件的影像，这个影像反映了被测件的直径尺寸。

被测件直径与影像之间的关系为

$$D=\frac{D'}{\beta} \tag{8-4}$$

式中，D为被测件直径大小；D'为被测件直径在CCD光敏面上影像的大小；β为光学系统的放大率。因此，只要测出被测件影像的大小，就可以由式（8-4）求出被测件的直径尺寸。

3. **光学字符识别和图像传真**

光电阵列器件的另一大应用是字符识别和图像传真。将线列光电器件配上光学成像镜头后即可构成阵列摄像头。摄像头可以将需要识别的字符在垂直方向成像在光线列器件上，如图8-35所示。配合摄像头在水平方向上的移动，便可以实现字符的扫描输入。将阵列的输出送到识别逻辑电路，再将信号变成计算机能识别的代码。计算机将接收到的代码与内存的字库相比较，就可以完成标准字体铅字

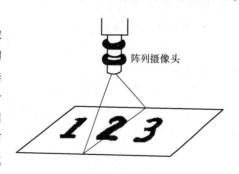

图8-35 光学字符识别系统

的识别。该系统可成功地应用于邮政编码的识别等场合。

8.4 光纤传感器

光导纤维简称为光纤,是20世纪70年代中期人类的重要发明之一。它与激光器、半导体光电探测器一起构成了新的光电技术。光纤最早用于通信,随着光纤技术的发展,光纤传感器得到进一步发展。目前,各个国家正投入大量人力、物力、财力对光纤传感器进行研制与开发。与其他传感器相比较,光纤传感器具有灵敏度高、响应速度快、动态范围大、防电磁干扰、超高电绝缘、防燃、防爆、体积小、材料资源丰富和成本低等特点,因此,运用前景十分广阔。光纤作为传感器件时突出的特点有:不受电磁干扰,防爆性能好,不会漏电打火,可根据需要做成各种形状,可以弯曲,另外还适用于高温、高压,绝缘性能好、耐腐蚀。

8.4.1 光纤的结构和传输原理

光纤传感器可以分为两大类:一类是功能型(传感型)传感器;另一类是非功能型(传光型)传感器。功能型传感器是利用光纤本身的特性把光纤作为敏感元件,被测量对光纤内传输的光进行调制,使传输的光的强度、相位、频率或偏振态等特性发生变化,再通过对被调制过的信号进行解调,从而得出被测信号。非功能型传感器是利用其他敏感元件感受被测量的变化,光纤仅作为信息的传输介质。

光纤传感器所用光纤有单模光纤和多模光纤。单模光纤的纤芯直径通常为 $2\sim12\mu m$,很细的纤芯半径接近于光源波长的长度,仅能维持一种模式传播,一般相位调制型和偏振调制型的光纤传感器采用单模光纤;光强度调制型或传光型光纤传感器多采用多模光纤。

为了满足特殊要求,出现了保偏光纤、低双折射光纤、高双折射光纤等。所以采用新材料研制特殊结构的专用光纤是光纤传感技术发展的方向。

1. 光纤的结构

光导纤维简称为光纤,其外形如图8-36a所示,目前基本上还是采用石英玻璃材料。其结构如图8-36b所示,中心的圆柱体叫作纤芯,围绕着纤芯的圆形外层叫作包层。纤芯和包层主要由不同掺杂的石英玻璃制成。纤芯的折射率 n_1 略大于包层的折射率 n_2,在包层外面还常有一层保护套,多为尼龙材料。光纤的导光能力取决于纤芯和包层的性质,而光纤的机械强度由保护套维持。

2. 光纤的传输原理

在光纤中,光的传输限制在光纤中,并随光纤能传送到很远的距离,光纤的传输是基于光的全内反射。

当光纤的直径比光的波长大很多时,可以用几何光学的方法来说明光在光纤内的传播。

设有一段圆柱形光纤,纤芯的折射率为 n_1,包层的折射率为 n_2,如图8-37所示,它的两个端面均为光滑的平面。当光线射入一个端面并与圆柱的轴线成 θ 角时,根据光的折射定律,在光纤内折射成 θ',然后以 φ 角入射至纤芯与包层的界面。若要在界面上发生全反射,则纤芯与界面的光线入射角 φ 应大于临界角 φ_c,即

$$\varphi \geqslant \varphi_c = \arcsin\frac{n_2}{n_1} \tag{8-5}$$

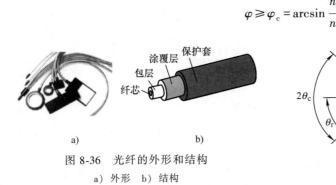

图 8-36 光纤的外形和结构
a) 外形　b) 结构

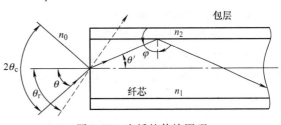

图 8-37 光纤的传输原理

并在光纤内部以同样的角度反复逐次反射，直至传播到另一端面。

为满足光在光纤内的全内反射，光入射到光纤端面的临界入射角 φ_c 应满足下式

$$n_1\sin\theta' = n_1\sin\left(\frac{\pi}{2}-\varphi_c\right) = n_1\cos\varphi_c$$
$$= n_1\sqrt{1-\sin^2\varphi_c} = \sqrt{n_1^2-n_2^2}$$

所以

$$n_0\cos\varphi_c = \sqrt{n_1^2-n_2^2} \tag{8-6}$$

实际工作时需要使光纤弯曲，但只要满足全反射条件，光线仍会继续前进。可见这里的光线"转弯"实际上是由光的全反射所形成的。

一般光纤所处环境为空气，则 $n_0=1$。这样在界面上产生全反射，在光纤端面上的光线入射角为

$$\theta \leqslant \theta_c = \arcsin\sqrt{n_1^2-n_2^2}$$

光纤集光本领的术语叫数值孔径 NA，即

$$NA = \sin\theta_c = \sqrt{n_1^2-n_2^2} \tag{8-7}$$

数值孔径反映纤芯接收光量的多少。其意义是：无论光源发射功率有多大，只有入射光处于 $2\theta_c$ 的光锥内，光纤才能导光。如入射角过大，如图 8-37 所示的角 θ_r，经折射后不能满足式（8-6）的要求，光线便从包层逸出而产生漏光。所以 NA 是光纤的一个重要参数。一般希望有大的数值孔径，这有利于耦合效率的提高，但数值孔径过大，会造成光信号畸变，所以要适当选择数值孔径的数值。

8.4.2 光纤传感器的应用

光纤传感器由于其独特的性能而受到广泛的重视，它的应用正在迅速地发展。下面介绍几种主要的光纤传感器。

1. 光纤加速度传感器

光纤加速度传感器的结构组成如图 8-38 所示。它是一种简谐振子的结构形式。激光束通过分光板后分为两束光，透射光作为参考光束，反射光作为测量光束。当传感器感受加速度时，由于质量块 M 对光纤的作用，从而使光纤被拉伸，引起光程差的改变。相位改变的激光束由单模光纤射出后与参考光束会合产生干涉效应。激光干涉仪的干涉条纹的移动可由

光电接收装置转换为电信号，经过处理电路处理后便可正确地测出加速度值。

2. 液位的检测技术

（1）球面光纤液位传感器

如图 8-39 所示，光由光纤的一端导入，在球状对折端部一部分光透射出去，而另一部分光反射回来，由光纤的另一端导向探测器。反射光强的大小取决于被测介质

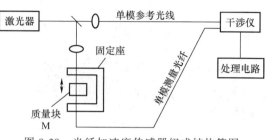

图 8-38　光纤加速度传感器织成结构简图

的折射率。被测介质的折射率与光纤折射率越接近，反射光强度越小。显然，传感器处于空气中时比处于液体中时的反射光强要大。因此，该传感器可用于液位报警。若以探头在空气中时的反光强度为基准，则当接触水时反射光强变化 $-7 \sim -6$dB，接触油时变化 $-30 \sim -25$dB。

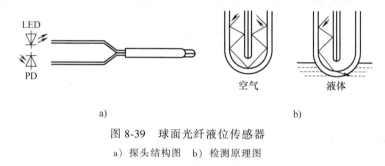

图 8-39　球面光纤液位传感器
a）探头结构图　b）检测原理图

（2）斜端面光纤液位传感器

图 8-40 为斜端面反射式光纤液位传感器的结构。同样，当传感器接触液面时，将引起反射回另一根光纤的光强减小。这种形式的探头在空气中和水中时，反射光强度差在 20dB 以上。

（3）单光纤液位传感器

单光纤液位传感器的结构如图 8-41 所示，将光纤的端部抛光成 45°的圆锥面。当光纤处于空气中时，入射光大部分能在端部满足全反射条件而返回光纤。当传感器接触液体时，由于液体的折射率比空气大，使一部分光不能满足全反射条件而折射入液体中，返回光纤的光强就减小。利用 X 形耦合器即可构成具有两个探头的液位报警传感器。同样，若在不同的高度安装多个探头，则能连续监视液位的变化。

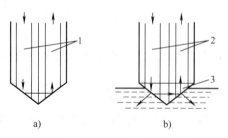

图 8-40　斜端面反射式光纤液位传感器
a）空气中　b）水中
1、2—光纤　3—棱镜

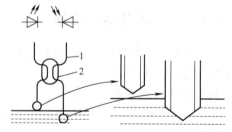

图 8-41　单光纤液位传感器结构
1—光纤　2—X 形耦合器

8.5 光栅传感器

光栅式传感器是光电式传感器的一个特殊应用。它利用光栅莫尔条纹现象，把光栅作为测量元件，具有结构原理简单、测量精度高等优点，在数控机床和仪器的精密定位或长度、速度、加速度、振动测量等方面得到了广泛应用。

8.5 光栅传感器

8.5.1 光栅的类型

光栅主要由光栅尺（光栅副）和光栅读数头两部分构成。光栅尺包括主光栅（标尺光栅）和指示光栅，主光栅和指示光栅的栅线的刻线宽度和间距完全一样。将指示光栅与主光栅重叠在一起，两者之间保持很小的间隙。主光栅和指示光栅中一个固定不动，另一个安装在运动部件上，两者之间可以形成相对运动。光栅读数头包括光源、透镜、指示光栅、光电接收元件、驱动电路等。

在计量工作中应用的光栅称为计量光栅。计量光栅可分为透射式光栅和反射式光栅两大类，均由光源、光栅副、光敏元件三大部分组成。

透射式光栅一般用光学玻璃作为基体，在其上均匀地刻上等间距、等宽度的条纹，形成连续的透光区和不透光区。反射式光栅用不锈钢作为基体，在其上用化学方法制作出黑白相间的条纹，形成强反光区和不反光区。如图 8-42 所示，光栅上栅线的宽度为 a，线间宽度 b，一般取 $a=b$，而光栅栅距 $W=a+b$。长光栅的栅线密度一般为 10 线/mm、25 线/mm、50 线/mm、100 线/mm 和 200 线/mm 等几种。

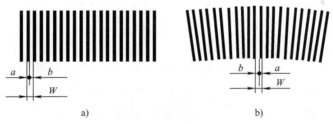

图 8-42 光栅刻线
a）长光栅 b）径向圆光栅

计量光栅按其形状和用途可分为长光栅和圆光栅两类。

(1) 长光栅

又称为光栅尺，用于长度或直线位移的测量。

按栅线形状的不同，长光栅可分为黑白光栅和闪耀光栅。黑白光栅是指只对入射光波的振幅或光强进行调制的光栅，所以也称为振幅光栅。闪耀光栅是对入射光波的相位进行调制，也称相位光栅，按其刻线的断面形状可分为对称和不对称两种。

(2) 圆光栅

又称为光栅盘，用来测量角度或角位移。根据刻线的方向可分为径向光栅和切向光栅。径向光栅的延长线全部通过光栅盘的圆心，切向光栅栅线的延长线全部与光栅盘中心的一个小圆（直径为零点几到几毫米）相切。

圆光栅的两条相邻栅线的中心线之间的夹角称为角节距，每周的栅线数从较低精度 100 线到高精度等级的 21600 线不等。

无论长光栅或圆光栅，由于刻线很密，如果不进行光学放大，则不能直接用光敏元件来测量光栅移动所引起的光强变化，必须采用莫尔条纹来放大栅距。

8.5.2 莫尔条纹

如果把两块栅距 W 相等的光栅面平行叠合在一起，并且让它们的刻痕之间有较小的夹角 θ。这时光栅上会出现若干条明暗相间的条纹，这种条纹称为莫尔条纹，如图 8-43 所示。莫尔条纹是光线透过光栅非重合部分而形成的亮带，它由一系列四棱形图案组成，如图 8-43 中 $d—d$ 线区所示。$f—f$ 线区则是由于光栅的遮光效应形成的。

莫尔条纹具有两个重要的特性。

（1）当指示光栅不动，主光栅左右平移时，莫尔条纹将沿着指示栅线的方向上下移动，根据莫尔条纹的移动方向，即可确定主光栅左右移动的方向。

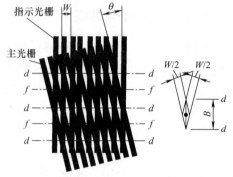

图 8-43 莫尔条纹

（2）莫尔条纹有位移的放大作用。当主光栅沿着与刻线垂直的方向移动一个栅距 W 时，莫尔条纹随之移动一个条纹间距 B。当两个等距光栅的栅间夹角 θ 较小时，主光栅移动一个栅距 W，莫尔条纹移动 KW 距离，K 为莫尔条纹的放大系数，可由下式确定，即

$$K = B/W \approx 1/\theta \tag{8-8}$$

式中，条纹间距与栅距的关系为

$$B = W/\theta \tag{8-9}$$

由式（8-9）可知，θ 越小，B 越大，这相当于把栅距 W 按系数 $1/\theta$ 放大。例如，$\theta = 0.1° = (\pi/180)$ rad，则 $1/\theta \approx 573$，即莫尔条纹宽度 B 是栅距 W 的 573 倍，相当于把栅距放大了 573 倍，说明光栅具有位移放大作用。这样，就可把肉眼看不见的光栅位移变成清晰可见的莫尔条纹移动，可以用测量条纹的移动来检测光栅的位移，从而实现高灵敏的位移测量。

8.5.3 光栅式传感器的测量装置

计量光栅作为一个完整的测量装置包括光栅读数头、光栅数显表两大部分。光栅读数头把输入量（位移量）转换成相应的电信号；光栅数显表是实现细分、辨向和显示功能的电子系统。

1. 光电转换

光电转换装置（光栅读数头）主要由主光栅、指示光栅、光路系统和光电元件等组成，如图 8-44 所示。主光栅的有效长度即为测量范围，指示光栅比主光栅短得多。主光栅一般固定在被测物体上，且随被测物体一起移动，指示光栅相对于光电元件固定。

莫尔条纹是一个明暗相间的光带。两条暗带中心线之间的光强变化是从最暗、渐亮、最亮、渐暗直到最暗的渐变过程。主光栅移动一个栅距 W，光强变化一个周期，若用光电元件接收莫尔条纹移动时光强的变化，则将光信号转换为电信号，接近于正弦周期函数，若以电

压输出,即

$$u = u_o + u_m \sin\left(\frac{\pi}{2} + \frac{2\pi x}{W}\right) \qquad (8\text{-}10)$$

输出电压反映了位移量的大小,如图 8-45 所示。

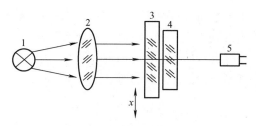

图 8-44 光栅读数头结构示意图
1—光源 2—透镜 3—主光栅
4—指示光栅 5—光电元件

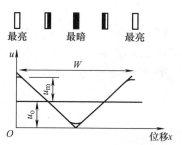

图 8-45 光电元件输出波形

2. 辨向原理

采用一个光电元件的光栅传感器,无论光栅是正向移动还是反向移动,莫尔条纹都做明暗交替变化,光电元件总是输出同一规律变化的电信号,此信号只能计数,不能辨向。为此,必须设置辨向电路。

为了能够辨向,需要有相位差为 π/2 的两个电信号。如图 8-46 所示,在相隔 1/4 条纹

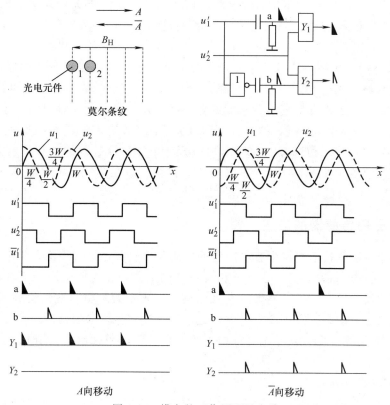

图 8-46 辨向的工作原理及电路

间距的位置上,放置两个光电元件 1 和 2,得到两个相位差为 $\pi/2$ 的电信号 u_1 和 u_2(图中波形是消除直流分量后的交流分量),经过整形后得两个方波信号 u_1' 和 u_2'。

当光栅沿 A 方向移动时(u_1 比 u_2 超前 90°),u_1' 经微分电路后产生的脉冲,正好发生在 u_2' 的"1"电平时,从而经 Y_1 输出一个计数脉冲;而 u_1' 经反相并微分后产生的脉冲,则与 u_2' 的"0"电平相遇,与门 Y_2 被阻塞,无脉冲输出。

在光栅沿 $-A$ 方向移动时,u_1' 的微分脉冲发生在 u_2' 为"0"电平时,与门 Y_1 无脉冲输出;而 u_1' 的反相微分脉冲则发生在 u_2' 的"1"电平时,与门 Y_2 输出一个计数脉冲。

u_2' 的电平状态作为与门的控制信号,来控制在不同的移动方向时,u_1' 所产生的脉冲输出。这样就可以根据运动方向正确地给出加计数脉冲或减计数脉冲,再将其输入可逆计数器,实时显示出相对于某个参考点的位移量。

3. 细分技术

由前面分析可知当两光栅相对移动一个栅距 W,莫尔条纹移动一个间距 B,光电元件输出变化一个电周期 2π,经信号转换电路输出一个脉冲,若按此进行计数,则它的分辨率为一个光栅栅距 W。

为了提高分辨率,可以采用增加刻线密度的方法来减少栅距,但这种方法受到制造工艺或成本的限制。另一种方法是采用细分技术,可以在不增加刻线数的情况下提高光栅的分辨率,在光栅每移动一个栅距,莫尔条纹变化一周时,不只输出一个脉冲,而是输出均匀分布的 n 个脉冲,从而使分辨率提高到 W/n。由于细分后计数脉冲的频率提高了,因此细分又叫倍频。

细分的方法有很多种,常用的细分方法是直接细分,如细分数为 4,称为四倍频细分。实现的方法有两种:一种是在莫尔条纹宽度内依次放置 4 个光电元件采集不同相位的信号,从而获得相位依次相差 90°的 4 个正弦信号,再通过细分电路,分别输出 4 个脉冲。

另一种方法是采用在相距 $B/4$ 的位置上,放置两个光电元件,得到相位差 90°的两路正弦信号 s 和 c,然后将此两路信号送入细分辨向电路。这两路信号经过放大器放大,再由整形电路整形为两路方波信号,并把这两路信号各反向一次,就可以得到四路相位依次为 90°、180°、270°、360°的方波信号,它们经过 RC 微分电路,就可以得到 4 个尖脉冲信号。当指示光栅正向移动时,4 个微分信号分别和有关的高电平相与。与辨向原理中阐述的过程相类似,可以在一个 W 的位移内,在输出端得到 4 个加法计数脉冲。当指示光栅反向移动一个栅距 W 时,就在输出端得到 4 个减法脉冲。这样,就在莫尔条纹变化一个周期内获得 4 个输出脉冲,达到细分的目的。

8.5.4 光栅传感器的应用

光栅传感器在检测技术领域中有着广泛的应用,比较成熟的应用范围如下。

1)长度和角度的精密测量。在长度和线位移测量方面,主要应用于要求精度高、量程大和分辨力高的仪器中,如工具显微镜、测长机、三坐标测量机;在角度和圆度测量方面:主要应用于高精度分度头、圆转台、度盘检查仪等。

2)复合参数测量。如应用于渐开线齿形检查仪、齿轮单面啮合检查仪、丝杠动态检查仪等。

3)数控机床的伺服系统、数控系统的位置检测。

4)其他物理量的检测:如速度、加速度、振动、应力、应变、三维面形的检测等。

8.6 实训

8.6.1 实训1 光纤位移传感器实验

1. 实训目的

1) 了解光纤位移传感器的工作原理和装置结构。
2) 了解光纤位移传感器的输出特性。

2. 实训器材

光纤传感器、差动放大器、电压表、电阻、F/V 表和直流稳压电流。

3. 实训步骤

1) 观察光纤位移传感器的结构,它由两束光纤混合后,组成 Y 形光纤,探头截面为半圆分布。仪器内部在光纤输出端面安装有发光二极管和光电二极管及转换电路,实验台上贴有反射纸,作为光的反射面。

2) 按图 8-47 静态测量电路接线,光纤探头端面对准反光面,光纤直接将反射的光信号转换为电信号送差动放大器放大,并由电压表显示输出。

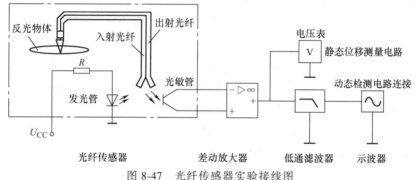

图 8-47 光纤传感器实验接线图

3) 改变光纤探头与反射物体间的距离(旋转测微头)使它们之间有位移变化,先将光纤探头与反光纸接触,调整放大器调零电位器位电压读数为最小。

4) 让光纤探头慢慢离开反光纸,观察电压读数由小到大,再由大到小的变化,旋转测微头,每隔 0.2mm 读取一个数据,并将其填入表 8-1。

表 8-1 反射式光纤位移传感器实验检测数据表

Δx/mm	0.2	0.4	0.6	0.8	1.0	1.2	1.6	1.8	2.0
U/mV									

5) 用测量数据作图,画出 $U\text{-}x$ 曲线,并说明原理与特性。

8.6.2 实训2 光电开关电路制作

1. 实训目的

1) 熟悉光敏晶体管的工作原理。

2) 会分析光电开关电路的工作原理。
3) 能制作并调试光电开关电路。

2. 实训电路原理

图 8-48a 为路灯控制电器的原理图。VD_1 为光电二极管，也可用光电晶体管作为感光元件，将光信号转换成电信号。IC_1 为 CD40106，起到整形的作用，同时也可提高抗干扰的能力；VT_1 为驱动晶体管，实现对继电器的控制。光线较暗时，VD_1 产生的光电流很小，经 R_1 和 RP_1 电阻后，产生的电压比较小（小于 3V），此时，IC_1 输出高电平（4.9V），VT_1 导通，继电器 K 得电，常开触点闭合，被控电器得电工作；当光线逐渐增强时，VD_1 中光电流逐渐增大，当 IC_1 输入电压超过 3V 时，其输出电压变为低电平（0.1V），VT_1 截止，继电器 K 失电，常开触点断开，被控电器失电停止工作。VR_1 为灵敏度调节电阻，调节 VR_1 可以调节起控亮度。

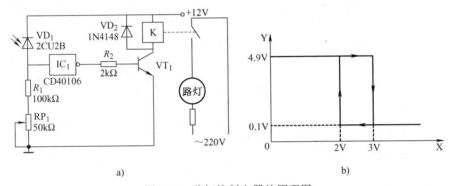

图 8-48 路灯控制电器的原理图

3. 电路制作与调试

1) 根据电路选择合适的元器件。
2) 制作电路板并焊接电路，也可用万能板搭建。
3) 调试电路。

电路制作完成后，调节给 VD_1 的光线，看被控电器是否按设计要求工作；并可适当调节 VR_1，改变电路的起控点，以便达到控制的要求。

4. 光电二极管安装注意事项

光电二极管作为控制器的感光部分，因此安装时要能顺利感受到光照的变化，并要防止干扰而产生误动作，如树叶或其他物体的遮挡而导致传感器感受不到光的变化。

8.7 习题

1. 填空题

（1）光电式传感器是以_____作为转换元件的传感器。光电传感器是将被测量的变化通过_____变化转换成_____。

（2）光电式传感器一般由_____、_____和_____三部分组成。

（3）一个光子的能量只能给_____电子，要使电子逸出物体表面，需对其_____以克服对电子的约束。

(4) 光电子能否逸出物体表面产生光电效应，取决于_____是否大于该物体表面的电子逸出功。

(5) 光电管的光谱特性通常是指阳极和阴极之间所加电压不变时，入射光的_____与其_____的关系。它主要取决于_____。

(6) 光电倍增管能把微弱的光输入转换成电子，并使电子获得_____的电真空器件，它有放大_____的作用，多用于微光测量。

(7) 光电电阻的工作原理是基于_____。在无光照时，光敏电阻具有_____的阻值，在有光照时，使其电阻值_____。

(8) 光电池的开路电压和短路电流随温度变化的关系称为温度特性，光电池的_____随温度变化有较大变化，温度越高，电压_____，而光电流随温度变化很小。

(9) 光电晶体管与一般晶体管很相似，具有两个_____，只是它的发射极一边做得_____，以扩大光的照射面积。因此，它具有比光电二极管更高的_____。

(10) 图像传感器利用光敏单元的_____功能将投射到光敏单元上的光学图像转换成_____。

(11) CCD 图像传感器的最大特点是它以电荷为信号，它的基本功能是_____与_____。

(12) 在光纤中，光的传输限制在光纤中，并随光纤能传送到很远的距离，光纤的传输基于光的_____。

2. 什么是光电效应？什么是外光电效应？什么是内光电效应？

3. 简述光电池的工作原理。

4. 试述光电二极管的工作原理。

5. 试述光电晶体管的工作原理。

6. CCD 图像传感器的是如何分类的？

7. 光纤传感器是如何分类的？各有什么特点？

8. 简述光纤的传光原理。

9. 光栅传感器的基本原理是什么？莫尔条纹是如何形成的？有何特点？

10. 试计算 $n_1 = 1.46$，$n_2 = 1.45$ 的阶跃折射率光纤的数值孔径值。如光纤外部介质的 $n_0 = 1$，求最大入射角 θ_c 的值。

第9章　波式和辐射式传感器

波式传感器和辐射式传感器属于非接触式传感器，可以实现精确、快速、自动无损检测各种参数，应用于各种场合，如雷达、遥感、红外跟踪、红外成像、警戒、工业探伤和材料成分等。

本章介绍超声波式、微波式、红外式传感器及核辐射传感器，主要讲述它们的原理、特点、结构及其实际应用。

9.1　超声波传感器

超声波传感器是将声信号转换成电信号的声电转换装置，又称为超声波换能器或超声波探头，它是利用超声波产生、传播及接收的物理特性工作的。超声波传感器在医疗中的应用已经家喻户晓，此外，还广泛应用于超声清洗、超声加工和超声检测等多个方面。

9.1.1　超声波的物理基础

1. 超声波的概念和波形

机械振动在弹性介质内的传播称为波动，简称为波。人能听见声音的频率为20Hz～20kHz，即为声波，超出此频率范围的声音，20Hz以下的声音称为次声波，20kHz以上的声音称为超声波，一般说话的频率范围为100Hz～8kHz。声波频率的界限划分如图9-1所示。

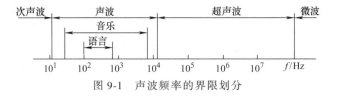

图9-1　声波频率的界限划分

当超声波由一种介质入射到另一种介质时，由于在两种介质中传播速度不同，在介质界面上会产生反射、折射和波形转换等现象。声源在介质中的施力方向与波在介质中传播方向的不同，造成声波的波形也不同。一般有以下几种。

1）纵波：质点振动方向与波的传播方向一致的波。
2）横波：质点振动方向垂直于传播方向的波。
3）表面波：质点的振动介于横波与纵波之间，沿着表面传播的波。

横波只能在固体中传播，纵波能在固体、液体和气体中传播，表面波随深度增加衰减很快。为了测量各种状态下的物理量，多采用纵波。

2. 声速、波长与指向性

(1) 声速

纵波、横波及表面波的传播速度取决于介质的弹性系数、介质的密度以及声阻抗。这里,声阻抗是描述介质传播声波特性的一个物理量。介质的声阻抗 Z 等于介质的密度 ρ 和声速 c 的乘积,即

$$Z = \rho c \tag{9-1}$$

由于气体和液体的剪切模量为零,所以超声波在气体和液体中没有横波,只能传播纵波。气体中的声速为 344m/s,液体中的声速 900m/s。在固体中,纵波、横波和表面波三者的声速有一定的关系,通常可认为横波声速为纵波声速的一半。表面波声速约为横波声速的 90%。

(2) 波长

超声波的波长 λ 与频率 f 的乘积恒等于声速 c,即

$$\lambda f = c \tag{9-2}$$

(3) 指向性

超声波声源发出的超声波束以一定的角度逐渐向外扩散,如图 9-2 所示。在声束横截面的中心轴线上,超声波最强,且随着扩散角度的增大而减小。指向角 θ 与超声源的直径 D 以及波长 λ 之间的关系为

$$\sin\theta = 1.22\lambda/D \tag{9-3}$$

设超声源的直径 $D=20$mm,射入钢板的超声波(纵波)频率为 5MHz,则根据式(9-3)可得 $\theta=4°$,可见该超声波的指向性是十分尖锐的。

3. 超声波的反射和折射

超声波从一种介质传播到另一介质,在两个介质的分界面上一部分能量被反射回原介质,称为反射波,另一部分透射过界面,在另一种介质内部继续传播,则称为折射波。这两种情况分别称之为超声波的反射和折射,如图 9-3 所示。

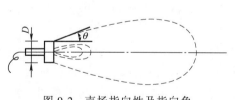

图 9-2 声场指向性及指向角

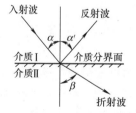

图 9-3 超声波的反射和折射

当纵波以某一角度入射到第二种介质(固体)的界面上时,除有纵波的反射、折射以外,还发生横波的反射及折射。在某种情况下,还能产生表面波。各种波形都符合反射及折射定律。

(1) 反射定律

入射角 α 的正弦与反射角 α' 的正弦之比等于波速之比。当入射波和反射波的波形相同、波速相等时,入射角 α 等于反射角 α'。

(2) 折射定律

入射角 α 的正弦与折射角 β 的正弦之比等于超声波在入射波所处介质的波速 c_1 与在折

射波所处介质的波速 c_2 之比，即

$$\frac{\sin\alpha}{\sin\beta}=\frac{c_1}{c_2} \tag{9-4}$$

（3）超声波的衰减

超声波在介质中传播时因被吸收而衰减，气体吸收最强而衰减最大，液体次之，固体吸收最小而衰减最小，因此对于给定强度的声波，在气体中的传播距离会明显比在液体和固体中传播的距离短。另外，声波在介质中传播时衰减的程度还与声波的频率有关，频率越高，声波的衰减也越大，因此超声波比其他声波在传播时的衰减更明显。

9.1.2 超声波的发生与接收

9.1.2 超声波的发生与接收

要以超声波作为检测手段，必须能产生超声波和接收超声波。超声波是由超声波发生器产生的，其结构分为两部分：一部分为产生高频电流或电压的电源；另一部分为换能器，它的作用是将电磁振荡变换为机械振荡而产生超声波。

1. 压电式超声波发生器

压电式超声波发生器是利用压电晶体的电致伸缩效应制成的。常用的压电元件为石英晶体、压电陶瓷等。在压电元件上施加交变电压，使它产生电致伸缩振动，从而产生超声波，如图9-4所示。

压电材料的固有频率与晶片厚度 d 有关，即

$$f=n\frac{c}{2d} \tag{9-5}$$

图9-4 压电式超声波发生器

式中，n 为谐波的级数（$n=1,2,3,\cdots$）；c 为波在压电材料中的传播速度（纵波），$c=\sqrt{E/\rho}$，其中 E 为杨氏模量，ρ 为压电材料的密度。

根据共振原理，当外加交变电压的频率等于晶片的固有频率时，会产生共振，这时产生的超声波最强。

压电式超声波发生器可以产生几万赫兹到几十兆赫兹的高频超声波，产生的声强可达 $10W/cm^2$。

2. 磁致伸缩超声波发生器

铁磁性物质在交变的磁场中，顺着磁场方向产生伸缩的现象，叫作磁致伸缩效应。

磁致伸缩效应的大小，即伸长缩短的程度，不同的铁磁物质其情况不相同。镍的磁致伸缩效应最大，它在一切磁场中都是缩短的。如果先加一定的直流磁场，再加以交流电时，它可工作在特性最好的区域。

磁致伸缩超声波发生器是把铁磁材料置于交变磁场中，使它产生机械尺寸的交替变化，即机械振动，从而产生超声波。

磁致伸缩超声波发生器是用厚度为0.1~0.4mm的镍片叠制而成。片间绝缘以减少涡流损耗。其结构有矩形、窗形等，如图9-5所示。

磁致伸缩超声波发生器的机械振

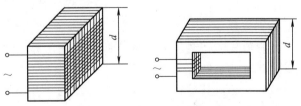

图9-5 磁致伸缩超声波发生器

动固有频率的表达式与压电式相同。

磁致伸缩超声波发生器所使用的材料，除镍外，还有铁钴钒合金和含锌、镍的铁氧体。磁致伸缩超声波发生器只能用在几万赫兹的频率范围内，但功率可达 10^5 W，声强每平方厘米可达几千瓦，能耐较高的温度。

3. 超声波的接收

在超声波技术中，除需要能产生一定频率及强度的超声波发生器以外，还需要能接收超声波的接收器。一般的超声波接收器是利用超声波发生器的逆效应而进行工作的。

当超声波作用于压电晶片时，晶片产生正压电效应而产生交变电荷，经电压放大器或电荷放大器放大，最后记录或显示结果；其结构和超声波发生器基本相同，有时就用同一个超声波发生器兼做超声波接收器。

磁致伸缩超声波接收器是利用磁致伸缩的逆效应制成的。当超声波作用于磁致伸缩材料时，使材料伸缩，引起它的内部磁场（即导磁特性）的变化。根据电磁感应原理，磁致伸缩材料上所绕线圈产生感应电动势，将此电动势送至测量电路并记录显示，可得测量结果。它的结构也与发生器差不多。

9.1.3　超声波探头

超声波传感器是实现声电转换的装置，又称为超声换能器或超声波探头。按作用原理不同，超声波传感器有压电式、磁致伸缩式、电磁式等方式。在检测技术中主要采用压电式。超声波探头常用的材料是压电晶体和压电陶瓷，这种探头统称为压电式超声波探头。它是利用压电材料的压电效应来工作的。逆压电效应将高频电振动转换成高频机械振动，以产生超声波，可作为发射探头。而利用压电效应则将接收的超声波振动转换成电信号，可作为接收探头。

根据其结构不同，超声波探头又分为直探头、斜探头、双探头、表面波探头、聚焦探头、冲水探头、水浸探头、空气传导探头以及其他专用探头等，如图9-6所示。

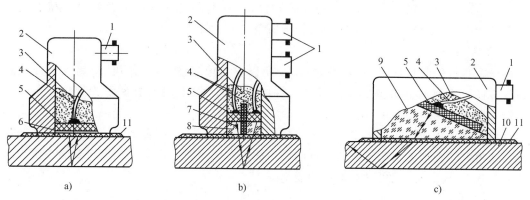

图9-6　超声波探头结构示意图
a）单晶直探头　b）双晶直探头　c）斜探头
1—接插件　2—外壳　3—阻尼吸收块　4—引线　5—压电晶体　6—保护膜
7—隔离层　8—延迟块　9—有机玻璃斜楔块　10—试件　11—耦合剂

1. 单晶直探头

用于固体介质的单晶直探头（俗称为直探头）的结构如图9-6a所示。压电晶片采用

PZT压电陶瓷材料制作，外壳用金属制作，保护膜用于防止压电晶片磨损。保护膜可以用三氧化二铝（刚玉）、碳化硼等硬度很高的耐磨材料制作。阻尼吸收块用于吸收压电晶片背面的超声脉冲能量，防止杂乱反射波产生，提高分辨率。阻尼吸收块用钨粉、环氧树脂等浇注。

发射超声波时，将500V以上的高压电脉冲加到压电晶片上，利用逆压电效应，使晶片发射出一束频率在超声波范围内、持续时间很短的超声振动波。向上发射的超声振动波被阻尼块所吸收，而向下发射的超声波垂直透射到的试件内。

假设该试件为钢板，而其底面与空气交界，在这种情况下，到达钢板底部的超声波的绝大部分能量被底部界面所反射。反射波经过短暂的传播时间回到压电晶片。利用压电效应，晶片将机械振动波转换成同频率的交变电荷和电压。由于衰减等原因，该电压通常只有几十毫伏，还要加以放大，才能在显示器上显示出该脉冲的波形和幅值。

从以上分析可知，超声波的发射和接收虽然均是利用同一块晶片，但时间上有先后之分，所以单晶直探头是处于分时工作状态，必须用电子开关来切换这两种不同的状态。

2. 双晶直探头

双晶直探头结构如图9-6b所示。它是由两个单晶探头组合而成，装配在同一壳体内。其中一片晶片发射超声波，另一片晶片接收超声波。两晶片之间用一片吸声性能强、绝缘性能好的薄片加以隔离，使超声波的发射和接收互不干扰。晶片下方还设置延迟块，它用有机玻璃或环氧树脂制作，能使超声波延迟一段时间后才入射到试件中，可减小试件接近表面处的盲区，提高分辨能力。双晶直探头的结构虽然复杂些，但检测精度比单晶直探头高，且超声波信号的反射和接收的控制电路较单晶直探头简单。

3. 斜探头

有时为了使超声波能倾斜入射到被测介质中，可选用斜探头，如图9-6c所示。压电晶片粘贴在与底面成一定角度（如30°、45°等）的有机玻璃斜楔块上，压电晶片的上方用吸声性强的阻尼吸收块覆盖。当斜楔块与不同材料的被测介质（试件）接触时，超声波产生一定角度的折射，倾斜入射到试件中去，折射角可通过计算求得。

4. 聚焦探头

由于超声波的波长很短（mm数量级），所以它也像光波一样可以被聚焦成十分细的声束，其直径可小到1mm左右，可以分辨试件中细小的缺陷，这种探头称为聚焦探头，是一种很有发展前途的新型探头。

聚焦探头采用曲面晶片来发出聚焦的超声波，也可以采用两种不同声速的塑料来制作声透镜，还可利用类似光学反射镜的原理制作声凹面镜来聚焦超声波。如果将双晶直探头的延迟块按上述方法加工，也可具有聚焦功能。

5. 箔式探头

利用压电材料聚偏二氟乙烯（PVDF）高分子薄膜，制作出的薄膜式探头称为箔式探头，可以获得0.2mm直径的超细声束，用在医用CT诊断仪器上可以获得清晰度很高的图像。

6. 空气传导型探头

由于空气的声阻抗是固体声阻抗的几千分之一，所以空气超声探头的结构与固体传导探头有很大的差别。此类超声探头的发射换能器和接收换能器一般是分开设置的，两者结构也略有不同，图 9-7 为空气传导型的超声波发射换能器和接收换能器（简称为发射器和接收器或超声波探头）的结构示意图。发射器的压电片上粘贴了一只锥形共振盘，以提高发射效率和方向性。接收器在共振盘上还增加了一只阻抗匹配器，以滤除噪声，提高接收效率。空气传导的超声发射器和接收器的有效工作范围可达几米至几十米。

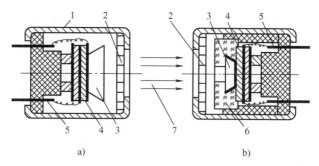

图 9-7　空气传导型超声波探头结构示意图
a）发射换能器　b）接收换能器
1—外壳　2—金属丝网罩　3—锥形共振盘
4—压电晶体片　5—引脚　6—阻抗匹配器　7—超声波束

无论是直探头还是斜探头，一般不能直接将其放在被测介质（特别是粗糙金属）表面来回移动，否则会磨损。更重要的是，由于超声探头与被测物体接触时，在工件表面不平整的情况下，探头与被测物体表面间存在一层空气薄层。空气的密度很小，将引起三个界面间强烈的杂乱反射波，造成干扰，而且空气也将对超声波造成很大的衰减。为此，必须将接触面之间的空气排挤掉，使超声波能顺利地入射到被测介质中。

在工业中，经常使用一种称为耦合剂的液体物质，使之充满在接触层中，起到传递超声波的作用。常用的耦合剂有水、机油、甘油、水玻璃、胶水、化学糨糊等。耦合剂的厚度应尽量薄一些，以减小耦合损耗。

有时为了减少耦合剂的成本，还可在单晶直探头、双晶直探头或斜探头的侧面，加工一个自来水接口。在使用时，自来水通过此孔压入到保护膜和试件之间的空隙中。使用完毕，将水迹擦干即可，这种探头称为水冲探头。

9.1.4　超声波传感器的应用

超声波传感器的应用十分广泛，常见的应用包括超声波探伤、测距、测厚、物位检测、流量检测、检漏以及医学诊断（超声波 CT）等。

根据超声波的出射方向，超声波传感器的应用有两种基本类型，当超声发射器与接收器分别置于被测物两侧时，这种类型称为透射型。透射型可用于遥控器、防盗报警器、接近开关等。超声发射器与接收器置于同侧的属于反射型，反射型可用于接近开关、测距、测液位或料位、金属探伤以及测厚等。

从超声波的波形来分，又可分为连续超声波和脉冲波。连续波是指持续时间较长的超声振动。而脉冲波是持续时间只有几十个重复脉冲的超声振动。为了提高分辨力，减少干扰，超声波传感器多采用脉冲超声波。下面简要介绍超声波传感器的几种应用。

1. 超声波探伤

对高频超声波，由于它的波长短，不易产生绕射，遇到杂质或分界面就会有明显的反射，而且方向性好，能成为射线而定向传播；在液体、固体中衰减小，穿透本领大。这些特性使得超声波成为无损探伤方面的重要工具。

（1）穿透法探伤

穿透法探伤是根据超声波穿透工件后的能量变化状况来判别工件内部质量的方法。穿透法用两个探头分别置于工件的相对面，一个发射超声波，一个接收超声波。发射波可以是连续波，也可以是脉冲。其工作原理如图9-8所示。

在测量中，当工件内无缺陷时，接收的能量大，仪表的指示值大；工件内有缺陷时，因部分能量被反射，接收的能量小，仪表的指示值小。据此就可检测出工件内部的缺陷。

（2）反射法探伤

反射法探伤是以超声波在工件中反射情况的不同来探测缺陷的方法。下面以纵波的一次脉冲反射为例，说明其检测原理。

图9-9是以一次底波为依据进行探伤的方法。高频脉冲发生器产生的脉冲加在探头上，激励压电晶体振荡，产生超声波。超声波以一定的速度向工件的内部传播。一部分超声波遇到缺陷反射回来（缺陷波F）；另一部分超声波继续传至工件底面也反射回来（底波B）。由缺陷及底面反射回来的超声波被探头接收，又变为电脉冲。发射波T、缺陷波F及底波B经放大后在显示器荧光屏上显示出来。由发射波T、缺陷波F及底波B在扫描线上的位置，可确定缺陷的位置。由缺陷波的幅度，可判断缺陷的大小；由缺陷波的形状，可判断缺陷的性质。当缺陷面积大于声束截面面积时，声波全部由缺陷处反射回来，荧光屏上只有T、F波，没有B波。当工件内无缺陷时，荧光屏上只有T、B波，没有F波。

图9-8 穿透法探伤示意图　　图9-9 反射探伤示意图

2. 超声波测厚

超声波测量金属零件的厚度，具有测量精度高，测试仪器轻便，操作安全简单，易于读数及实行连续自动检测等优点。但是对于声衰减很大的材料，以及表面凹凸不平或形状很不规则的零件，利用超声波测厚比较困难。超声波测厚常用脉冲回波法。图9-10为脉冲回波法检测厚度的工作原理。超声波探头与被测物体表面接触。主控制器产生一定频率的脉冲信号，送往发射电路，经电流放大后激励压电式探头，以产生重复的超声波脉冲。脉冲波传到被测工件另一面被反射回来，被同一探头接收。

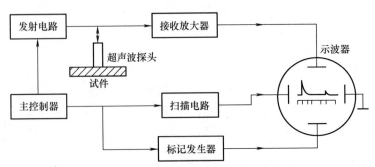

图9-10 脉冲回波法检测厚度工作原理图

如果超声波在工件中的声速 v 是已知的，设工件厚度为 d，脉冲波从发射到接收的时间间隔 t 可以测量，因此可求出工件厚度为 $d=vt/2$。

为测量时间间隔，可将发射和回波反射脉冲加至示波器垂直偏转板上。标记发生器输出已知时间间隔的脉冲，也加在示波器垂直偏转板上。线性扫描电压加在水平偏转板上。因此可以从显示器上直接观察发射和回波反射脉冲，并求出时间间隔 t。当然也可以用稳频晶振产生的时间标准信号来测量时间间隔 t，从而做成厚度数字显示仪表。

3. 超声波测液位

超声波测液位是利用超声波在两种介质的分界面上的反射特性而制成的。如果从发射超声脉冲开始，到换能器接收到反射波为止的这个时间间隔为已知，就可以求出液面的高度。根据发射和接收换能器的功能，传感器又可分为单换能器和双换能器。单换能器的传感器发射和接收超声波使用同一个换能器，而双换能器的传感器发射和接收各由一个换能器担任。

图 9-11 所示给出了几种超声波液位检测的原理示意图。超声波发射和接收换能器可设置在液体介质中，让超声波在液体介质中传播，如图 9-11a 所示；超声波发射和接收换能器也可以安装在液面的上方，让超声波在空气中传播，如图 9-11b 所示，这种方式便于安装和维修，但超声波在空气中的衰减比较厉害。

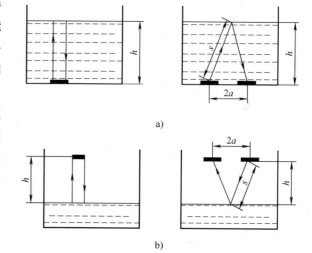

图 9-11　超声波测液位原理
a）超声波在液体介质中传播　b）超声波在空气中传播

对于单换能器来说，超声波从发射器到液面，又从液面反射到换能器的时间设为 t，因此，探头到液面的距离可由下式求出

$$h=\frac{1}{2}ct \tag{9-6}$$

式中，h 为换能器距液面底部的距离；c 为超声波在被测介质中的传播速度。

对于双换能器，液位高度则为

$$h=\sqrt{s^2-a^2} \tag{9-7}$$

式中，$s=\frac{1}{2}ct$，为两个传感器探头的直线距离。

从以上公式可以看出，只要测得超声波脉冲从发射到接收的时间间隔，便可以求得待测的液位高度。

超声波的速度 c 在各种不同的液体中是不同的。即使在同一种液体中，由于温度、压力的不同，其值也是不同的。因为液体中其他成分的存在及温度的影响都会使超声波速度发生变化，引起测量的误差，故在精密测量时，要采取补偿措施。

9.2 微波传感器

微波是波长为1mm～1m的电磁波,既具有电磁波的性质,又与普通的无线电波及光波不同,是一种相对波长较长的电磁波,具有空间辐射装置容易制造、遇到各种障碍物易于反射、不易绕射、传输特性好等特点。它广泛用于液位、物位、厚度及含水量的测量。

9.2 微波传感器

9.2.1 微波传感器的原理和组成

1. 原理与分类

微波传感器是利用微波特性来检测某些物理量的器件或装置。由发射天线发出微波,此波遇到被测物体时将被吸收或反射,使微波功率发生变化。若利用接收天线,接收到通过被测物体或由被测物体反射回来的微波,并将它转换为电信号,再经过信号调理电路,即可以显示出被测量,实现微波检测。

微波传感器分为反射式和遮断式两类。

(1) 反射式传感器

这种微波传感器是通过检测被测物反射回来的微波功率或经过的时间间隔来获得被测量的。一般它可以测量物体的位置、位移和厚度等参数。

(2) 遮断式传感器

这种微波传感器是通过检测接收天线收到的微波功率大小来判断发射天线与接收天线之间有无被测物体或被测物体的位置、被测物中的含水量等参数。

2. 组成

微波传感器是由微波发生器、微波天线和微波检测器三部分组成。

(1) 微波发生器

微波发生器是产生微波的装置。由于微波波长很短,而频率很高(300MHz～300GHz),要求振荡回路中具有非常微小的电感与电容,因此不能用普通的电子管与晶体管构成微波振荡器。构成微波振荡器的器件有调速管、磁控管或某些固态器件,小型微波振荡器也可以采用体效应管。

(2) 微波天线

由微波振荡器产生的振荡信号通过天线发射出去。为了使发射的微波具有尖锐的方向性,天线要具有特殊的结构。常用的天线如图 9-12 所示,有喇叭形、抛物面形、介质天线与隙缝天线等。

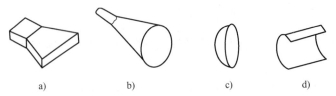

图 9-12 常用的微波天线

a) 扇形喇叭天线　b) 圆锥形喇叭天线　c) 旋转抛物面天线　d) 抛物柱面天线

喇叭形天线结构简单，制造方便，可以看作是波导管的延续。喇叭形天线在波导管与空间之间起匹配作用，可以获得最大能量输出。抛物面天线使微波发射方向性得到改善。

（3）微波检测器

电磁波作为空间的微小电场变动而传播，所以使用电流-电压特性呈现非线性的电子元件作为探测它的敏感探头。与其他传感器相比，敏感探头在其工作频率范围内必须有足够快的响应速度。作为非线性的电子元件可用种类较多（半导体 PN 结元件、隧道结元件等），可根据使用情形选用。

微波传感器是一种新型的非接触传感器。具有如下特点。

1）有极宽的频谱（波长为 1.0mm~1.0m）可供选用，可根据被测对象的特点选择不同的测量频率。

2）在烟雾、粉尘、水汽、化学气氛以及高、低温环境中对检测信号的传播影响极小，因此可以在恶劣环境下工作。

3）时间常数小，反应速度快，可以进行动态检测与实时处理，便于自动控制。

4）测量信号本身就是电信号，无须进行非电学量的转换，从而简化了传感器与微处理器间的接口。

5）传输距离远，便于实现遥测和遥控。

6）微波无显著辐射公害。

微波传感器存在的主要问题是零点漂移和标定尚未得到很好的解决。

9.2.2 微波传感器的应用

1. 微波式物位传感器

微波传感器测物位的原理如图 9-13 所示。当被测物位较低时，发射天线发出的微波束全部由接收天线接收到，经检波、放大及电压比较后，显示正常工作；当被测物位上升到天线所在高度时，微波束部分被物体吸收，部分被反射，接收天线接收到的微波功率相应减弱，经检波、放大与电压比较后，低于设定电压值，显示被测物位位置高于设定的物位信号。

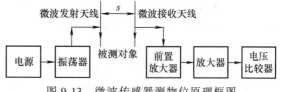

图 9-13 微波传感器测物位原理框图

当被测物位低于设定物位时，接收天线接收的功率为

$$P_o = \left(\frac{\lambda}{4\pi s}\right)^2 P_t G_t G_r \qquad (9-8)$$

式中，P_t 为发射天线的发射功率；G_t 为发射天线的增益；G_r 为接收天线的增益；s 为两天线间的水平距离；λ 为微波的波长。

当被测物位升高到天线所在高度时，接收天线接收的功率为

$$P_r = \eta P_o \qquad (9-9)$$

式中，η 由被测物的形状、材料性质、电磁性能及高度决定。

2. 微波式液位传感器

微波传感器测液位的原理如图 9-14 所示。相距为 s 的发射天线和接收天线间构成一定

角度，波长为 λ 的微波从被测液面反射后进入接收天线，接收天线收到的功率将随着被测液面的高低而变化，接收天线收到的功率为

$$P_r = \left(\frac{\lambda}{4\pi}\right)^2 \frac{P_t G_t G_r}{s^2 + 4d^2} \qquad (9\text{-}10)$$

式中参数含义同上。

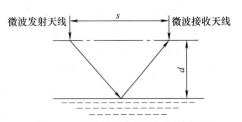

图 9-14 微波传感器测液位原理图

由式 (9-10) 可知，当发射功率、波长、增益均为恒定时，只要测得接收功率 P_r 就可获得被测液面的高度 d。

9.3 红外传感器

红外传感器可用于红外热成像遥感技术、红外搜索（跟踪目标、确定位置、红外制导）、红外辐射测量、通信、测距和红外测温等。在科学研究、军事工程和医学方面都有着广泛的应用。

红外传感器主要由红外辐射源和红外探测器两部分组成，有红外辐射的物体就可以视为红外辐射源；红外探测器是指能将红外辐射能转换为电能的器件或装置。

9.3.1 红外辐射

红外辐射是一种人眼不可见的光线，俗称为红外线，因为它是介于可见光中红色光和微波之间的光线。如图 9-15 所示，红外线的波长范围是 0.76 ~ 1000μm，对应的频率是 $4 \times 10^{14} \sim 3 \times 10^{11}$ Hz，工程上通常把红外线所占据的波段分成近红外、中红外、远红外和极远红外四个部分。

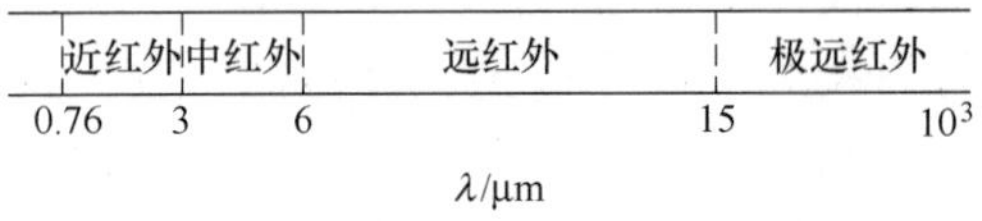

红外辐射本质上是一种热辐射。人、动物、植物、火、水都有热辐射，只是波长不同而已。任何物体，只要它的温度高于绝对零度（-273℃），就会向外部空间以红外线的方式辐射能量，一个物体向外辐射的能量大部分是通过红外线辐射这种形式来实现的。物体的温度越高，辐射出来的红外线越多，辐射的能量就越强。另一方面，红外线被物体吸收后可以转化成热能。红外线作为电磁波的一种形式，红外辐射和所有的电磁波一样，是以波的形式在空间直线传播的，具有电磁波的一般特性，如反射、折射、散射、干涉和吸收等。

图 9-15 红外线的波长范围

红外线和电磁波一样，以波的形式在空间传播，因为在空气中氮、氧、氢不吸收红外线，使大气层对不同波长的红外线存在不同吸收带，因此红外线在通过大气层时，有 2 ~ 2.6μm、3 ~ 5μm、8 ~ 14μm 三个波段通过率最高，这三个波段对红外探测技术非常重要，红外探测器一般工作在这三个波段。

9.3.2 红外探测器

红外传感器一般由光学系统、探测器、信号调理电路及显示单元等组成。红外探测器是红外传感器的核心。红外探测器是利用红外辐射与物质相互作用所呈现的物理效应来探测红外辐射的。红外探测器的种类很多，按探测机理的不同，分为热探测器和光子探测器两大类。

1. 热探测器

热探测器的工作机理是利用红外辐射的热效应，探测器的敏感元件吸收辐射能后引起温度升高，进而使某些有关物理参数发生相应变化，通过测量物理参数的变化来确定探测器所吸收的红外辐射。

热探测器主要优点是响应波段宽，响应范围可扩展到整个红外区域，可以在常温下工作，使用方便，应用相当广泛。

热探测器主要有四类：热释电型、热敏电阻型、热电阻型和气体型。其中，热释电型探测器在热探测器中探测率最高，频率响应最宽，所以这种探测器倍受重视，发展很快。这里主要介绍热释电型探测器。

热释电型红外探测器是根据热释电效应制成的，即电石、水晶、酒石酸钾钠、钛酸钡等晶体受热产生温度变化时，其原子排列将发生变化，晶体自然极化，在其两表面产生电荷的现象称为热释电效应。用此效应制成的"铁电体"，其极化强度（单位面积上的电荷）与温度有关。当红外辐射照射到已经极化的铁电体薄片表面上时，引起薄片温度升高，使其极化强度降低，表面电荷减少，这相当于释放一部分电荷，所以叫作热释电型传感器。如果将负载电阻与铁电体薄片相连，则负载电阻上便产生一个电信号输出。输出信号的强弱取决于薄片温度变化的快慢，从而反映出入射的红外辐射的强弱，热释电型红外传感器的电压响应率正比于入射光辐射率变化的速率。

2. 光子探测器

光子探测器的工作机理是利用入射光辐射的光子流与探测器材料中的电子互相作用，从而改变电子的能量状态，引起各种电学现象，这种现象称为光子效应。光子探测器有内光电和外光电探测器两种，后者又分为光电导、光生伏特和光磁电探测器三种。光子探测器的主要特点是灵敏度高，响应速度快，具有较高的响应频率，但探测波段较窄，一般需在低温下工作。

9.3.3 红外传感器的应用

目前红外传感器普遍用于红外测温、遥控器、红外摄像机、夜视镜等，红外摄像管成像、电荷耦合器件（CCD）成像是目前较为成熟的红外成像技术。另外，工业上的红外无损检测是通过测量热流或热量来检测鉴定金属或非金属材料的质量和内部缺陷。许多场合人们不仅需要知道物体表面平均温度，更需要了解物体的温度分布情况，以便分析研究物体内部的结构缺陷和状况，红外成像技术就是将物体的温度分布以图像的形式直观地显示出来。

1. 红外测温仪

红外测温技术在产品质量监控、设备在线故障诊断和安全保护等方面发挥着重要作用。近年来，非接触红外测温仪在技术上得到迅速发展，性能不断完善，功能不断增强，品种不断增多，适用范围也不断扩大，市场占有率逐年增长。比起接触式测温方法，红外测温有着响应时间快、非接触、使用安全及使用寿命长等优点。

图9-16为常见的红外测温仪方框图。它是一个光、机、电一体化的系统，测温系统主要由下列几部分组成：红外光透镜系统、红外滤光片、调制盘、红外探测器、信号调理电路、微处理器和温度传感器等。红外线通过固定焦距的透射（也有采用反射的）系统、滤光片聚焦到红外探测器的光敏面上，红外探测器将红外辐射转换为电信号输出。步进电机可

以带动调制盘转动将被测的红外辐射调制成交变的红外辐射线。红外测温仪的电路包括前置放大、选频放大、发射率调节、线性化等。现在还可以容易地制作带单片机的智能红外测温仪,其稳定性、可靠性和准确性更高。

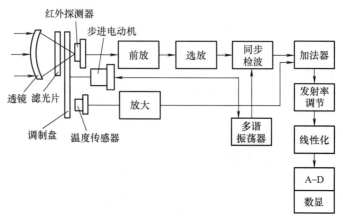

图 9-16 红外测温仪原理框图

2. 人体感应自动照明灯

图 9-17 是由红外线检测集成电路 RD8702 构成的人体感应自动灯开关电路,适用于家庭、楼道、公共厕所、公共走道等作为照明灯的开关电路。

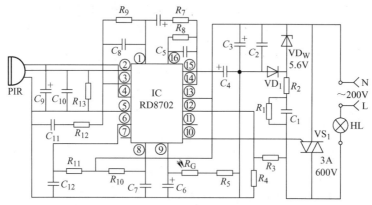

图 9-17 人体感应自动灯开关电路

该电路主要由人体红外线检测、信号放大及控制信号输出、晶闸管开关及光控等单元电路组成。由于灯泡串接在电路中,所以不接灯泡电路不工作。

当人体红外感应传感器 PIR 未检测到人体感应信号时,电路处于守候状态,RD8702 的⑩脚和⑪脚(未使用)无输出,双向晶闸管 VS_1 截止,HL 灯处于关闭状态。当有人进入检测范围时,红外感应传感器 PIR 中产生的交变信号通过 RD8702 的②脚输入 IC 内。经 IC 处理后从⑩脚输出晶闸管过零触发信号,使双向晶闸管 VS_1 导通,灯泡得电点亮,⑪脚输出继电器驱动信号(未使用)供执行电路使用。

光敏电阻 R_G 连接在 RD8702 的⑨脚。有光照时,R_G 的阻值较小,⑨脚内电路抑制⑩脚和⑪脚输出控制信号。晚上光线较暗时,R_G 的阻值较大,⑨脚内电路解除对输出控制信号的抑制作用。

9.4 核辐射传感器

核辐射传感器也称核辐射探测器,是利用放射性同位素发出射线,根据被测物质对放射线的吸收、反射、散射或射线对被测物质的电离激发作用而进行工作的。核辐射传感器是核辐射检测仪表的重要组成部分,利用核辐射可以精确、迅速、自动、非接触地检测各种参数,如线位移、角位移、板料厚度、覆盖层厚度、密闭容器的液位、转速、流体密度强度、温度、流量、材料的成分等。

9.4.1 核辐射基础知识

1. 电离辐射和非电离辐射

我们日常接触到的辐射可分为两种,即电离辐射和非电离辐射。电离辐射是指可以引起物质电离的辐射,如 α、β、γ 射线,中子、质子、重离子、X 射线等,放射性元素和射线装置发出的射线都属于电离辐射。非电离辐射是指不能引起物质电离的辐射,如电磁辐射、微波、激光、红外线、紫外线、超声波(B超)等。

2. 放射性

放射性是指某些元素(如镭、铀等)的不稳定原子核自发地放出射线而衰变成另外的元素的性质。具有放射性的元素和物质,分别称为放射性元素和放射性物质。

同位素就是在元素周期表中原子序数相同、化学性质相同而原子质量不同的各元素的总称。同位素有稳定和不稳定同位素之分,后者能自发地衰变成其他同位素,故又称之为放射性同位素。放射性同位素在衰变的过程中释放出 α 射线、β 射线、γ 射线等,这种现象称为核辐射,而放出射线的放射性同位素又称放射源。

放射源释放的 α 射线由带正电的 α 粒子组成,β 射线由带负电的 β 粒子组成,β 粒子就是高速运动的电子,γ 射线是一种电磁波,由中性不带电的高速光子流组成。

α 粒子的质量是电子的 7000 多倍,它在空气中只能穿行几厘米,一张纸就可以阻挡住它。β 射线与 α 射线相比,透射能力大,电离作用小。在检测中主要根据 β 辐射吸收来测量材料的厚度、密度或质量,根据辐射的反射来测量覆盖层的厚度等。与 β 射线相比,γ 射线的吸收系数小,它透过物质的能力最大,在气体中的射程为几百米,其电离作用最小,在测量仪表中,根据 γ 辐射穿透力强这一特性可制作探伤仪、金属厚度计和物位计等。

9.4.2 核辐射探测器

利用核辐射在气体、液体或固体中引起电离效应、发光现象、物理或化学变化进行核辐射探测的元件称为核辐射探测器。各种应用的核辐射探测器种类很多,工作原理不尽相同,按探测核辐射的物理过程可分为两大类:电离型探测器和发光型探测器。常用的电离型探测器有电离室、盖革计数管、半导体探测器等,发光型探测器有闪烁计数器、热释光探测器等,设计时可根据不同要求和测量对象进行选择。

1. 电离室

电离室是利用射线对气体的电离作用而设计的一种辐射探测器,电离室结构原理如图 9-18a 所示。它的重要部分是两个电极和充满在两个电极间的气体。气体可以是空气或某些惰性气体，在两极板间加上几百伏的高压，极板间产生电场，当射线射向两极板之间时，极板间充满的气体在核辐射的作用下电离，形成正、负离子对（负离子即为电子）。在电场作用下，正离子向负极板运动，电子向正极板运动，在回路中产生电离电流。若在外电路接一个电阻，就可形成响应电压，电阻 R_L 上的电压降反映电离电流的大小。

电离室输出特性如图 9-18b 所示，当电离室外加电压继续增大时，电流趋于饱和。电离室一般工作在饱和区，该区域的输出电流与外加电压无关，输出电流只正比于射线到电离室的辐射强度。

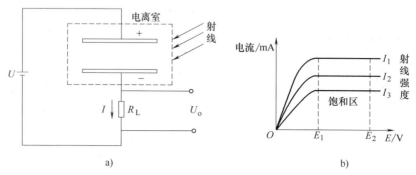

图 9-18　电离室结构及输出特性
a）结构原理　b）输出特性

电离室的优点是成本低、寿命长，缺点是检出的电流很小。电离室主要用于探测 α、β 射线，在同样条件下，利用电离室测量 α、β 粒子时，其效率接近 100%，而测量 γ 射线时，效率很低。这是因为 γ 射线没有直接电离的"本领"，主要靠打出二次电子电离作用，γ 射线的电离室必须密闭使用。一般 γ 射线的电离室的效率只有 1%~2%。

电离室的用途广泛，可用于核试验室内的测量，用于工业核测控仪表如核子秤、测厚仪、密度计、料位计等。

2. 盖革计数管

盖革（Geiger）和穆勒（Muller）发明的一种计数管简称盖革计数管（G-M 计数管）。盖革计数管通常为一密封并抽真空的玻璃管，中央以一根细金属丝作为阳极，玻璃管内壁涂以导电材料薄膜或另装一个金属圆筒作为阴极。同时充有一定量的惰性气体和少量猝灭气体，盖革计数管的结构形状有圆柱形和钟罩形，其结构示意图分别如图 9-19a、b 所示。

当计数管的阳极和阴极之间加有适当的工作电压时，管内便形成柱形对称电场。当射线进入计数管后，气体被电离，形成正、负离子对，这种电离称为初级电离。在电场作用下，正、负离子分别向各自相反的电极运动，但正离子向阴极运动的速度比电子向阳极运动的速

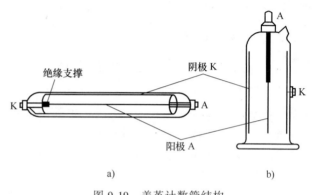

图 9-19　盖革计数管结构
a）圆柱形计数管　b）钟罩形计数管

度慢得多。电子在向阳极运动的过程中不断被电场加速,又会和原子碰撞而再次引起气体电离,称为次级电离。由于不断的电离过程使电子数目急剧增加,形成雪崩放电现象。在这段时间内正离子移动很少,仍然包围在阳极附近,构成正离子鞘,使阳极周围电场大为减弱,直到不能再产生离子的增加。同时,正离子在缓慢地向阴极运动的过程中,也会与猝灭气体分子碰撞,由于猝灭气体的电离电位低于惰性气体,因而会使大量的猝灭气体电离,使到达阴极表面的大部分是猝灭气体的正离子。它们与阴极上的电子中和,从而抑制正离子在阴极上引起的电子发射,终止雪崩放电,形成一个脉冲电信号。一次放电过程可在输出电阻上产生一个电压脉冲信号,因此,脉冲数目与进入计数管的粒子数相对应。

盖革计数管制作工艺简单,结构形式多样,输出脉冲幅度大,广泛应用于 α、β、γ 射线强度的测量。

3. 闪烁计数器

一些物质在被射线照射后会因为物质电离反应发生荧光现象,闪烁计数器就是根据这个原理工作的。闪烁计数器的结构如图 9-20 所示,闪烁计数器由闪烁体和光电倍增管组成。闪烁体内部是一种受激发光物质,可分为有机和无机两大类。无机闪烁体是含有少量激活剂的无机盐晶体,如碘化钠(NaI)晶体等。无机闪烁体对入射粒子的阻止能力强,发光效率高。例如,铊(Tl)激活的碘化钠(NaI)晶体用来探测 γ 射线的效率高达 20%~30%。有机闪烁体是一种由有机物组成的闪烁体,如塑料晶体等。有机闪烁体容易制作,但体积大、发光时间短,常用于探测 β 粒子。

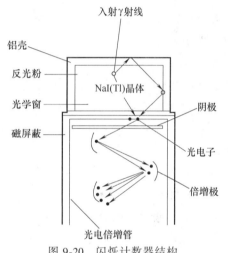

图 9-20 闪烁计数器结构

当闪烁体受到辐射时闪烁体的原子受激发光,光透过闪烁体通过导光物质(硅油)送到光电倍增管的光阴极上激发出光电子,光电子在光电倍增管中倍增,在阳极上形成电流脉冲,由后续电路(脉冲幅度分析器、计数器)可以记录射线的能量和强度大小。闪烁计数器探测效率高、时间分辨好,是一种广泛应用的核辐射探测器。

4. 半导体探测器

半导体探测器是利用半导体材料制成的射线传感器,它是一种特殊的二极管,主要应用类型包括结型、表面势垒型、离子注入型、硅锂漂移型等。图 9-21 为结型半导体探测器结构示意图,它实质上是一个大面积、大体积的晶体二极管(0.01~200cm³)。半导体材料上设置了一个阴极(高掺杂的 P⁺层)和一个阳极(高掺杂的 N⁺层)。带电粒子入射到半导体探测器时会产生电子-空穴对,这些电子-空穴对在电场作用下形成正比于入射射线能量的电流。通常在半导体探测器上加有高压,3000~4000V,电子-空穴对在该电压作用下加速,形成高速二次电子产生更多电子-空穴

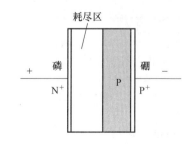

图 9-21 结型半导体探测器结构

对,使电子流倍增放大,电子-空穴对在灵敏区中强电场作用下迅速分离,并分别被两电极收集,从而产生电流脉冲信号。

脉冲信号输出的幅值反映入射线的能量。因此,半导体探测器具有很好的能量分辨率,由于半导体的温度效应对测量结果影响很大,半导体探测器需要置于恒温环境下工作,通常用液氮制冷或电制冷方法对探测器进行温度控制。

9.4.3 核辐射传感器的应用

1. 核辐射测厚

（1）透射式测厚

图 9-22 为透射式测厚原理示意图,透射式测厚时放射源与探测器在被测物的两侧。透射式测厚常用电离室作为探测器,输出电流与辐射强度成正比。在辐射穿过物质时,由于物体吸收作用损失部分能量,使得射入核辐射探测器的射线强度降低,降低的程度和物体的厚度等参数有关。射线探测器的透射射线能量的强度 I 随厚度 h 按指数规律变化,其关系为

$$I = I_0 e^{-\mu \rho h}$$

式中,ρ 为被测材料的密度;μ 为被测材料对所用射线的质量吸收系数;I_0 为没有被测物体时射线射到探测器处的射线强度。

对于一定的放射源和一定的材料就有一定的 ρ 和 μ,则测出 I 和 I_0 就可计算出该材料的厚度。

（2）散射测厚

图 9-23 为散射式测厚原理示意图。散射测厚时,放射源与探测器在被测物体同一侧,利用核辐射被物体后向散射的效应。其散射强度与被测距离、物质成分、密度、厚度表面状态等因素有关

$$I_{散} = I_{饱和}(1 - e^{-k\rho h})$$

式中,h 和 ρ 分别是被测材料的厚度和密度;k 是与射线能量有关的常数。这种方式可用于测薄板厚度、镀层厚度等。

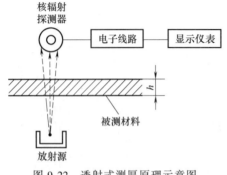

图 9-22 透射式测厚原理示意图

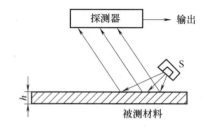

图 9-23 散射式测厚原理示意图

2. 物位测量

可利用介质对 γ 射线的吸收作用,进行液位测量。不同介质对 γ 射线的吸收能力不同,固

体吸收能力最强，液体次之，气体最弱。几种利用射线测量物位的原理与方法如图 9-24 所示。

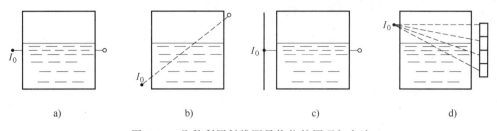

图 9-24　几种利用射线测量物位的原理与方法
a）定点测量　b）连续测量　c）线状的射线源　d）线状的探测器

图 9-24a 所示是定点测量的方法。将辐射源 I 与探测器安装在同一平面上，由于气体对射线的吸收能力远比液体或固体弱，因而当物位超过和低于此平面时，探测器接收到的射线强度会发生急剧变化。显然，这种方法不能进行物位的连续测量。

图 9-24b 所示是将射线源和探测器分别安装在容器的下部和上部，射线穿过容器中的被测介质和介质上方的气体后到达探测器。可见，探测器接收到的射线强弱与物位的高度有关。这种方法可对物位进行连续测量，但是测量范围比较窄（一般为 300~500mm），测量准确度较低。

为了克服前两种测量方法存在的缺点，可采用图 9-24c 所示的线状的射线源或者采用图 9-24d 所示的线状的探测器，虽然对射线源或探测器的要求提高了，但这两种方法既可以适应宽量程的需要，又可以改善线性特性。

核辐射方法测量液位、物位可用于火车车皮装煤量、油罐车装油量、炼钢炉钢水量以及煤气罐气量等自动化工业检测装置。

3. 探伤

核辐射传感器探伤原理示意图如图 9-25 所示。一种方法是管道内检测（见图 9-25a），将探测器与放射源放在管道内，沿着平行于管道的焊接缝与核探测器同步移动，当焊接缝存在问题时，穿透管道的 γ 射线会产生突变。正常时输出曲线趋于直线，探测器将接收到的射线信号变换为电信号，经放大处理后送显示记录，记录曲线中有波动处表示管道焊接缝存在问题。另一种方法是管道外检测（见图 9-25b），利用放射性气体对地下管道检漏，当地下管道有泄漏时，地表探测器可检测到计数值增大的趋势。

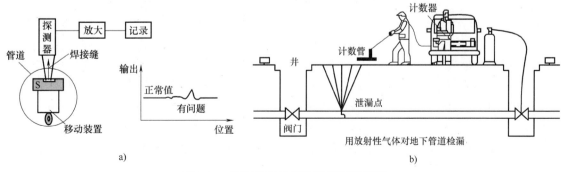

图 9-25　核辐射传感器探伤原理示意图
a）管道内检测　b）管道外检测

9.5 实训 超声波遥控开关制作

1. 实训目的
1) 熟悉超声波遥控开关的工作原理。
2) 掌握超声波遥控开关的制作方法。

2. 电路原理

本制作的超声波遥控开关由发射电路和接收电路组成。发射电路如图 9-26 所示。电路由 VT_1 和 VT_2 以及 $R_1 \sim R_4$、C_1、C_2 构成自激多谐振荡器,超声发射器件 B 被接在 VT_1 和 VT_2 的集电极回路中,以推挽方式工作,回路时间常由 R_1C_1 和 R_4C_2 确定。超声发射器件 B 的共振频率使多谐振荡电路触发。

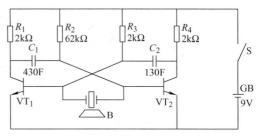

图 9-26 发射电路

图 9-27 为接收电路,结型场效应 VT_1 构成高输入阻抗放大器,能够很好地与超声接收器件 B 相匹配,可获得较高接收灵敏度及选频特性。VT_1 采用自给偏压方式,改变 R_3 即可改变 VT_1 的静态工作点,超声接收器件 B 将接收到的超声波转换为相应的电信号,经 VT_1 和 VT_2 两极放大后,再经 VD_1 和 VD_2 进行半波整流变为直流信号,由 C_3 积分后作用于 VT_3 和基极,使 VT_3 由截止变为导通,其集电极输出负脉冲,触发 JK 触发器使其翻转。JK 触发器 Q 端的电平直接驱动继电器 K,使其吸合或释放。由继电器 K 的触点控制电路的开关。

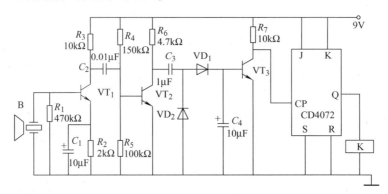

图 9-27 接收电路

3. 元器件选用

1) 发射电路中,VT_1 和 VT_2 用 C59013 或 CS9014 等小功率晶体管。超声发射器件用 SE05-40T,电源 GB 采用一块 9V 叠层电池,以减小发射器的体积和重量。

2) 接收电路中,VT_1 和 3DJ6 或 3DJ7 等是小功率结型场效应晶体管;$VT_2 \sim VT_3$ 用 CS9013;VD_1 和 VD_2 用 1N4148;JK 触发器用 263B;超声接收器件用 SE05-40R,与 SE05-40T 配对使用;继电器 K 用 HG4310 型。

3) 电路其他元器件如图 9-26、图 9-27 所示。

4. 制作与调试

1）检测元器件，正常后，按图 9-26、图 9-27 连接电路。
2）检查电路连接正常后，接通电源。
3）按下开关 S，观察继电器 K 的触点控制电路情况。

9.6 习题

1. 填空题

（1）当超声波由一种介质入射到另一种介质时，由于在两种介质中传播速度不同，在介质界面上会产生_____、_____和_____等现象。

（2）声源在介质中施力方向与波在介质中传播方向的不同，造成声波的波形也不同。一般有_____、_____、_____几种。

（3）超声波声源发出的超声波束以一定的角度逐渐_____，在声束横截面的中心轴线上，超声波_____，且随着扩散角度的增大而_____。

（4）超声波是由超声波发生器产生的，其结构分为_____和_____两部分，它的作用是将_____而产生超声波。

（5）压电式超声波发生器是利用压电晶体的_____制成的。

（6）磁致伸缩超声波发生器是把铁磁材料置于_____中，使它产生_____的交替变化，从而产生超声波。

（7）磁致伸缩超声波接收器是利用磁致伸缩的_____而制成的。当超声波作用于磁致伸缩材料时，使材料伸缩，引起它的_____的变化，磁致伸缩材料上所绕线圈产生_____，将此电动势送至测量电路并记录显示，可得测量结果。

（8）微波传感器是由_____、_____和_____三部分组成。

（9）红外辐射是一种人眼不可见的光线，它是介于_____和_____之间的光线。工程上通常把红外线所占据的波段分成_____、_____、_____和_____四个部分。

（10）热探测器主要有四类，分别是_____、_____、_____和_____。其中，_____在热探测器中探测率最高，频率响应最宽。

2. 简述波的折射定律和波的反射定律。
3. 简述超声波测量厚度的工作原理。
4. 试述超声波反射法探伤的基本原理。
5. 微波传感器分为哪两类？各有何特点？
6. 试分析微波传感器的主要组成及其各自的功能。
7. 简述微波传感器有何优、缺点。
8. 什么是热释电效应？热释电型红外探测器是如何工作的？
9. 简述光子探测器的工作原理。

第10章 半导体式化学传感器和生物传感器

化学传感器是对各种物质的化学成分进行定性或定量检测的传感器。生物传感器是以生物活性单元（如酶、抗体、核酸、细胞等）为生物敏感基元，通过生化效应感测被测量的传感器。随着人类对客观世界的认知的深入，化学和生物传感器在生物医学、环境保护和工农业生产等领域的需求越来越大，但由于化学传感器和生物传感器的转换机理相对复杂，因而，远不如物理传感器那样成熟和普及。

10.1 半导体式化学传感器

用半导体材料制作的化学传感器，是20世纪70年代后期诞生的新型传感器，这类传感器主要是以半导体作为敏感材料，解决了早期化学传感器因利用化学反应而造成的不稳定，以及由此给实际应用带来的困难。

半导体式化学传感器能将各种化学物质的指标（离子浓度、湿度、气体成分等）的变化转化为电信号。按检测对象不同，化学传感器可以分为气敏传感器、湿敏传感器、离子敏传感器等。半导体传感器的优点是：

1) 半导体传感器基于物理或化学变化，没有相对运动部件，结构简单；
2) 灵敏度高，动态性能好，直接输出电物理量；
3) 半导体材料容易实现集成化、智能化、低功耗。

缺点是：

1) 易受温度影响，需采用补偿措施；
2) 线性范围窄，性能参数离散性大。

10.1.1 半导体气敏传感器

10.1.1 半导体气敏传感器

气敏传感器也称为气体传感器，它是一种将检测到的气体成分和浓度转换为电信号的传感器。根据这些电信号的强弱就可以获得与待测气体在环境中存在情况有关的信息，从而可以进行检测、监控、报警，还可以通过接口电路与计算机或单片机组成自动检测、控制和报警系统。

由于气敏传感器是暴露在检测现场使用，工作条件比较恶劣，温度、湿度的变化很大，又存在大量粉尘和油雾等，气体对传感元件的材料会产生化学反应物，附着在元件表面，往往会使其性能变差，因此要求气敏传感器的性能必须满足下列条件。

1) 能够检测易爆炸气体的允许浓度、有害气体的允许浓度和其他基准设定浓度，并能及时给出报警、显示和控制信号。

2) 对被测气体以外的共存气体或物质不敏感。
3) 稳定性好、重复性好、动态特性好、响应迅速。
4) 使用、维护方便，价格便宜等。

由于半导体气敏传感器具有灵敏度高、响应快、使用寿命长和成本低等优点，应用很广。

1. 半导体气敏传感器的分类

半导体气敏传感器是利用半导体气敏元件同气体接触，造成半导体性质发生变化的原理来检测特定气体的成分或者浓度。

按照半导体变化的物理特征，可分为电阻型和非电阻型两类。前者是利用敏感元件吸附气体后电阻值随着被测气体的浓度改变来检测气体的浓度或成分；后者是利用二极管伏安特性和场效应晶体管的阈值电压变化来检测被测气体。

按照半导体与气体相互作用时产生的变化只限于半导体表面或深入到半导体内部，又可分为表面电阻控制型和体电阻控制型。前者当半导体表面吸附气体后，通过增多或减小半导体的载流子来引起半导体电导率变化，但内部化学组成不变；后者当半导体与气体发生反应后，使半导体晶格发生变化而引起电导率改变。半导体气敏传感器分类如表 10-1 所示。

表 10-1 半导体气敏传感器分类

类型	主要物理特性	代表性待测气体	传感器举例
电阻型	表面控制型	可燃性气体	氧化锡、氧化锌
	体电阻控制型	乙醇、可燃性气体、氧气	氧化镁、氧化钛、氧化钴
非电阻型	二极管整流特性	氢气、一氧化碳	铂-硫化镉、铂-氧化钛
	场效应晶体管特性	氢气、硫化氢	铂栅 MOS 场效应晶体管

2. 电阻型半导体气敏传感器

电阻型半导体气敏传感器大多使用金属氧化物半导体材料作为气敏元件。它分 N 型半导体材料如 SnO_2、Fe_2O_3、ZnO 等；P 型半导体材料如 CoO、P_bO_2、CuO、NiO 等。

电阻型半导体气敏传感器

（1）材料和结构

许多金属氧化物都具有气敏效应，这些金属氧化物是利用陶瓷工艺制成的具有半导体特性的材料，因此称之为半导体陶瓷，简称为半导瓷。由于半导瓷与半导体单晶相比具有工艺简单、价格低廉等优点，因此已经用它制作了多种具有实用价值的敏感元件。在诸多的半导体气敏元件中，用氧化锡（SnO_2）制成的元件具有结构简单、成本低、可靠性高、稳定性好、信号处理容易等一系列优点，应用最为广泛。

半导体气敏传感器一般由敏感元件、加热器和外壳三部分组成。按其结构可分为烧结型、薄膜型和厚膜型，如图 10-1 所示。

图 10-1a 所示为烧结型气敏元件，它以多孔质陶瓷如 SnO_2 为基材，添加不同物质采用低温（700~900℃）制陶方法进行烧结，烧结时埋入铂电极和加热丝，最后将电极和加热丝引线焊在管座上制成元件。由于制作简单，它是一种最普通的结构形式，主要用于检测还原性气体、可燃性气体和液体蒸汽，但由于烧结不充分，器件的机械强度较差，且所用电极材料较贵重，电特性误差较大，所以应用受到一定的限制。

图 10-1b 所示为薄膜型气敏元件，是用蒸发或溅射方法，在石英或陶瓷基片上形成金属氧化物薄膜（厚度在 100nm 以下），用这种方法制成的敏感膜颗粒很小，因此具有很高的灵

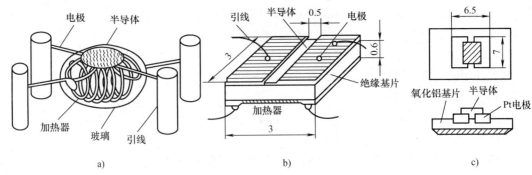

图 10-1 半导体传感器的结构
a) 烧结型元件 b) 薄膜型元件 c) 厚膜型元件

敏度和响应速度。敏感体的薄膜化有利于器件的低功耗、小型化以及与集成电路制造技术兼容，所以是一种很有前途的器件。

图 10-1c 所示为厚膜型气敏元件，将气敏材料（SnO_2、ZnO）与一定比例的硅凝胶混制成能印刷的厚膜胶，把厚膜胶用丝网印刷到事先安装有铂电极的氧化铝的基片上，在 400~800℃ 的温度下烧结 1~2h 便制成厚膜型气敏元件。用厚膜工艺制成的器件一致性较好，机械强度高，适于批量生产。

这些气敏元件全部附有加热器，它的作用是使附着在探测部分处的油雾、尘埃等烧掉，同时加速气体氧化还原反应，从而提高元件的灵敏度和响应速度，一般加热到 200~400℃。

由于加热方式一般有直热式和旁热式两种，因而分直热式和旁热式气敏元件。直热式气敏元件的结构及符号如图 10-2 所示。

直热式气敏元件是将加热丝直接埋在 SnO_2 或 ZnO 等金属氧化物半导体材料内，同时兼作一个测量极，这类器件制造工艺简单、成本低、功耗小，

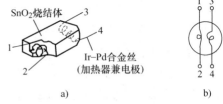

图 10-2 直热式气敏元件的结构和符号
a) 结构 b) 符号

可以在高压回路下使用，但其热容量小，易受环境气流的影响，测量电路与加热电路之间相互干扰，影响其测量参数，加热丝在加热与不加热两种情况下产生的膨胀与冷缩，容易造成器件接触不良。

旁热式气敏元件（见图 10-3）是把高阻加热丝放置在陶瓷绝缘管内，在管外涂上梳状金电极，再在金电极外涂上 SnO_2 等气敏半导体材料，就构成了元件。旁热式气敏元件克服

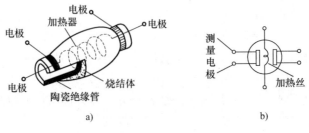

图 10-3 旁热式气敏元件的结构和符号
a) 结构 b) 符号

了直热式结构的缺点,使测量极和加热极分离,而且加热丝不与气敏材料接触,避免了测量回路和加热回路的相互影响,元件的稳定性得到提高。

(2) 工作原理

电阻型气敏传感器是利用气体在半导体表面的氧化和还原反应,导致敏感元件阻值变化。它的气敏元件的敏感部分是金属氧化物微结晶粒子烧结体,当它的表面吸附有被测气体时,半导体微结晶粒子接触界面的导电电子比例就会发生变化,从而使气敏元件的电阻值随被测气体的浓度改变而变化。这种反应是可逆的,因而可以重复地使用。电阻值的变化是随金属氧化物半导体表面对气体的吸附和释放而产生的,为了加速这种反应,通常要用加热器对气敏元件加热。

下面以半导瓷材料 SnO_2 为例,说明表面电阻控制型气敏传感器的工作原理。

半导瓷材料 SnO_2 属于 N 型半导体,N 型半导体气敏传感器吸附被测气体时的电阻变化曲线如图 10-4 所示。从图中可见,当半导体气敏传感器在洁净的空气中开始通电加热时,其阻值急剧下降,阻值发生变化的时间(称响应时间)不到 1min,然后上升,经 2~4min 后达到稳定,这段时间为初始稳定时间,元件只有在达到初始稳定状态后才可用于气体检测。当电阻值处于稳定值后,会随被测气体的吸附情况而发生变化,其电阻的变化规律视气体的性质而定,如果被测气体是氧化性气体(如 O_2 和 CO_2),被吸附气体分子从气敏元件得到电子,使 N 型半导体中载流子电子减少,因而电阻值增大。如果被测气体为还原性气体(如 H_2、CO、酒精等),气体分子向气敏元件释放电子,使元件中载流子电子增多,因而电阻值下降。

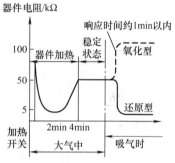

图 10-4 N 型半导体气敏传感器与气体接触时的阻值变化曲线

空气中的氧成分大体上是恒定的,因而氧的吸附量也是恒定的,气敏元件的阻值大致保持不变。如果被测气体与敏感元件接触后,元件表面将产生吸附作用,元件的阻值将随气体浓度而变化,从浓度与电阻值的变化关系即可得知气体的浓度。

3. 气敏传感器的应用

气敏传感器广泛应用于防灾报警,如可制成液化石油气、天然气、城市煤气、煤矿瓦斯及有毒气体等方面的报警器,也可用于对大气污染进行监测以及在医疗上用于对 O_2、CO 等气体的测量,生活中则可用于空调机、烹调装置和酒精浓度探测等方面。

(1) 可燃气体泄漏报警器

可燃气体泄漏报警器的电路图如图 10-5 所示。它采用载体催化型气敏元件作为检测探头,报警灵敏度可从 0.2% 起连续可调,当空气中可燃气体的浓度达 0.2% 时,报警器可发出声光报警。因此它特别适用于液化石油气、煤矿瓦斯气、天然气、焦炉煤气、重油裂解气、氢气和一氧化碳等各种可燃气体的测漏及报警。

电路中,D 为检测元件,因外观呈黑褐色,又称为黑元件,C 为补偿元件,因外观呈白色,又称为白元件。R_C 为补偿电阻。黑、白元件工作时装在防爆气室中,通过隔爆罩与大气接触。而 C、D、R_C、R_4 组成检测桥路。运算放大器及外围元件组成电压比较器。

半导体三极管 VT_2、VT_3、VT_4、VT_5 与发光二极管 VD_5 及蜂鸣器 Y 等组成声光报警电路。VT_1、VD_3 及 R_8 组成控制开关电路。

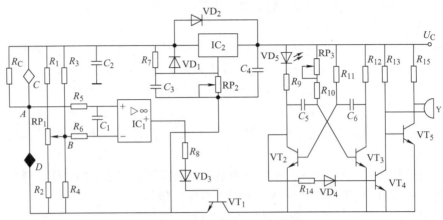

图 10-5　可燃气体泄漏报警器

当没有可燃性气体泄露时，A 点电位低于 B 点电位，电桥处于相对平衡状态，比较器 IC_1 输出低电平，使 VT_1 截止，此时发光二极管 VD_5 不发光，蜂鸣器 Y 无报警声。当有可燃性气体泄露时，在 D 元件表面发生化学反应，使 D 元件电阻增加，A 点电位上升至高于 B 电位时，比较器 IC_1 输出高电平，VT_1 导通，打开报警电路，在 VT_2 和 VT_3 组成的多谐振荡器的作用下，发光二极管 VD_5 与蜂鸣器 Y 同步发出闪光和报警声。

（2）防止酒后开车控制器

图 10-6 所示为防止酒后开车控制器原理图。图中 $QM-J_1$ 为气敏（酒敏）元件，5G1555 为集成定时器。若驾驶人没有喝酒，在驾驶室合上开关 S，此时气敏器件的阻值很高，U_a 为高电平，U_1 为低电平，U_3 为高电平，继电器 K_2 线圈失电，其常闭触点 K_{2-2} 闭合，发光二极管 VD_1 通，发绿光，能点火起动发动机。

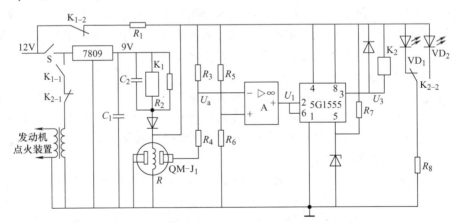

图 10-6　防止酒后开车控制器原理图

若驾驶员喝酒过量，则气敏元件的阻值急剧下降，使 U_a 为低电平，U_1 为高电平，U_3 为低电平，继电器 K_2 线圈通电，常开触点 K_{2-2} 闭合，发光二极管 VD_2 导通，发红光，以示警告，同时常闭触点 K_{2-1} 断开，无法起动发动机。

若驾驶人拔出气敏元件，继电器 K_1 线圈失电，其常开触点 K_{1-1} 断开，仍然无法起动发动机。常闭触点 K_{1-2} 的作用是长期加热气敏器件，保证此控制器处于准备工作的状态。

10.1.2 半导体湿敏传感器

湿敏传感器是能感受外界湿度（通常将空气或其他气体中的水分含量称为湿度）变化，并将环境湿度变换为电信号的装置。它是由湿敏元件和转换电路两部分组成的。

与温度测量相比，对湿度进行精确地测量是很困难的，其原因在于空气中所含的水蒸气含量极少，比空气少得多，并且难于集中到湿敏元件表面，此外水蒸气会使一些感湿材料溶解、腐蚀、老化，从而丧失原有的感湿性能；再者湿度信息的传递必须靠水对感湿元件直接接触来完成，因此感湿元件只能暴露在待测环境中，易于损坏，而不能密封。20 世纪 50 年代后，陆续出现了电阻型等湿敏计，使湿度的测量精度大大提高，但是，与其他物理量的检测相比，无论是敏感元件的性能，还是制造工艺和测量精度都差得多和困难得多。

近几年出现的半导体湿敏元件和 MOS 型湿敏元件已达到较高水平，具有工作范围宽、响应速度快、环境适应能力强等特点。

1. 湿敏传感器的基本概念及分类

（1）湿度表示法

所谓湿度，就是空气中所含有水蒸气的量，表明大气的干、湿程度，常用绝对湿度和相对湿度表示。

1）绝对湿度（Absolute Humidity）

绝对湿度是在一定的温度及压力下，每单位体积的混合气体中所含水蒸气的质量，一般用符号 AH 表示，其定义为

$$AH = \frac{m_V}{V} \tag{10-1}$$

式中，m_V 为待测空气中所含水蒸气质量；V 为待测空气的总体积。AH 的单位为 g/m³ 或 mg/m³。

在实际生活中，有许多与湿度有关的现象，例如水分蒸发的快慢、人体的自我感觉、植物的枯萎等，并不直接与空气的水汽压（空气中水汽的分压强）有关，而是与空气中的水汽压和同温度下的饱和水汽压之间的差值有关。如果这一差值过小，人们就感到空气过于潮湿；差值过大会使人们感到空气干燥。因此，有必要引入一个与空气的水汽压和在同温度下的水的饱和水汽压有关的物理量——相对湿度。

2）相对湿度（Relative Humidity）

相对湿度是指被测气体中的水汽压和该气体在相同温度下饱和水汽压的百分比。相对湿度给出大气的潮湿程度，因此，它是一个无量纲的值，一般用符号 RH 表示，其表达式为

$$RH = \frac{P_v}{P_w} \times 100\% \tag{10-2}$$

式中，RH 为相对湿度，单位为%RH；P_v 为温度 T 时的水汽压；P_w 为待测空气在同温度 T 下的饱和水汽压。

3）露点

在一定大气压下，将含有水蒸气的空气冷却，当温度下降到某一特定值时，空气中的水蒸气达到饱和状态，开始从气态变成液态而凝结成露珠，这种现象称为结露，这一特定温度

称为露点温度,简称露点。在一定大气压下,湿度越大,露点越高。

通过对空气露点温度的测定就可以测得空气的水汽压,因为空气的水汽压也就是该空气在露点温度下水的饱和水汽压,所以只要知道待测空气的露点温度,就可知道在该露点温度下水的饱和水汽压,这个饱和水气压也就是待测空气的水汽压。综上所述,绝对湿度、相对湿度和露点温度,都是表示空气湿度的物理量。

(2) 湿敏传感器的分类

湿敏传感器种类繁多,有多种分类方式。

① 按元件输出的电学量分类可分为:电阻式、电容式、频率式等。

② 按其探测功能可分为:相对湿度、绝对湿度、结露和多功能式。

③ 按感湿材料不同可分为:电解质式、陶瓷式、有机高分子式。

另外,根据与水分子亲和力是否有关,可以将湿敏传感器分为水亲和力型湿敏传感器和非水亲和力型湿敏传感器。水分子易于吸附在物体表面并渗透到固体内部的这种特性称为水分子亲和力,水分子附着或浸入湿敏功能材料后,不仅是物理吸附,而且还有化学吸附,其结果使功能材料的电性能产生变化,如 LiCl、ZnO 材料的阻抗发生变化。因此,这些材料就可以制成湿敏元件。另外,利用某些材料与水分子接触的物理效应也可以测量湿度。

因此,这两大类湿敏传感器可细分为表 10-2 所示的各种湿敏传感器。

表 10-2 湿敏传感器分类

湿敏传感器类型	按水分子亲和力分类
水分子亲和力型	尺寸变化式湿敏元件、电解质湿敏元件、高分子材料湿敏元件、金属氧化物膜湿敏元件、金属氧化物陶瓷湿敏元件、硒膜及水晶振子湿敏元件
非水分子亲和力型	热敏电阻式湿敏传感器、红外线吸收式湿敏传感器、微波式湿敏传感器、超声波式湿敏传感器
其他	CFT 湿敏元件等

现代工业中使用的湿敏传感器大多是水亲和力型湿敏传感器,它们将湿度的变化转化为阻抗或电容的变化后输出。但是,利用水分子亲和型湿敏元件的共同缺点是响应速度慢,而且可靠性较差,不能很好地满足使用的需要,这种现状迫使人们开始研究非水分子亲和力型湿敏元件。例如,利用水蒸气能吸收特定波长的红外线吸收式湿敏传感器。利用微波在含水蒸气的空气中传播时,水蒸气吸收微波使其产生一定损耗制成的微波湿敏传感器等。开发非水分子亲和力型传感器是湿敏传感器的重要研究方向,因为它能克服水分子亲和力型湿敏传感器的缺点。

2. 湿敏传感器的原理

湿敏传感器的种类繁多,工作原理也不相同,下面介绍几种湿敏传感器。

(1) 氯化锂湿敏传感器

氯化锂湿敏电阻是典型的电解质湿敏元件,利用吸湿性盐类潮解,离子电导率发生变化而制成的测湿元件。典型的氯化锂湿敏传感器有登莫(Dunmore)式和浸渍式两种,如图 10-7 所示。

登莫式传感器结构如图 10-7a 所示,A 为涂有聚苯乙烯薄膜的圆管,B 为用聚苯乙烯醋酸覆盖在 A 上的钯丝。登莫式传感器是用两根钯丝作为电极,按相等间距平行绕在聚苯乙烯圆管上，再浸涂一层含有聚乙酸乙烯酯（PVAC）和氯化锂（LiCl）水溶液的混合液，当被涂溶液的溶剂挥发干后，即凝聚成一层可随环境湿度变化的感湿均匀薄膜。在一定的温度（20~50℃）和相对湿度（20% RH~90% RH）下，经过 7~15 天老化处理后制成的。

浸渍式传感器结构如图 10-7b 所示，由引线、基片、感湿层与金属电极组成。它是在基片材料上直接浸渍氯化锂溶液构成的，这类传感器的浸渍基片材料为天然树皮。浸渍式传感器结构与登莫式传感器不同，部分地避免了高温下所产生的湿敏膜的误差。由于它采用了面积大的基片材料，并直接在基片材料上浸渍氯化锂溶液，因此具有小型化的特点，适用于微小空间的湿度检测。

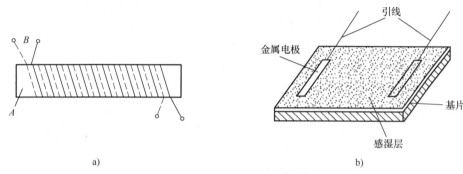

图 10-7　氯化锂湿敏传感器的结构
a）登莫式　b）浸渍式

在氯化锂的溶液中，Li 和 Cl 均以正负离子的形式存在，而 Li^+ 对水分子吸引力强，离子水合程度高，其溶液中的离子导电能力与浓度成正比。当溶液置于一定温度的环境中时，若环境的相对湿度高，溶液将吸收水分，使浓度降低，其溶液电阻率增高；反之，环境的相对湿度低，则溶液浓度高，其电阻率下降。因此，氯化锂湿敏电阻的阻值将随环境相对湿度的改变而变化，从而实现湿度的测量。

氯化锂浓度不同的湿敏传感器，适用于不同的相对湿度范围。浓度低的氯化锂湿敏传感器对高湿度敏感，浓度高的氯化锂湿敏传感器对低湿度敏感。一般单片湿敏传感器的敏感范围，仅在 30% RH 左右，为了扩大湿度测量的线性范围，可以将多个氯化锂含量不同的湿敏传感器组合使用，如将测量范围分别为（10%~20%）RH、（20%~40%）RH、（40%~70%）RH、（70%~90%）RH、（80%~99%）RH 的五种元件配合使用，可以实现整个湿度范围的湿度测量。

氯化锂湿敏元件的优点是滞后小，不受测试环境风速的影响，检测精度一般可达到 ±5%。但是单片氯化锂湿敏传感器测湿范围窄，而多片组合体积大、成本高、不抗污染、怕结露、耐热性差，难于在高湿和低湿的环境中使用，工作温度不高、寿命短、响应时间较慢，电源必须用交流，以避免出现极化。

（2）半导体陶瓷湿敏传感器

半导体陶瓷湿敏传感器是一种电阻型的传感器，根据微粒堆集体或多孔状陶瓷体的感湿材料吸附水分可使电导率改变这一原理检测湿度。由于具有使用寿命长、可在恶劣条件下工作、响应时间短、测量精度高、测温范围宽（常温湿敏传感器的工作温度在 150℃ 以下，高温湿敏传感器的工作温度可达 800℃）、工艺简单、成本低廉等优点，所以是目前应用较为广泛的湿敏传感器。

制造半导体陶瓷湿敏电阻的材料,主要是不同类型的金属氧化物。这些材料有 $MgCr_2O_4$-TiO_2 系、ZnO-Li_2O-V_2O_5 系、Si-Na_2O-V_2O_5 系、Fe_3O_4 系等。有些半导体陶瓷材料的电阻率随湿度增加而下降,称为负特性湿敏半导体陶瓷,还有一类半导体陶瓷材料的电阻率随湿度增大而增大,称为正特性湿敏半导体陶瓷。

半导体陶瓷湿敏传感器按其结构可以分为烧结型和涂覆膜型两大类。

1) 烧结型湿敏传感器

烧结型湿敏传感器的结构如图 10-8 所示。其感湿体为 $MgCr_2O_4$-TiO_2 系多孔陶瓷,利用它制得的湿敏元件,具有使用范围宽、湿度温度系数小、响应时间短,对其进行多次加热清洗之后性能仍较稳定等优点。

$MgCr_2O_4$ 属于立方尖晶石型结构,按导电结构属于 P 型半导体,其特点是感湿灵敏度适中、电阻率低、阻值温度特性好。为了改善和提高元件的机械强度及抗热骤变特

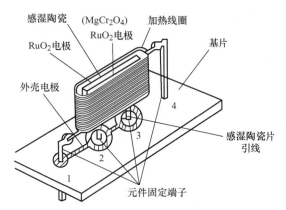

图 10-8 烧结型湿敏传感器结构

性,在原料中加入 30%mol/L 的 TiO_2,这样在 1300℃ 的空气中可烧结成相当理想的陶瓷体,而 TiO_2 属于金红石型结构,属于 N 型半导体,因此 $MgCr_2O_4$-TiO_2 多孔陶瓷是一种机械混合的复合型半导体陶瓷。材料烧结成型后,再切割成所需的感湿陶瓷薄片。在感湿陶瓷薄片的两个侧面加上 RuO_2 电极,电极的引线一般为铂-铱丝。由于经 500℃ 左右的高温短期加热,可除去油污、有机物和尘埃等污染,所以在陶瓷基片外面,安装一个镍铬丝绕制的加热清洗线圈,以便对元件经常进行加热清洗,图中 1、4 为加热器的引出线。陶瓷湿敏体和加热丝固定在 Al_2O_3 陶瓷基座上,为了避免底座上测量电极 2、3 之间因吸湿和沾污而引起漏电,在测量电极 2、3 的周围设置了隔漏环。

$MgCr_2O_4$-TiO_2 材料表面的电阻率能在很宽的范围内随着湿度变化,是负特性半导体陶瓷,随着相对湿度的增加,电阻值基本按指数规律急剧下降。由于陶瓷的化学稳定性好,耐高温,多孔陶瓷的表面积大,易于吸湿和去湿,所以响应时间可以短至几秒。

这种陶瓷湿敏传感器的不足之处是性能还不够稳定,需要加热清洗,这又加速了敏感陶瓷的老化,对湿度不能进行连续测量。

2) 涂覆膜型 Fe_3O_4 湿敏器件

除了烧结型陶瓷外,还有一种由金属氧化物通过堆积、黏结或直接在氧化金属基片上形成感湿膜的湿敏器件,称为涂覆膜型湿敏器件。其中比较典型且性能较好的是 Fe_3O_4 湿敏器件。

Fe_3O_4 湿敏器件由基片、电极和感湿膜组成,采用滑石瓷作为基片材料,该材料吸水率低、机械强度高、化学物理性能稳定。在基片上用丝网印刷工艺印制成梳状金电极,将纯净的胶粒用水调制成适当黏度的浆料,然后涂在梳状金电极的表面,涂覆的厚度要适当,一般在 20~30μm,然后进行热处理和老化,引出电极后即可使用。

由于 Fe_3O_4 感湿膜是松散的微粒集合体,缺少足够的机械强度,微粒之间依靠分子力

和磁力的作用，粒子间的空隙使薄膜具有多孔性，微粒之间的接触呈凹状，微粒间的接触电阻很大，所以 Fe_3O_4 感湿膜的整体电阻很高。当空气的相对湿度增大时，Fe_3O_4 感湿膜吸湿，由于水分子的附着，扩大了颗粒间的接触面，降低了粒间的电阻和增加更多的导流通路，所以元件阻值减小；当处于干燥环境中，Fe_3O_4 感湿膜脱湿，粒间接触面减小，元件阻值增大。因而这种器件具有负感湿特性，电阻值随着相对湿度的增加而下降，反应灵敏。

这里需要指出的是，烧结型的 Fe_3O_4 湿敏器件，其电阻值随湿度增加而增大，具有正特性。Fe_3O_4 湿敏器件是一种体效应器件，当环境湿度发生变化时，水分子要在数十微米厚的感湿膜体内充分扩散，才能与环境湿度达到新的平衡。这一扩散和平衡过程需时较长，使器件响应缓慢，并且由于吸湿和脱湿过程中响应速度有差别，器件具有较明显的湿滞效应，高湿时的滞后效应比低湿时大。

Fe_3O_4 湿敏器件可以利用单片器件进行宽量程测量，重复性、一致性较好，在高温环境中也较稳定，有较强的抗结露能力，而且工艺简单，价格便宜，在受少量醇、酮、酯等气体污染及尘埃较多的环境中也能使用。

（3）有机高分子湿度传感器

有机高分子湿度传感器常用的有高分子电阻式湿度传感器、高分子电容式湿度传感器和结露传感器等。

1) 高分子电阻式湿度传感器

这种传感器的工作原理是由于水吸附在有极性基的高分子膜上，在低湿下，因吸附量少，不能产生荷电离子，所以电阻值较高。当相对湿度增加时，吸附量也增加，大量的吸附水就成为导电通道，高分子电解质的正负离子主要起到载流子作用，这就使高分子湿度传感器的电阻值下降。利用这种原理制成的传感器称为电阻式高分子湿度传感器。

2) 高分子电容式湿度传感器

这种传感器是以高分子材料吸水后，元件的介电常数随环境的相对湿度改变而变化，引起电容的变化。元件的介电常数是水和高分子材料两种介电常数的总和。当含水量以水分子形式被吸附在高分子介质膜中时，由于高分子介质的介电常数远远小于水的介电常数，所以介质中水的成分对总介电常数的影响比较大。使元件对湿度有较好的敏感性能。

3) 结露传感器

这种传感器是利用了掺入碳粉的有机高分子材料吸湿后的膨润现象。在高湿下，高分子材料的膨胀引起其中所含碳粉间距变化而产生电阻突变。利用这种现象可制成具有开关特性的湿度传感器。

结露传感器是一种特殊的湿度传感器，它与一般湿度传感器的不同之处在于它对低湿不敏感，仅对高湿敏感，故结露传感器一般不用于测湿，而作为提供开关信号的结露信号器，用于自动控制或报警。

3. 湿敏传感器的应用

湿敏传感器可广泛使用于各种场合的湿度监测、控制和报警，应用领域非常广阔。

（1）湿度控制电路

湿度控制电路如图10-9所示。振荡电路由时基电路 IC_1、D 触发器 IC_2 组成。IC_1 产生 4Hz 的脉冲信号，经 IC_2 后变为 2Hz 的对称方波作为湿度器件的电源，由 IC_3 组成比较器。

在比较器的同相输入端接入基准电压,调节电位器 RP 可以设定控制的相对湿度。在比较器的反相输入端接入湿度检测器件组成的电路,其中热敏电阻 RT 用作温度补偿,以消除湿度传感器 RH 的温度系数引起的测量误差。当空气的湿度变化时,比较器反相输入端的电平随之改变,当达到设定的相对湿度时,比较器输出控制信号,U_o 使执行电路工作。该控制电路可用于通风、排气扇及排湿加热等设备。

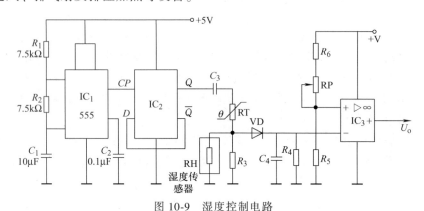

图 10-9　湿度控制电路

（2）汽车驾驶室玻璃自动去湿电路

图 10-10 是一种用于汽车驾驶室风窗玻璃的自动去湿电路。其目的是防止驾驶室的风窗玻璃结露或结霜,保证驾驶人视线清楚,避免事故发生。该电路也可用于其他需要去湿的场合。

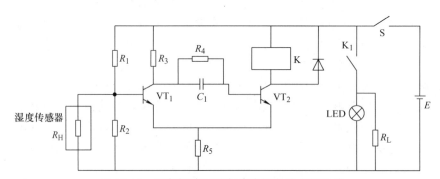

图 10-10　汽车驾驶室风窗玻璃的自动去湿电路

图中 R_L 为嵌入玻璃的加热电阻,RH 为设置在后窗玻璃上的湿度传感器。由 VT_1 和 VT_2 晶体管组成施密特触发电路,在 VT_1 的基极接有由 R_1、R_2 和湿度传感器电阻 RH 组成的偏置电路。在常温常湿条件下,由于 RH 的阻值较大,VT_1 处于导通状态,VT_2 处于截止状态,继电器 K 不工作,加热电阻无电流流过。当车内、外温差较大,且湿度过大时,湿度传感器 RH 的阻值减小,使 VT_2 处于导通状态,VT_1 处于截止状态,继电器 K 工作,其常开触点 K_1 闭合,加热电阻开始加热,后窗玻璃上的潮气被驱散。

10.1.3　离子敏传感器

离子敏传感器是指具有离子选择性的一类传感器,它能检测出溶液中离子的种类或浓度。半导体离子敏传感器是一种对离子具有选择敏感作用的场效应晶体管,由离子选择电极

（ISE）与金属-氧化物-半导体场效应晶体管（MOSFET）组成，简称离子敏场效晶体管（IS-FET），是用来测量溶液（体液）中离子浓度的微型固态电化学器件。离子选择电极（离子传感器）是通过测定溶液与电极的界面电位来检测溶液中离子浓度，它与普通MOSFET结构的不同之处是它没有金属栅极，在绝缘栅极上制作一层敏感膜，测量时将绝缘栅敏感膜直接与被测溶液接触。

1. 离子敏传感器结构及工作原理

离子敏传感器与普通场效应管原理相似，但结构有所不同，其结构原理如图10-11a所示。P型硅作为衬底，硅片上扩散两个N^+区，分别为源（S）极和漏（D）极，在S-D之间用溶液代替栅极（G）。MOSFET转移特性曲线如图10-11b所示，其阈值电压V_T的定义是，漏源间电压$V_{DS}=0$时使漏源极之间形成沟道所需的电压V_{GS}，因此，漏源极电流I_{DS}的大小与阈值电压V_T有关。转移特性是指电压V_{DS}一定时，漏源电流I_{DS}与栅源电压V_{GS}之间的关系。由转移特性曲线可知，I_{DS}的大小随V_{DS}和V_{GS}的大小变化，线性区$V_{DS}<(V_{GS}-V_T)$；饱和区$V_{DS}\geq(V_{GS}-V_T)$，这时I_{DS}的大小不再随V_{DS}的大小变化；$V_{GS}>V_T$时，MOSFET开启，这时漏源电流I_{DS}随栅源电压V_{GS}增加而加大。离子敏传感器就是利用溶液浓度变化时参比电极界面电位会使阈值电压V_T随被测溶液变化的原理来检测离子浓度的。当离子敏场效晶体管插入溶液时，被测溶液与敏感膜接触处就会产生一定的界面电势，这个电势大小取决于溶液中被测离子的浓度。

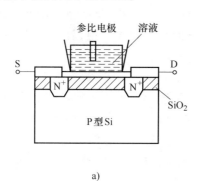
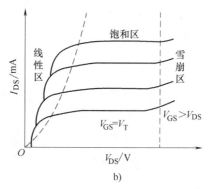

图10-11 离子敏传感器
a）结构原理 b）MOSFET转移特性曲线

2. 离子敏传感器测量电路

用离子敏场效管敏感器件测量离子浓度时，基本设备是由测量电极、参比电极和测量电路组成。反馈补偿输入电路原理示意图如图10-12所示。电路将ISFET和参比电极组成高内阻器件，接入放大器A作为反馈电路器件，可获得较高的闭环增益。电路的特点是，只要V_S稍有变化V_O可有较大输出。调节电阻器R_W使电路中ISFET敏感器件工作在饱和区。运放输入端为零时，$V_S\approx V_f$，V_f为放大器A同相端调整电压。因为电流$I_{DS}=V_S/R_S$不变，因此输出电压

$$V_O=V_{GS}-E_M+V_S$$

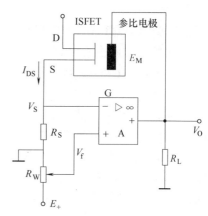

图10-12 反馈补偿输入电路原理示意图

式中，E_M 是参比电极电位，代表一定浓度，只要检测出 V_0，即可知道 E_M 变化。电路中 V_0 变化实际补偿了由于 E_M 变化引起的 I_{DS} 变化部分，最终能使 I_{DS} 恒定，所以称反馈补偿输入电路。

3. 离子敏传感器的应用

离子敏传感器的应用越来越广泛，现在已有利用检测生物体液中无机离子进行确诊，如临床医学、生理学，检测人、动物的体液（血液、汗液、尿液、脊髓液、脑髓液），体液中无机离子的微量变化与身体器官的病变有关。在环境保护监测中，通过检测雨水中的多种离子浓度可以了解大气对江、河、湖、海的水污染和土壤污染（如酸雨）。另外，还可应用于实验室中平衡常数、活度系数、溶解度的研究，原子能核燃料再处理液中氟离子的定量，氯离子的泄漏检测，以及食品、造纸、钢铁、制药、洗涤液的成分测量等。

10.2 生物传感器

生物传感器是利用各种生物或生物物质做成的、用于检测与识别生物体内化学成分的传感器。生物或生物物质是指酶、微生物和抗体等，它们的高分子具有特殊的性能，能够精确地识别特定的原子和分子。例如，酶就是由蛋白质形成的，可作为生物体的催化剂，在生物体内仅能对特定的反应进行催化，这就是酶的特殊性能。抗体对免疫反应，仅能识别抗原，并具有与抗原形成复合体的特殊性能。生物传感器就是利用这种特殊性能来检测特定的化学物质（主要是生物物质）。

10.2 生物传感器

10.2.1 生物传感器概述

生物传感器一般是在基础传感器上再耦合一个生物敏感膜，生物敏感物质附着于膜上或包含于膜中，溶液中被测定的物质，经扩散作用进入生物敏感膜层，经分子识别后，发生生物学反应，其所产生的信息可通过相应的化学或物理换能器转变成定量的和可以显示的电信号，由此可知被测物质的浓度。通过不同的感受器与换能器的组合可以开发出多种生物传感器。

1. 生物传感器的信号转换方式

1）将化学变化转变成电信号。目前大部分生物传感器属于这种类型。以酶传感器为例，酶能催化特定的底物（待测物）发生反应，从而使特定物质的量有所增减。通过酶把这类物质的量的改变转换为电信号的装置与固定化酶相耦合，即组成酶传感器。

2）将热变化转换为电信号。固定化的生物材料与相应的被测物作用时常伴有热量的变化，把反应的热效应借热敏电阻转换为电阻值的变化，后者通过有放大器的电桥输入到记录仪中。

3）将光信号转变为电信号。有些酶，例如过氧化氢酶，能催化过氧化氢/鲁米诺体系发光，因此如设法将过氧化氢酶膜附着在光纤或光敏二极管的前端，再与光电流测定装置相连，即可测定过氧化氢的含量。许多酶反应都伴有过氧化氢的产生，如葡萄糖氧化酶在催化葡萄糖氧化时即产生过氧化氢。如果把葡萄糖氧化酶和过氧化氢酶一起做成复合酶膜，则可利用上述方式测定葡萄糖。

4）直接产生电信号方式。上述三种原理的生物传感器，都是将分子识别元件中的生物敏感物质与待测物（一般为底物）发生化学反应产生化学或物理变化，再通过信号转换器将这些变化转变为电信号进行测量，这种方式统称为间接测量方式。此外，还有一类所谓直接测量方式，这种方式可使酶反应伴随的电子转移，微生物细胞的氧化，直接或通过电子传递体的作用在电极表面上发生。

2. 生物传感器的特点

生物传感器利用酶、抗体和微生物等作为元件敏感材料，故采用不同的生物物质，生物传感器可有选择地对特定物质产生响应。如酶识别酶作用物、抗体识别抗原、核酸识别形成互补碱基对的核酸等。和普通化学分析方法相比，生物传感器具有如下特点：

1) 选择性好，只对特定的被测物质起反应，而且不受颜色浊度的影响；
2) 操作简单，所需样品数量少，能直接完成测定；
3) 经固定化处理，可保持较长期生物活性，传感器可反复使用；
4) 分析检测速度快；
5) 准确度高，一般相对误差小于1%；
6) 主要缺点是使用寿命较短。

3. 生物物质的固定化技术

生物传感器的关键技术之一是如何把生物敏感物质附着于膜上或包含于膜中，在技术上称为固定化。固定化大致分为化学法与物理法两种。

（1）化学固定法

化学固定法是在感受体与载体之间或感受体相互之间至少形成一个共价键，能将感受体的活性高度稳定地固定。一般这种固定法是使用具有很多共价键原子团的试剂，在感受体之间形成"架桥"膜。在这种情况下，除了感受体外，还要加上蛋白质和醋酸纤维素等作为增强材料，以形成相互之间的架桥膜。这种方法很简单，但必须严格控制其反应条件。

（2）物理固定法

物理固定法是感受体与载体之间或感受体相互之间，根据物理作用即吸附或包裹进行固定。吸附法是在离子交换脂膜、聚氯乙烯膜等表面上，以物理方法吸附感受体，此法能在不损害敏感物质活性的情况下固定，但固定程度容易减弱，一般常采用赛璐玢膜进行保护。

4. 生物传感器的分类

生物传感器按所用分子识别元件的不同，可以分为酶传感器、微生物传感器、组织传感器、细胞传感器和免疫传感器等；按信号转换元件的不同，可分为电化学生物传感器、半导体生物传感器、测热型生物传感器、测光型生物传感器和测声型生物传感器等；按对输出信号的不同测量方式，又可分为电位型生物传感器、电流型生物传感器和伏安型生物传感器。

10.2.2 生物传感器的工作原理及结构

1. 酶传感器

酶传感器的基本原理是用电化学装置检测酶在催化反应中生成或消耗的物质（电极活性物质），将其变换成电信号输出，这种信号变换通常有两种：电位法和电流法。

（1）电位法

它是将不同离子生成在不同感受体上，根据测得的膜电位去计算与酶反应有关的各种离子的浓度。一般采用 NH_4^+ 电极（NH_3 电极）、H^+ 电极、CO_2 电极等。

（2）电流法

它是通过与酶反应有关的物质的电极反应，得到电流值来计算被测物质的方法。其电化学装置采用的电极是 O_2 电极、燃料电池电极和 H_2O_2 电极等。

由此可见，酶传感器是由固定化酶和基础电极组成的。酶电极的设计主要考虑酶催化反应过程产生或消耗的电极活性物质。若酶催化反应是耗氧过程，就可以使用 O_2 电极或 H_2O_2 电极；若酶反应过程产生酸，则可使用 pH 电极。

固定化酶传感器是由 Pt 阳极和 Ag 阴极组成的极谱记录式 H_2O_2 电极与固定化酶膜构成的。它是通过电化学装置测定由酶反应过程中生成或消耗的离子，由此通过电化学方法测定电极活性物质的数量，可以测定被测成分的浓度。如用尿酸氧化酶传感器测量尿酸，尿酸是核酸中嘌呤分解代谢的最终产物，正常值为 20~70mg/L，在氧存在的情况下，尿酸氧化成尿囊素、H_2O_2 和 CO_2，可采用尿酸氧化酶电极测其 O_2 消耗量，也可采用电位法在 CO_2 电极上用羟乙基纤维素固定尿酸测定其生成物 CO_2，然后再换算出尿酸的浓度。

2. 葡萄糖传感器

葡萄糖是典型的单糖类，是一切生物的能源。人体血液中都含有一定浓度的葡萄糖。正常人空腹血糖为 800~1200mg/L，对糖尿病患者来说，如果血液中葡萄糖浓度升高 0.17% 左右，尿中就会出现葡萄糖。因此，测定血液和尿中的葡萄糖浓度对糖尿病患者的临床检查是很必要的。现已研究出对葡萄糖氧化反应起一种特异催化作用的酶——葡萄糖氧化酶（GOD），并研究出用它来测定葡萄糖浓度的葡萄糖传感器，如图 10-13 所示。

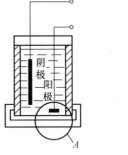
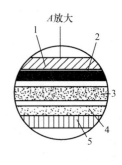

图 10-13 葡萄糖传感器
1—Pt 阳极 2—聚四氟乙烯膜 3—固相酶膜
4—半透膜多孔层 5—半透膜致密层

葡萄糖在 GOD 的参与下被氧化，在反应过程中所消耗的氧，随葡萄糖量的变化而变化。在反应过程中有一定量的水参加时，其产物是葡萄糖酸和 H_2O_2，因为在电化学测试中反应电流与生成的 H_2O_2 浓度成比例，所以可换算成葡萄糖浓度。通常，对葡萄糖浓度的测试方法有两种。

一种方法是测量氧的消耗量，即将 GOD 固定化膜与 O_2 电极组合。葡萄糖在酶电极参加下，反应生成 O_2，由隔离型 O_2 电极测定。这种 O_2 电极是将 Pb 阳极与 Pt 阴极浸入浓碱溶液中构成电池。阴极表面用氧穿透膜覆盖，溶液中的氧穿过膜到达 Pt 电极上，此时有被还原的阴极电流流过，其电流值与含氧浓度成比例。

另一种方法是测量 H_2O_2 生成量。这种传感器是由测量 H_2O_2 的电极与 GOD 固定化膜相结合而组成。葡萄糖和缓冲液中的氧与 GOD 固定化膜进行反应。反应槽内装满 pH 为 7.0 的磷酸缓冲液。由 Pt-Ag 构成的固体电极，用 GOD 固定化膜密封，在 Ag 阴极和 Pt 阳极间有 0.64V 的电压，缓冲液中有 O_2。在这种条件下，一旦在反应槽内注入血液，血液中的高分子物质（如抗坏血酸、胆红素、血红素及血细胞类）就会被固定化膜除去。仅仅是血液中的葡萄糖和缓冲液中的 O_2 与固定化 GOD 进行反应。在反应槽内生成 H_2O_2，并不断扩散到达电极表面，在阳极生成 O_2 和反应电流；在阴极 O_2 被还原生成 H_2O。因此，在电极表面发生的全部反应是 H_2O_2 分解，生成 H_2O 和 O_2。这时有反应电流流过。因为反应电流与生

成的 H_2O_2 浓度成比例，所以在实际测量中可换算成葡萄糖浓度。

GOD 的固定方法是共价键法，用电化学方法测量，其测定浓度范围在 100～500mg/L，响应时间在 20s 以内，稳定性可达 100 天。

3. 微生物传感器

与酶传感器相比，微生物传感器的价格更便宜，使用时间更长，稳定性更好。

目前，酶主要是从微生物中提取精制而成，虽然它有良好的催化作用，但它的缺点是不稳定，在提取阶段容易丧失活性，精制成本高。酶传感器和微生物传感器都是利用酶的基质选择性和催化性功能。但酶传感器是利用单一的酶，而微生物传感器是利用与多种酶有关的高度机能的综合，即复合酶。也就是说，微生物的种类是非常多的，菌体中的复合酶、能量再生系统、辅助酶再生系统、以微生物的呼吸及新陈代谢为代表的全部生理机能都可以加以利用。因此，用微生物代替酶，有可能获得具有复杂及高功能的生物传感器。

微生物传感器是由固定微生物膜及电化学装置组成的，如图 10-14 所示。微生物膜的固定化法与酶的固定方式相同。

由于微生物有好气（O_2）性与厌气（O_2）性之分（也称好氧性与厌氧性），所以传感器也根据这一物性而有所区别。好气性微生物传感器是因为好气性微生物生活在含氧条件下，在微生物生长过程中离不开 O_2，可根据呼吸活性控制 O_2 浓度得知其生理状态。把好气性微生物放在纤维蛋白质中固化处理，然后把固定化膜附着在封闭式 O_2 电极的透气膜上，做成好气性微生物传感器。图按 10-14a 所示把它放入含有有机物的被测试液中，有机物向固定化膜内扩散而被微生物摄取（称为资化）。微生物在摄取有机物时呼吸旺盛，氧消耗量增加。余下部分氧穿过透氧膜到达 O_2 电极转变为扩散电流，当有

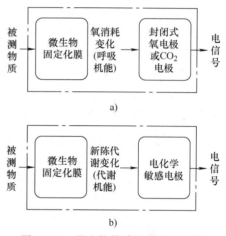

图 10-14 微生物传感器的基本结构
a）好气性微生物传感器
b）厌气性微生物传感器

机物的固定化膜内扩散的氧量和微生物摄取有机物消耗量达到平衡时，到达 O_2 电极的氧量稳定下来，得到相应的状态电流值。该稳态电流值与有机物浓度有关，可对有机物进行定量测试。

对于厌气性微生物，出于 O_2 的存在，妨碍微生物的生长，可由其生成的 CO_2 或代谢产物得知其生理状态。因此，可利用 CO_2 电极或离子选择电极测定代谢产物。

4. 免疫传感器

免疫传感器是将免疫测定技术与传感技术相结合的一类新型生物传感器。免疫传感器依赖于抗原和抗体之间特异性和亲和性，利用抗体检测抗原或利用抗原检出抗体（见图 10-15）。并非所有的化合物都有免疫原性，一般分子量大、组成复杂、异物性强的分子，如生物战剂和部分毒素具有很强的免疫原性，而小分子物质，如化学战剂和某些毒素则没有免疫原性。但免疫传感器更适合于研制能连续、重复使用的毒剂监测器材。免

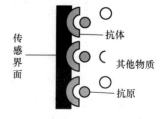

图 10-15 抗体之间的特异性结合

疫分析法选择性好，如一种抗体只能识别一种毒剂，可以区分性质相似的同系物、同分异构体，甚至立体异构体，且抗体比酶具有更好的特异性，抗体与抗原的复合体相对稳定，不易分解。

5. 半导体生物传感器

半导体生物传感器是由半导体传感器与生物分子功能膜、识别器件组成的。常用的半导体器件是光电二极管和酶场效应晶体管（FET）。因此，半导体生物传感器又称为生物场效应晶体管（BiFET）。最初是将酶和抗体物质加以固定制成功能膜，并把它紧贴于FET的栅极绝缘膜上，构成BiFET，现已研制出酶FET、尿素FET、抗体FET及青霉素FET等。

6. 多功能生物传感器

前面所介绍的生物传感器是为有选择地测量某一种化学物质而制作的元件。但是，这些传感器均不能同时测量多种化学物质的混合物，而像产生味道这样复杂微量成分的混合物，人的味觉细胞就能分辨出来。因此，要求传感器可以像细胞检测味道一样能分辨任何形式的多种成分的物质，同时测量多种化学物质，具有这样功能的传感器称为多功能传感器。

由生物学可知，在生物体内存在多种互相亲和的特殊物质，如果能巧妙地利用这种亲和性，测定出亲和性的变化量，就能测量出预测物质的量，实现这种技术的前提是各亲和物质的固定化方法。例如，把对被测物有敏锐持性的酶，用物理或化学的方法将天然或合成蛋白质、抗原、抗体、微生物、植物及动物组织、细胞器（线粒体、叶绿体）等固定在某载体上作为识别元件。

最初是用固定化酶膜和电化学器件组成酶电极。常把这种酶电极称为第一代产品。其后开发的微生物、细胞器、免疫（抗体、抗原）、动植物组织及酶免疫（酶标抗原）等生物传感器称为第二代产品。目前，又进一步按电子学方法理论进行生物电子学的种种尝试，这种新研制的产品称为第三代产品。

10.2.3 生物传感器的应用

1. 生物传感器在医学中的应用

生物传感器的应用是十分广泛的，表10-3列出了它在生物医学中的应用。

表10-3 生物传感器在医学中的应用

传感器类型	应用
酶传感器	酶活性检测,尿素、血糖、胆固醇、有机碱、农药、酚的监测
微生物传感器	BOD快速检测,环境中致突变物质的筛选乳酸、乙酸、抗生素、发酵过程的监测
免疫传感器	探测抗原-抗体反应,病毒血清学反应,血型判断,多种血清学诊断
酶免疫传感器	妊娠诊断,超微量激素,TSH等监测

生物传感器不仅应用在医学工程中，而且在工业生产中也得到应用。例如，发酵工业生产各种化合物，需要连续地控制发酵生成物的体积浓度，以便进一步提高发酵过程的效率。为了迅速检测发酵培养液中谷氨酸的含量，可采用谷氨酸传感器。可将微生物大肠杆菌（它含有谷氨酸脱羧酶）固化在电极硅胶上，用它和CO_2电极组合成谷氨酸传感器。

2. 生物传感器在食品工业中的应用

（1）在生化过程自动控制中的应用

在酿酒过程中，葡萄糖和乙醇的体积浓度之比是一个重要指标。将乙醇氧化酶和葡萄糖固定成生物接收器，再与电极连接，这样制成的生物传感器可监控葡萄糖和乙醇的体积浓度。这种生物传感器可连续测 500 次，响应时间仅 20s。而在发酵控制方面，一直需要直接测定细菌数目的简单而连续的方法。人们发现在阳极表面，细菌可以直接被氧化并产生电流。这种电化学系统已应用于细菌数目的测定，其结果与传统的菌斑计数法是相同的。

（2）对食品中农药、抗生素及有毒物质的分析应用

利用农药对目标酶（如乙酰胆碱酯酶）活性的抑制作用研制的酶传感器，以及利用农药与特异性抗体结合反应研制的免疫传感器，在食品残留农药的检测中都得到了广泛的研究。用安培免疫传感器检测水样中的杀虫剂，检测下限可达 μg/L 级，时间仅 1～3min；杀虫剂可用压电晶体免疫传感器、流动注射分析免疫传感器、安培酶免疫电极等测定，测定下限分别是 0.1μg/L、9μg/L 和 1μg/L。胆碱酯酶电流型生物传感器用于谷物样品中氨基甲酸酯类杀虫剂涕灭威、西维因、灭多虫和残杀威的测定，效果明显；食品中的有毒物质主要是生物毒素，尤以细菌毒素和真菌毒素最严重。采用微生物传感器对黄曲霉毒素 B_1 和丝裂霉素的检出限分别为 0.8μg/mL 和 0.5μg/mL。

（3）生物传感器在环境监测中的应用

1) 氨氮、亚硝酸盐的测定。目前，室内氨氮一般用纳氏试剂光度法测量，亚硝酸盐氮用奈基-乙二胺光度法测定，硝酸盐氮用紫外分光光度法测量。对于野外现场测定，国外有一种氨氮和硝酸盐微生物传感器，它由从废水处理装置中分离出来的硝化细菌和氧电极组合构成，用它对河水的 NO_x^- 进行测量，效果较好，且可以在黑暗和有光的条件下测量硝酸盐和亚硝酸盐，并在盐环境下测量，不受其他种类氮氧化物的影响。

2) 砷的测定。最近科学家们在污染区分离出一种能够发荧光的细菌，此细菌含有荧光基因，在污染源的刺激下能够产生荧光蛋白，从而发出荧光。人们可以通过遗传工程的方法将这种基因导入合适的细菌内，制成微生物传感器，用于水环境监测。国外已经将荧光素酶导入大肠杆菌中，用来检测砷的有毒化合物。

10.3 实训 酒精探测仪的制作

1. 实训目的

1) 理解酒精探测仪电路的工作原理。
2) 掌握酒精探测仪电路的制作方法。

2. 电路原理

本探测仪采用酒精气体敏感元件作为探头，由一块集成电路对信号进行比较放大，并驱动一排发光二极管按信号电压高低依次显示。刚饮过酒的人，只要向探头吹一口气，探测仪就能显示出酒精气体的浓度高低。若把探头靠近酒瓶口，它也能轻而易举地识别出瓶内盛的是白酒还是黄酒，而且能相对区分出酒精含量的高低。

酒精探测仪电路原理如图 10-16 所示。该电路采用干电池供电，并经三端稳压器 IC_1 稳压，输出稳定的 5V 电压作为气敏传感器 MQ-3 和集成电路 IC_2 的共同电源，同时也作为 10

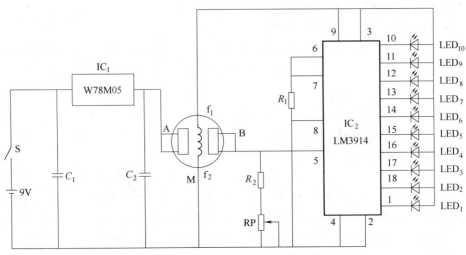

图 10-16　酒精探测仪电路原理图

个共阳极发光二极管的电源。因此，外部电路相当简单。

气敏传感器的输出信号送至 IC_2 的输入端（⑤脚），通过比较放大，驱动发光二极管一次发光。10 个发光二极管按 IC_2 的引脚（⑩~⑱、①）次序排成一条，对输入电压进行线性 10 级显示。输入灵敏度可以通过电位器 RP 调节，即对"地"电阻调小时灵敏度下降；反之，灵敏度增加。IC_2 的⑥脚与⑦脚互为短接，且串联电路 R_1 接地。改变 R_1 阻值可以调整发光二极管的显示亮度，当阻值增加时亮度减弱，反之变亮。IC_2 的②脚、④脚、⑧脚均接地，③脚、⑨脚接电源+5V（集成稳压器 IC_1 的输出端）。分别并联在 IC_1 输入和输出端的电容 C_1、C_2 可用来防止杂波干扰，使 IC_1 输出的直流电压保持平稳。

发光二极管集成驱动器 LM3914 内部的缓冲放大器最大限度地提高了该集成电路的输入电阻（⑤脚），为了驱动 LED_1 发光，集成电路 LM3914 的①脚输出应为低电平，IC_2 的⑨脚为点、条方式选择端，当⑨脚与⑪脚相接时为点状显示；当⑨脚与③脚相接时，则为条状显示。本设计电路采用的是条状显示方式。

3. 元器件选择

酒精气敏传感器采用国产的 MQ-3 型，它属于 MQ 系列气敏元件的一种。IC_1 采用三端固定输出集成稳压器 W78M05 或 W7805。IC_2 用 LM3914 型发光二极管集成驱动器。S 用小型拨动式或按钮式开关。其他元器件清单如表 10-4 所示。

表 10-4　酒精探测仪元器件清单

序号	名称	位号	型号	数量
1	酒精气敏传感器	M	MQ-3	1
2	集成稳压器	IC_1	W78M05	1
3	LED	LED_1 ~ LED_{10}	φ3mm	10
4	集成电路	IC_2	LM3914	1
5	电阻	R_1、R_2	2.4kΩ、15kΩ	各1个
6	电位器	RP	WS2-0.25	1
7	电解电容	C_1、C_2	100μF/16V、10μF/16V	各1个

4. 装配与调试

1) 对照原理图准备电子元器件，用万用表检测元器件性能、参数。
2) 按电路结构与元器件实际尺寸设计印制电路板。
3) 整机装配。将检测好的元器件焊接在电路板上，仔细检查有无错焊、漏焊和虚焊等。
4) 整机调试。

调试探测仪时，应事先准备一只直径约 40mm、高约 70mm 的有盖小瓶，瓶内盛放一块浸过酒精的药棉，平时盖紧瓶盖不让酒精气体外逸。测试时将电位器 RP 调至最大值，然后打开瓶盖，逐渐靠近已经预热的 MQ-3 探头，可以看到安装在探测仪上的 10 个发光二极管 $LED_1 \sim LED_{10}$ 将依次点亮。因为从瓶口附近直至瓶内有不同浓度的酒精气体，越接近药棉，酒精气体浓度越高。调节电位器 RP 的阻值可以调整探测仪的灵敏度，RP 阻值较小时灵敏度较低，阻值较大时灵敏度较高。在业余条件下，可先将 RP 阻值调至较大使用。若有条件，最好送标准检测部门校对并将 RP 锁住。

探测仪在无酒精气体环境中预热 5~10min 后，$LED_1 \sim LED_{10}$ 应均不发光，否则需适当调节 RP；然后将探头 MQ-3 伸入 0.5% 酒精气体中，调节 RP 使 $LED_1 \sim LED_5$ 发光，其余不发光，调好后锁定 RP；再将探头重新置于无酒精气体环境中，LED 应全部熄灭，而后将探头伸入 0.2% 酒精气体中，只有 LED_1 和 LED_2 发光，说明工作正常。

10.4 习题

1. 填空题

（1）气敏传感器是一种将检测到的气体_____转换为电信号的传感器。
（2）半导体气敏传感器一般由_____、_____和_____三部分组成。按其结构可分为_____、_____和_____。
（3）电阻型气敏传感器的工作原理是气体在半导体表面的_____反应，导致敏感元件_____变化。
（4）湿敏传感器是由_____和_____等组成，能感受外界湿度变化，并通过器件材料的物理或化学性质变化，将环境湿度变换为_____的装置。
（5）湿度就是空气中所含有_____的量，表明大气的干、湿程度，常用_____和_____表示。
（6）相对湿度是指被测气体中的_____和该气体在相同温度下的_____的百分比。
（7）湿敏传感器种类繁多，按元件输出的电学量分类可分为_____、_____和_____。按其探测功能可分为_____、_____和_____。按感湿材料不同可分为_____、_____和_____。
（8）常用的有机高分子湿度传感器有_____、_____和_____。
（9）半导体离子敏传感器是一种对离子_____的场效应晶体管，由_____与_____组成。
（10）当离子敏场效晶体管插入溶液时，被测溶液与敏感膜接触处就会产生一定的_____，它的大小取决于溶液中_____。

（11）生物传感器是利用各种_____做成的、用于_____生物体内化学成分的传感器。

（12）酶传感器的基本原理是利用电化学装置检测_____生成或消耗的物质（电极活性物质），将其变换成_____输出，这种信号变换通常有_____和_____两种。

（13）对葡萄糖浓度的测试方法有两种，一种方法是_____，另一种方法是_____。

（14）微生物传感器是由_____及_____组成。

（15）半导体生物传感器是由_____与_____、_____组成。

2. 简述对气敏传感器的性能要求。
3. 简述半导体气体传感器有哪些分类？
4. 试简要介绍电阻型半导体气敏传感器的工作原理。
5. 为什么大多数气敏器件都装有加热器？
6. 气敏传感器一般应用于哪些方面？
7. 湿敏传感器是如何分类的？
8. 常用的有机高分子湿度传感器的工作原理分别是什么？
9. 简述离子敏传感器的应用有哪些？
10. 生物传感器的信号转换方式有哪些？

第11章 智能传感器和无线传感器网络

物联网的出现被称为继计算机、互联网之后世界信息产业的第三次浪潮，物联网需要对物体具有全面的感知能力，传感器是物联网的感觉器官，它可以感知、探测、采集和获取目标对象的各种信息。随着传感器技术的发展，信息的获取从单一化逐渐向集成化、智能化和网络化的方向发展，众多传感器相互协作组成网络，又推动了无线传感网络的发展。传感器的智能化、网络化将帮助物联网实现信息感知能力的全面提升。

11.1 智能传感器

自20世纪70年代初出现以来，随着微处理器技术的迅猛发展及测控系统自动化、智能化的发展，传感器在准确度、可靠性、稳定性等方面显著提升，同时能够实现自诊断、自校准、自补偿、自适应及远程通信等功能。而传统的传感器因其功能单一、体积大、性能和工作容量已不能满足这样的要求，智能传感器便应运而生。

11.1 智能传感器

与传统的传感器相比，智能传感器将传感器的信息检测功能与微处理器（CPU）的信息处理功能有机地结合在一起，从而具有了一定的人工智能，它弥补了传统传感器性能的不足，使传感器技术发生了巨大的变革，将传感器的发展提高到一个更高的层次上。

11.1.1 智能传感器的功能与特点

智能传感器是传感网的基础与感知终端，其技术水平直接决定了传感网的整体技术性能。智能传感器通过嵌入式技术将传感器、前级信号调理电路、微处理器和后端接口电路集成在一块芯片上。具有环境感知、数据处理、智能控制与数据通信功能的智能数据终端设备。这种新型传感器能直接实现信息的检测、处理、存储和输出。智能传感器是信息技术前沿的尖端产品，它具有集成化、智能化、高精度、高性能、高可靠性和价格低廉等显著优势。

关于智能传感器的概念，目前尚无统一确切的定义，但是普遍认为，智能传感器是带有微处理器并兼有信息检测和信息处理功能的传感器，它能充分利用微处理器进行数据分析和处理，并能对内部工作过程进行调节和控制，使采集的数据最佳。具体地说，智能传感器通常是在同一壳体内既有传感元件，又有微处理器和信号处理电路，输出方式常采用RS-232或RS-422等串行输出，或采用IEEE-288标准总线并行输出。

因此可以说，智能传感器就是一个最小的微机系统，其中作为控制核心的微处理器通常采用单片机，其基本结构框图如图11-1所示。

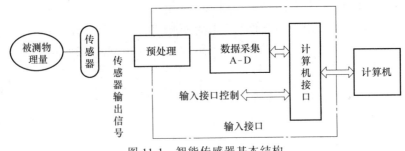

图 11-1 智能传感器基本结构

1. 智能传感器的功能

智能传感器比传统传感器在功能上有了极大的提高，主要表现在以下几个方面。

① 具有自补偿功能。可通过软件对传感器的非线性、温度漂移、响应时间、噪声等进行自动补偿。

② 具有自校准功能。操作者输入零值或某一标准量值后，自校准程序可以自动地对传感器进行在线校准。

③ 具有自诊断功能。接通电源后，检查传感器各部分是否正常，并可诊断发生故障的部件。

④ 具有自动数据处理功能。可根据智能传感器内部程序，自动进行数据采集和预处理（如统计处理、剔除坏值等）。

⑤ 具有组态功能。可实现多传感器、多参数的复合测量，扩大了检测与使用范围。

⑥ 具有双向通信和数字输出功能。微处理器不但能接收、处理传感器的数据，而且还可将信息反馈至传感器，实现对测量过程的调节与控制，而标准化数字输出可方便地与计算机或接口总线相连。这是智能传感器关键的标志之一。

⑦ 具有信息存储与记忆功能。可存储已有的各种信息，如校正数据、工作日期等。

⑧ 具有分析、判断、自适应、自学习的功能。可以完成图像识别、特征检测、多维检测等复杂任务。

因此可以说，智能传感器除了能检测物理、化学量的变化之外，还具有测量信号调理（如滤波、放大、A-D 转换等）、数据处理以及数据输出等能力，它几乎包括了仪器仪表的全部功能。可见，智能传感器的功能已经延伸到仪器的领域。

随着科学技术的发展，智能传感器的功能将逐步增强，性能将日趋完善，它将利用人工神经网络、人工智能、信息处理技术（如传感器信息融合技术、模糊理论等）、数字信号处理（DSP，Digital Signal Processing）技术、蓝牙技术（Bluetooth）等，使传感器具有更高级的智能。

2. 智能传感器的特点

与传统传感器相比，智能传感器有如下特点。

(1) 精度高

智能传感器可通过自动校零去除零点；与标准参考基准实时对比，以自动进行整体系统标定；自动进行整体系统的非线性等系统误差的校正；通过对采集的大量数据进行统计处理，以消除偶然误差的影响等，保证了智能传感器有较高的精度。

(2) 可靠性高与稳定性强

智能传感器能自动补偿因工作条件与环境参数发生变化而引起的系统特性的漂移,如:温度变化而产生的零点和灵敏度的漂移;当被测参数变化后能自动改换量程;能实时自动进行系统的自我检验,分析、判断所采集到的数据的合理性,并给出异常情况的应急处理(报警或故障提示)。因此,有多项功能保证了智能传感器具有很高的可靠性与稳定性。

(3) 高信噪比与高分辨率

由于智能传感器具有数据存储、记忆与信息处理功能,通过软件进行数字滤波、数据分析等处理,可以去除输入数据中的噪声,从而将有用信号提取出来;通过数据融合、神经网络技术,可以消除多参数状态下交叉灵敏度的影响,从而保证在多参数状态下对特定参数测量的分辨能力,故智能传感器具有很高的信噪比与分辨率。

(4) 自适应性强

由于智能传感器具有判断、分析与处理功能,它能根据系统工作情况决策各部分的供电情况、优化与上位计算机的数据传送速率,并保证系统工作在最优低功耗状态。

(5) 性能价格比高

智能传感器所具有的上述高性能,并不像传统传感器技术那样通过对传感器的各个环节进行精心设计与调试来实现,而是通过与微处理器/微计算机相结合,采用低价的集成电路工艺和芯片以及强大的软件来实现的,所以智能传感器具有更高的性能价格比。

11.1.2 智能传感器的实现途径

1. 非集成化实现

非集成化智能传感器是将传统传感器(采用非集成化工艺制作的传感器,仅具有获取信号的功能)、信号调理电路、带数字总线接口的微处理器组合为一个整体而构成的智能传感器系统,其框图如图 11-2 所示。

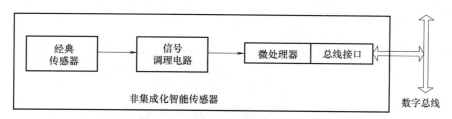

图 11-2 非集成化智能传感器框图

图 11-2 中的信号调理电路是用来调理传感器输出信号的,即将传感器输出信号进行放大并转换为数字信号后送入微处理器,再由微处理器通过数字总线接口挂接在现场数字总线上,这是一种实现智能传感器系统的最快途径与方式。例如,美国罗斯蒙特公司、SMAR 公司生产的电容式智能压力(差)变送器系列产品,就是在原有传统式非集成化电容式变送器基础上附加一块带数字总线接口的微处理器插板后组装而成的,并开发配备了可进行通信、控制、自校正、自补偿、自诊断等功能的智能化软件,从而实现传感器的智能化。

2. 集成化实现

集成化智能传感器系统是采用微机械加工技术和大规模集成电路工艺技术,利用半导体材料硅作为基本材料来制作敏感元件，将信号调理电路、微处理器单元等集成在一块芯片上构成的。故又可称为集成智能传感器（Integrated Smart/Intelligent Sensor）。其外形如图11-3所示。

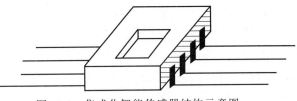

图11-3 集成化智能传感器结构示意图

随着微电子技术的飞速发展以及微米、纳米技术问世，大规模集成电路工艺技术日臻完善，集成电路器件的集成度越来越高。它已成功地使各种数字电路芯片、模拟电路芯片、微处理器芯片、存储器电路芯片等的性价比大幅提升。反过来，它又促进了微机械加工技术的发展，形成了与传统传感器制作工艺完全不同的现代智能集成传感器。

3. 混合实现

可以将系统各个集成化环节，如敏感单元、信号调理电路、微处理器单元、数字总线接口，以不同的组合方式集成在两块或三块芯片上，并装在一个外壳里，如图11-4所示。

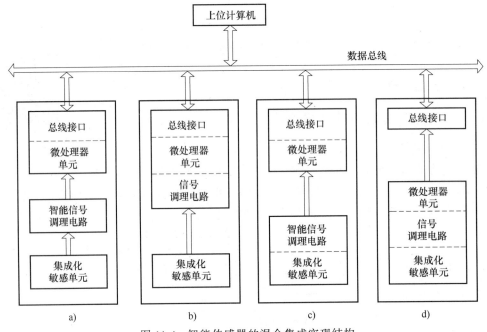

图11-4 智能传感器的混合集成实现结构

如图11-4所示为混合实现的几种方式。

集成化敏感单元包括弹性敏感元件及变换器；信号调理电路包括多路开关、医用放大器、基准、A-D转换器等；微处理器单元包括数字存储（EPROM、ROM、RAM）、I/O接口、微处理器、D-A转换器等。

在图11-4a中，是三块集成化芯片封装在一个外壳里。

在图11-4b、c、d中，是两块集成化芯片封装在一个外壳里。

图11-4a、c中的（智能）信号调理电路，具有部分智能化功能，如自校零、自动进行温度补偿，因为这种电路带有零点校正电路和温度补偿电路。

实现传感器智能化功能以及建立智能传感器系统，是传感器克服自身不足，获得高稳定性、高可靠性、高精度、高分辨力与高自适能力的必然趋势。不论是非集成化实现方式还是集成化实现方式，或是混合实现方式，传感器与微处理器计算机赋予智能的结合所实现的智能传感器系统，都是在最少硬件条件基础上采用强大的软件优势来"赋予"智能化功能的。

11.1.3 智能传感器的发展方向

智能传感器技术是一门涉及多种学科、多个领域的高新技术，随着当前科学技术的不断发展，其主要发展趋势及新技术包括以下几个方面。

1. 微传感器系统

近年来随着微电子技术的不断发展和工艺日臻成熟，微电子机械加工技术已获得飞速发展，成为开发新一代微传感器、微系统的重要手段。在微传感器系统中包含了微型传感器（或具有微机械结构的微传感器）、CPU、存储器和数字接口，并具有自动补偿、自动校准功能，其特征尺寸已从微米进入纳米数量级。微传感器不仅可制成简单的三维结构，还可做成三维运动结构与复杂的力平衡结构。微传感器系统具有微小体积、低成本、高可靠性等优点。目前已广泛应用到工业、办公自动化等领域。

2. 多传感器数据融合技术

与单传感器测量相比，多传感器数据融合技术具有无可比拟的优势。例如，人们用单眼和双眼分别去观察同一个物体，二者在大脑神经中枢所形成的影像就不同，后者更具有立体感和距离感，这是因为用双眼观察物体时尽管两眼的视角不同，所得到的影像也不同，但经过神经中枢融合后会形成一幅新的影像，这是人脑的一种高级融合技术。

多传感器数据融合的基本原理就如同人脑处理信息一样，充分利用多个传感器资源，通过微处理器或计算机对这些传感器所检测到的信息进行综合处理，以获得被测对象的客观描述，进而还可推导出更多有价值的信息。

多传感器融合的方法有很多，可以将多个相同的传感器（或敏感元件）集成在同一芯片上，在保证测量精度的条件下扩大传感器的测量范围，也可以把不同类型的传感器集成在一个芯片中以测量不同性质的参数，实现综合测量功能。

采用多传感器融合技术可提高信息的可信度，增加目标特征参数的种类及数量，降低获取信息的成本，缩短获取信息的时间，提高系统的性价比。因此，该项技术适用于工业自动化、医学诊断、模式识别、设备监测、气象预报、卫星遥感、航天器导航等多个领域，应用前景十分广泛。

3. 网络化智能传感器系统

随着网络技术的发展，远程测控系统正向网络化、分布式和开放式的方向发展，基于网络的智能传感器测控系统正获得越来越广泛的应用。例如，美国Honeywell公司推出了PPT等系列的网络化智能精密压力传感器，它将压敏电阻传感器、A-D转换器、微处理器、存储器和接口电路集于一体，不仅达到了高性能指标，还极大地方便了用户，适用于工业自动控制、环境监测、医疗设备等领域。与此同时，各种基于以太网或因特网的嵌入式网络测控系统也得到了迅速发展。

4. 蓝牙传感器系统

蓝牙（Bluetooth）技术是一种能取代固定式或便携式电子设备上的电缆或连线的短距离无线通信技术，蓝牙芯片可安装在任何数字设备中，实现无阻隔的无线通信，为消费类电子产品与通信工具的整合提供了一个平台。目前，蓝牙收发器的有效通信距离已从最初的10m扩展到100m以上。

美国北欧集成电路（Nordic）公司先后推出基于蓝牙技术的nRF401型、nRF903型单片射频收发器，可广泛用于无线通信、遥测遥控、工业控制、数据采集系统、车辆安全系统、无线抄表、无线传输、身份识别、非接触式RF智能卡、机器人控制、气象及水文监测等领域。此外，还可实现无线RS-232或RS-485数据通信、无线数字语音及数字图像的传输。德国正在研制一种只有豌豆大小的无线传感器网络系统，供操纵机器人、监护病人使用。

5. 生物传感器系统

生物传感器系统亦称生物芯片，它是继大规模集成电路之后的又一次具有深远意义的科技革命。生物芯片是采用微电子技术集成的微型生物化学分析系统，可广泛用于医疗卫生、生物制药、环境监测等领域，其效率是传统检测手段的成百上千倍。常见的生物芯片分为三大类：基因芯片、蛋白质芯片和实验系统芯片。

生物芯片不仅能模拟人的嗅觉（如电子鼻）、视觉（如电子眼）、听觉、味觉、触觉等，还能实现某些动物的特异功能（例如海豚的声呐导航测距、蝙蝠的超声波定位、犬类极灵敏的嗅觉、信鸽的方向识别、昆虫的复眼等）。目前，国外已研制出多种生物芯片，包括可置入人体的生物芯片。我国最近也开发出压电生物传感器芯片及自动检测仪，可用于基因诊断、微量蛋白与激素检测、凝血指标分析、环境监测及食品卫生检测等领域。

可见，智能传感器是为了适应现代自动化系统发展的要求而提出来的，是传感器发展里程中的一次革命，它代表着目前传感器技术发展的大趋势，这已是世界上仪器仪表界共同瞩目的研究内容。但总的来说，目前传感器的智能化程度还仅仅处于初级阶段，与人类的智能还有很大的差距，还只能说是数据处理层次上的低级智能。智能传感器的最高目标应该是接近或达到人类的智能水平，能够像人一样通过在实践中不断地改进和完善，实现最佳测量方案，得到最理想的测量结果。我们有理由相信：随着传感器技术的不断发展，尤其是微机械加工工艺与微处理器技术的不断进步，智能传感器必将被不断地赋予更新的内涵与功能，也必将推动测控技术不断发展。

11.2 无线传感器网络

无线传感器网络综合了传感器技术、嵌入式计算技术、分布式信息处理技术和通信技术，能够协作地实时监测、感知和采集网络分布区域内的各种环境或监测对象的信息，并对这些信息进行处理，获得详尽而准确的信息，传送到需要这些信息的用户。传感器网络可以使人们在任何时间、地点和环境条件下获取大量翔实而可靠的信息。因此，传感器网络应用前景非常广阔，能广泛应用于军事、环境监测和预报、健康护理、智能家居、建筑物状态监控、复杂机械监控、城市交通、大型车间和仓库管理以及安全监测等领域。随着传感器网络的深入研究和广泛应用，传感器网络将逐渐深入到人类生活的各个领域。

11.2.1 无线传感器网络的概念

无线传感器网络（Wireless Sensor Network，WSN）是由部署在监测区域内的大量微型传感器节点通过无线电通信形成的一个多跳的自组织网络系统，其目的是协作感知、采集和处理网络覆盖区域里被监测对象的信息，并发送给观察者。通过网关，传感器网络还可以连接到现有的网络基础设施上（如互联网、移动通信网络等），从而将采集到的信息传递给远程的终端用户使用。

1. 传感器节点

传感器节点通常是一个微型的嵌入式系统，它集成了传感器模块、信息处理模块、无线通信模块和能量供应模块，即传感器节点由传感器模块、处理器模块、无线通信模块和能量供应模块四部分组成。如图 11-5 所示，传感器模块负责监测区域内信息的采集和转换；处理器模块负责控制整个传感器节点的操作，存储和处理本身采集的数据以及其他节点发来的数据；无线通信模块负责与其他传感器节点进行无线通信，交换控制消息和收发采集数据；能量供应模块为传感器节点提供运行所需的能量，通常采用微型电池。

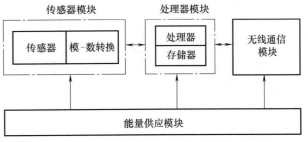

图 11-5 传感器节点模块结构

2. 传感器网络结构

传感器网络体系结构如图 11-6 所示，传感器网络系统包括传感器节点、汇聚节点和任务管理节点。大量传感器节点部署在监测区域内部或者附近，能够通过自组织方式构成网络。传感器节点监测的数据沿着其他传感器节点逐跳地进行传输，在传输过程中，监测数据可能被多个节点处理，经过多跳后路由到汇聚节点，最后通过互联网或者卫星到达任务管理节点。用户通过任务管理节点对传感器网络进行配置和管理，发布监测任务以及收集监测数据。传感器节点通常是一个微型嵌入式系统，其处理能力、存储能力和通信能力相对较弱，通过携带能量有限的电池供电。汇聚节点的处理能力、存储能力和通信能力相对比较强，连接传感器网络与外部网络，发布任务管理节点的监测任务并将收集的数据转发到外部网络上。

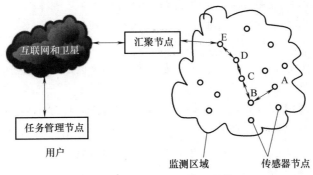

图 11-6 传感器网络体系结构

图 11-7 是当前无线传感器网络普遍采用的协议栈体系结构，它包括物理层、数据链路层、网络层、传输层和应用层，与互联网协议栈的五层协议相对应。另外，协议栈还包括能量管理平台、移动管理平台和任务管理平台。

这些管理平台使得传感器节点能够按照能量高效的方式协同工作，在节点移动的传感器网络中转发数据，并支持多任务和资源共享。各层协议和平台的功能分析如下。

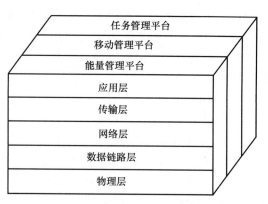

图 11-7 无线传感器网络协议栈结构

1) 物理层提供简单但重要的信号调制和无线收发技术，负责频率选择、载波生成、信号检测、调制解调、编码、定时和同步等问题，物理层设计直接影响到电路的复杂度和传输能耗等问题。

2) 数据链路层负责数据成帧、帧监测、差错校验和介质访问控制（MAC）方法，以保证可靠的点到点和点到多点的通信。

3) 网络层主要负责路由生成与路由选择。以通信网络为核心，实现传感器与传感器、传感器与观察者之间的通信，支持多传感器协作完成大型感知任务。

4) 传输层负责数据流的传输控制，是保证通信服务质量的重要组成部分。

5) 应用层解决应用的共性问题，包括应用基础和典型应用，如时间同步、节点定位、能量管理、配置管理、安全管理和远程管理等。

6) 能量管理平台管理传感器节点如何使用能量，综合协调各层节省能量。

7) 移动管理平台监测并注册传感器节点的移动，维护到网关节点的路由，使得传感器节点能够动态跟踪其邻居的位置。

8) 任务管理平台在一个给定的区域内平衡和调度监测任务。

11.2.2 无线传感器网络的特点

目前常见的无线网络包括移动通信网、无线局域网、蓝牙网络、Ad Hoc 网络等，无线传感器网络与这些传统网络相比具有以下特点。

1. 资源有限

首先，传感器节点是一种微型嵌入式设备，具有成本低、体积小、功耗少等特点，使得其能量有限、计算和通信能力弱、存储容量小、无法处理复杂的任务。其次，传感器节点的通信带宽窄，易受高山、建筑物、障碍物等地势地貌以及风雨雷电等自然环境的影响，通信断接频繁。最后，传感器节点个数多、分布范围广、部署区域环境复杂，在很多应用中通过更换电池来补充能量是不可行的。

因此，如何充分利用有限的资源去完成数据的采集、处理和中继等多种任务是设计无线传感器网络面临的主要挑战。在研制无线传感器网络的硬件系统和软件系统时，必须充分考虑资源的局限性，协议层不能太复杂，并且要以节能为前提。

2. 节点众多、分布密集

无线传感器网络中的节点分布密集，数量巨大，可能达到几百、几千，甚至更多。此外，传感器网络可以分布在很广泛的地理区域。传感器网络的这一特点使得网络的维护十分困难，甚至不可维护，因此传感器网络的软、硬件必须具有较高的强壮性和容错性，以满足传感器网络的功能要求。

3. 自组织、动态性网络

在传感器网络应用中，节点通常放置在没有基础结构的地方。传感器节点的位置不能预先精确设定，节点之间的相互邻居关系预先也不知道，而是通过随机播撒的方式，如通过飞机播撒大量节点到面积广阔的原始森林中，或随意放置到人不可到达的危险区域。这就要求传感器节点具有自组织能力，能够自动进行配置和管理，通过拓扑控制机制和网络协议自动形成转发监控数据的多跳无线网络系统。同时，由于部分传感器节点能量耗尽或环境因素造成失效，以及经常有新的节点加入，或是网络中的传感器、感知对象和观察者这三要素都可能具有移动性，这就要求传感器网络必须具有很强的动态性，以适应网络拓扑结构的动态变化。

4. 多跳路由

无线传感器网络中节点的功率有限，通信距离只有几十米到几百米，不足以覆盖整个网络区域，如果希望与其射频范围之外的节点通信，则需要经过中间节点的转发。无线传感器网络中没有专门的路由设备，多跳路由是由普通传感器节点完成的。

5. 以数据为中心的网络

传统的计算机网络是以地址（MAC 地址或 IP 地址）为中心的，数据的接收、发送和路由都按照地址进行处理。而无线传感器网络是任务型的网络，用户通常不需要知道数据来自哪一个节点，而更关注数据及其所属的空间位置。例如，在目标跟踪系统中，用户只关心目标出现的位置和时间，并不关心是哪一个节点监测到目标。因此，在无线传感器网络中不一定按地址来选择路径，而可能根据感兴趣的数据建立起从发送方到接收方的转发路径。另外，传统的计算机网络要求实现端到端的可靠传输，传输过程中不会对数据进行分析和处理，而无线传感器网络要求的是高效率传输，需要尽量减少数据冗余，降低能量消耗，数据融合是传输过程中的重要操作。

6. 应用相关的网络

传感器网络用来感知客观物理世界，获取物理世界的信息。客观世界的物理量多种多样，不可穷尽。不同的传感器网络应用关心不同的物理量，因此对传感器的应用系统也有多种多样的要求。不同的应用背景对传感器网络的要求不同，其硬件平台、软件系统和网络协议必然会有很大差别，在传感器网络应用开发中，更关心传感器网络的差异。

只有让系统更贴近应用，才能做出最高效的目标系统。针对每一个具体应用来研究传感器网络技术，这是传感器网络设计不同于传统网络的显著特征。

11.2.3 无线传感器网络的关键技术

传感器节点体积微小，通常携带能量十分有限的电池。由于传感器节点个数多、成本要求低廉、分布区域广，而且部署区域环境复杂，有些区域甚至人员不能到达，无法通过更换电池的方式来补充能源，所以高效的使用能量、延长网络生存期是网络通信协议设计面临的首要目标。另外，传感器节点具有的能量、处理能力和通信能力十分有限，在实现各种网络协议和应用系统时，常存在一些限制，因此设计有效的协议和算法来改进网络通信性能是传感器网络设计的另一个目标。传感器网络是集成了监测、控制以及无线通信的网络系统，节点数目更为庞大（成千甚至上万），节点分布更加密集，为了保证网络协议以及算法具有可扩展性，其设计应具有分布式特点。通常情况下，大多数节点是固定不动的，由于环境影响和能量耗尽，节点容易出现故障，因此设计的传感器网络算法和协议还应当具有自组织、自优化和自愈的能力。在实现传感器网络协议和应用系统时，需要考虑这些现实约束并有针对性地提出关键技术和解决方案。

1. 网络自组织连接技术

传感器网络自组织组网和连接是指在满足区域覆盖度和网络连通度的条件下，通过节点发送功率的控制和网络关键节点的选择，构建邻居链路，形成一个高效的网络连接拓扑结构，以提高整个网络的工作效率，延长网络的生命周期。网络自组织连接技术能提高 MAC 协议和路由协议的效率，为数据融合、时间同步和节点定位等创造条件，可分为节点功率控制和层次拓扑控制两个方面。节点功率控制机制用于在满足网络连通度的条件下，尽可能减少发射功率。层次拓扑控制采用分簇机制实现，在网络中选择少数关键节点作为簇首，由簇首节点实现全网的数据转发，簇成员节点可以暂时关闭通信模块，进入睡眠状态。这样既实现了区域覆盖范围内的数据采集和传输，又在一定程度上节省了能量。

2. 智能感知覆盖技术

传感器网络中各类型传感器节点有其特定的感知范围限制。传感器节点能够感知的物理世界的最大有效距离称为节点的感知距离。传感器网络的智能感知覆盖技术是指传感器节点根据任务监测要求和节能需求智能地与其邻居传感器节点进行协同协作，从而实现节能的监测区域覆盖方案，即传感器网络在满足区域面向监测任务覆盖要求的同时，又使得能量消耗最低。

3. 网络通信技术

传感器节点传输信息时，要比执行计算时更消耗能量，传输 1bit 信息 100m 距离需要的能量大约相当于执行 3000 条计算指令消耗的能量。在传感器网络中，传感器节点的无线通信模块在空闲状态时的能量消耗与在收发状态时相当，所以只有关闭节点的通信模块，才能大幅度地降低无线通信模块的能量开销。传感器网络通信技术旨在研究适合于传感器网络的、面向应用的、高效的 MAC 层和网络层协议和算法，在满足网络连通性（网络连通、双向连通或者多连通）的前提下，通过协议和算法自动构建高效的数据转发结构和约定机制，有效地实现自适应的关闭通信模块，进入休眠状态模式以节省能量。

4. 其他关键技术

无线传感器网络的其他关键技术如下。

（1）时间同步

时间同步是需要协同工作的无线传感器网络中的一种关键机制。每个传感器节点都有自己的本地时钟，由于不同节点的晶体振荡器频率不是完全相同的，即使在某个时刻所有节点的时钟都达到了同步，但随着时间的推移，它们的时钟也会逐渐出现一些偏差。在某些特定的应用中，传感器节点需要彼此协作去完成复杂的监测任务。如在分簇结构中，簇成员节点需要按时分多址（Time Division Multiple Access，TDMA）时隙（在空闲的时候睡眠，在需要的时候被唤醒）来完成数据的采集和传输，这就要求网络中的所有节点实现时间同步。

（2）定位技术

在某些特定的无线传感器网络应用（如目标跟踪）中，位置信息是一个不可缺少的部分，没有位置信息的数据几乎没有意义，所以节点定位是无线传感器网络的关键技术之一。早期常用的定位方法是采用全球定位系统（Global Positioning System，GPS），但 GPS 结构复杂，成本较高。因此，需要研究适合于无线传感器网络的定位算法。在无线传感器网络中，根据定位时是否测量节点间的距离或角度，将定位方法分为：基于距离的定位方法和与距离无关的定位方法两类。基于距离的定位方法通过测量相邻节点间的实际距离或角度，使用三角测量、多边计算等方法来确定节点的位置。由于要实际测量节点间的距离或角度，基于距离的定位方法具有较高的精度，对节点硬件的要求也较高。与距离无关的定位方法不必实际测量节点间的距离和角度，降低了对节点硬件的要求，且该机制的定位性能受环境因素的影响较小。虽然其定位误差高于基于距离的定位方法，但定位精度能够满足无线传感器网络中大多数应用的要求。

(3) 网络安全

无线传感器网络是任务型的网络，需要保证任务执行的机密性、数据产生的可靠性和数据传输的安全性。传统加密算法对运算次数和速度都有比较高的要求，而传感器节点在存储容量、运算能力和能量等方面都有严格的限制，需要在算法计算强度和安全强度之间进行权衡，如何设计更简单的加密算法并实现尽可能高的安全性是无线传感器网络安全面临的主要挑战。由于攻击者可以使用性能更好的设备发起网络攻击，使得传感器网络的安全防御变得十分困难，使其很容易受到各种恶意的攻击。

(4) 数据融合

无线传感器网络通常采用高密度部署方式，使得相邻节点采集的数据存在很大的冗余，如果每个节点单独传送将会消耗过多的能量，并且会增加 MAC 层的调度难度，容易造成冲突，降低通信效率。因此，通常要求一些节点具有数据融合功能，能够尽量利用节点的本地计算能力和存储能力对来自多个传感器节点的数据进行综合处理。数据融合技术能减少数据冗余、节省能量、提高信息准确度，但也会增加传输的时延。根据操作前后信息含量的不同，数据融合分无损融合和有损融合两种。在无损融合中，所有有效的信息将会被保留。无损融合的两个例子是时间戳融合和打包融合。在时间戳融合中，如果一个节点在一定的时间间隔内发送了多个分组，每个分组除发送时间不同外，其余内容都相同，则中间节点转发时可以丢弃缓冲区中旧的分组，只传送时间戳最新的分组；在打包融合中，多个数据分组被拼接成一个分组，合并时不改变各个分组所携带的内容，打包融合只能节省分组的头部开销。有损融合通过删除一些细节信息或降低信息质量来减少数据的传输量。

11.2.4 无线传感器网络的应用领域

随着无线传感器网络技术的不断发展，经过不同领域研究人员的演绎，无线传感器网络在军事领域、精细农业、安全监控、环保监测、建筑工程、医疗监护、工业监控、智能交通、物流管理、自由空间探索、智能家居等领域的应用得到了充分的肯定和展示。

1. 军事领域

在现代化战场上，由于没有基站等基础设施可以利用，需要借助无线传感器网络进行信息交换。无线传感器网络具有密集型、随机分布等特点，非常适合应用在恶劣的战场环境，利用传感器网络能够实现对敌军兵力和装备的监控、战场的实时监视、目标的定位、战场评估、核攻击和生物化学攻击的监测和搜索等功能。无线传感器网络为未来的现代化战争设计了一个能够集监视、定位、计算、智能、通信、控制和命令于一体的战场指挥系统。

2. 工业应用

工业是无线传感器网络应用的重要领域之一。无线传感器网络促进工业领域工业化和信息化融合发展，推动生产设备智能化、生产方式柔性化、生产组织灵巧化工业转型，提升生产水平，提高能源利用效率，减少污染物排放。无线传感器网络将具有环境感知能力的各种终端、基于泛在技术的计算模式、移动通信技术等不断融入工业生产的各个环节，可大幅度提高制造效率，改善产品质量，降低产品成本和资源消耗，将传统工业提升到智能工业的新阶段。其典型工业应用涉及冶金流程工业、石化、汽车制造工业等。

3. 精细农业

无线传感器网络可用于对影响农作物的环境条件监控，对鸟类、昆虫等小动物的运动追踪，对海洋、土壤、大气成分的探测，森林防火监测、污染监控、降雨量监测等，完成数据采集和环境监测。同时，可以根据用户需求，自动监测农业综合生态信息，为环境进行自动控制和智能化管理提供科学依据。

无线传感器网络在农业领域具有广阔的应用前景，如无线传感器网络应用于温室环境信息采集和控制、节水灌溉、环境信息和动植物信息监测、农业灌溉自动化控制等。

4. 医疗健康

基于无线传感器网络整合大型医疗中心、地区性医疗机构、社区型医疗机构等资源，把重点转移到对生命全过程的健康监测、疾病控制上来，建立同时能够为健康和不健康的人服务的健康监控、维护和管理系统。基于无线传感器网络通过整合资源和分析海量数据，运用数据挖掘和分析手段建立科学模型，提供个人自助医疗、医院移动医疗、医生与患者远程医疗等便捷、高效的智能医疗服务，使智能医疗向着更透彻的感知、更全面的互联互通、更深入的智能化方向发展，最终形成绿色、低碳、节能的生活方式。

目前，无线传感器网络在医疗领域主要应用于药品管理、监控监护、远程医疗等方面，下一步将整合医疗系统，实现资源共享，最终建立协调、协同的医疗系统，提供个性化的健康服务。根据客户需求，运营商还可以提供相关增值服务，如紧急呼叫救助服务、专家咨询服务、终身健康档案管理服务等。智能医疗系统可改善现代社会子女们因工作忙碌而无暇照顾家中老人的无奈现状。人体可携带不同的传感器，对人的体温、血压等健康参数进行监控，并将相关数据实时传送到相关的医疗保健中心，如有异常，医疗保健中心可通过手机提醒患者去医院检查身体。

5. 智能家居

智能家居是利用先进的计算机技术、网络通信技术、综合布线技术、医疗电子技术，依照人体工程学原理，融合个性需求，将与家居生活有关的各个子系统（如安防、灯光控制、窗帘控制、煤气阀控制、信息家电、场景联动、地板采暖、健康保健、卫生防疫等）有机地结合在一起，通过网络化综合智能控制和管理，实现"以人为本"的全新家居生活体验。

在智能家居安防系统中，典型的传感器有门磁感应器、窗磁感应器、煤气泄漏探测器、烟感探测器、红外感应器等。门磁感应器主要装在门及门框上，当有盗贼非法闯入时，家庭主机报警，管理主机会显示报警地点和性质。煤气泄漏探测器安装在厨房或洗浴间，当煤气泄漏到一定浓度时会报警。烟感探测器一般安装在客厅或卧室，当家居环境中的烟气浓度达到一定程度时会报警。红外感应器主要装在窗户和阳台附近，通过红外线探测非法闯入者。另外，较新的窗台布防采用"幕帘式红外探头"，通过隐蔽的一层电子束来保护窗户和阳台。玻璃破碎探测器装在面对玻璃的位置,通过检测玻璃破碎的高频声而报警。吸顶式热感探测器安装在客厅,通过检测人体温度来报警。在智能家居灯光控制系统中,最常用的是环境光传感器。环境光传感器可以感知周围光线的情况,根据光线的强弱控制灯光。环境光传感器主要由光电元件组成。目前光电元件发展迅速,品种繁多,应用广泛。市场出售的有光敏电阻、光电二极管、光电晶体管、硅光电池等。

11.3 习题

1. 填空题

(1) 智能传感器是带有微处理器并兼有信息_____和_____功能的传感器。

(2) 智能传感器能充分利用微处理器进行数据分析和处理,并能对内部工作过程进行_____和_____,使采集的数据最佳。

(3) 集成智能传感器是采用_____加工技术和_____工艺技术,利用半导体材料硅作为基本材料来制作_____,将信号调理电路、微处理器单元等集成在一块芯片上。

(4) 无线传感器网络是由部署在监测区域内大量的微型_____通过无线电通信形成的一个多跳的_____系统。

(5) 传感器节点由_____、_____、_____和_____四部分组成。

(6) 传感器网络系统包括_____、_____和_____。

2. 智能传感器有哪些特点?

3. 简述智能传感器的发展方向。

4. 无线传感器网络有哪些特点?

5. 无线传感器网络有哪些关键技术?

参 考 文 献

[1] 胡向东. 传感器与检测技术 [M]. 3版. 北京：机械工业出版社，2018.

[2] 单振清，宋雪臣，田青松. 传感器与检测技术应用 [M]. 北京：北京理工大学出版社，2013.

[3] 陈卫. 传感器应用 [M]. 北京：高等教育出版社，2014.

[4] 李敏，夏继军. 传感器应用技术 [M]. 北京：人民邮电出版社，2011.

[5] 金发庆. 传感器技术与应用 [M]. 4版. 北京：机械工业出版社，2019.